◉ 新・電子システム工学 ◉
TKR-1

エレクトロニクス入門

電子・原子の世界からコンピュータまで

柴田　直

数理工学社

編者のことば

電子工学とはどのような領域であるかと言うと，やや定かではない．かつては電気のエネルギー応用分野である強電に対し，弱電という電気の情報への応用分野を指していたようにも思われる．この意味で，電気を信号の伝達に実用化したのは 19 世紀初頭であり，実用的な電信は 1830 年ごろに技術が確立した．また，電話は 1876 年，ベルがエジソンと競って発明したのは有名である．一方，電気のエネルギー応用は，およそ明治の始めの発電機の発明に始まり，さらに，エジソンが発電所を作ったのが 1882 年である．つまり，弱電と呼ばれた電気の情報への利用は，強電よりやや早かったと言えよう．また，明治初頭に，日本に最初に導入された電気技術は電信であった．

もう少し狭い意味でのエレクトロニクスとも呼ばれる電子工学というと，電子を制御して利用する電子デバイスからかも知れない．これは，白熱電球の発明者エジソンが，1883 年エジソン効果と呼ばれる発熱体からの電子放射を発見したのが最初であろう．直ちに，二極管，三極管が発明された．また，ヘルツの 1888 年の電磁波の発見に引き続き，マルコーニが 1899 年にドーバー海峡をはさむ無線通信に成功している．その後，第二次世界大戦直後の 1947 年のトランジスタの発明より電子デバイスの固体化が始まり，1960 年のレーザ光発振成功より，光エレクトロニクスが始まっている．

しかし，いずれにせよ，人類の知を扱ったり伝達したりするという場では，電子工学の独壇場である．それは電子工学の応用分野を見てみるとわかるであろう．電子管にしても，トランジスタにしても，まずはラジオ・テレビに代表される無線機器，音響機器の応用から始まった．これらは，集積回路の発明により，さらに加速され，情報を処理する機器，つまりコンピュータに発展した．現在の主力製品はむしろコンピュータである．パソコン・スパコンといった純粋なコンピュータ以外に，自動車，家電製品の至るところに配置されている制御用コンピュータやマイコンは，今やこれなしには，人類の生活は存在できない程に行き渡っている．また，電信から始まり，電話，光ネットワーク，携帯電話などの情報伝達機器も電子工学なしには語れない．

このように，現在の知を支える技術としての電子工学を，基礎から応用にいたるまで，まとめてみたのが，本ライブラリである．簡単には実体が見えない学問であるが，人類に対する貢献も大きい．ぜひその仕組みを理解すると共に，将来，この分野に貢献できるよう，勉学に励んでいただきたい．

2009 年 7 月

編者　岡部洋一

廣瀬　明

「新・電子システム工学」書目一覧			
1	エレクトロニクス入門	8	電磁波工学の基礎
2	エレクトロニクスの基礎物理	9	ハードウェア設計工学
3	電子デバイス基礎	10	電子物性
4	MOS による電子回路基礎	11	光電子デバイス
5	電子物性基礎	12	VLSI 設計工学
6	半導体デバイス入門	13	光情報工学
7	光波電子工学	14	電子材料プロセス

まえがき

エレクトロニクスは私たちの身のまわりにあふれている．ネットワークにスマホ，そしてカード・時計・カメラ・テレビ・PC はいうに及ばずスーパーコンピュータも，全てエレクトロニクスで働いている．さらに体内に埋め込んだ半導体チップが個人の情報を管理したり，あるいは視覚を失った人の網膜の代わりをできるようにもなった．現在の IT 社会を根幹から支えるのがエレクトロニクスであり，エレクトロニクス無しでは我々の社会は成り立たない．このエレクトロニクスについて，その起源となった電子の物理から出発し，電子材料の特質，これを利用して生み出されるデバイスの機能，デバイスからシステム機能を生み出す電子回路，そしてコンピュータへと，一連の大きな流れを意識して執筆したのが本書である．

本書はエレクトロニクスへの入門書である．といっても一般の人々を対象に，エレクトロニクスを分りやすく手引きする解説書ではない．これからエレクトロニクスを本格的に学ぼうとする人，エレクトロニクスをベースに他の技術分野に進もうとしている人，こういった人々にその学術の基礎を学んでもらうことを目的としている．高校での理系の知識をベースにそれ以上の専門知識は必要とせず，これからエレクトロニクスの世界に入っていこうという人々に対して，その道案内となることを目的としている．したがって本書だけでは，エレクトロニクスの専門家として十分な知識を身につけることはできない．しかし，より本格的な勉強をしようとしたとき，容易に専門書に向かえるようになるだろう．エレクトロニクス分野以外の人には，概略の大きな眺めが身について，他の専門分野にどう生かせるかを考えられるだろう．本書はこんな目的で執筆したものである．もととなったのは，東京大学教養学部で工学部化学系の学生を対象に 2 回行った「電気工学大要第一」の講義である．電子物理の基礎から始めてデバイスの基礎，回路理論，コンピュータの基礎まで,「知識の供与」ではなく「考え方の理解」を目指したものであった．この講義の流れをベースとして執筆したが，内容的には全面的な改訂と大幅な増量となった．その理由は，取り上げたテーマに関してはたとえ範囲は限っても，重要な事項については十分に掘り下げて議論を行ったからである．それは，「基本的な考え方は何であるか」をよく理解してもらえるよう工夫したためである．例題や問題も含め，読者が自分で問題が解けるところまで理解できるように配慮した．

本書をベースに，読者がエレクトロニクスの考え方と全体像を把握し，今後より深く・広くエレクトロニクスの全貌に挑戦されることを心より願う次第である．

本書の執筆にあたっては，数理工学社の田島伸彦氏，鈴木綾子氏，西川遣治氏には大変お世話になった．常に励ましの言葉を頂くとともに，原稿の細部にわたり，大変貴重で有意義なコメントを頂戴した．これらなくしては，決して本書は完成に至ることはなかったと思う．ここに改めて心より感謝申し上げる次第である．

2021 年 4 月

柴田　直

[本書について]

本書に出てくる数式の多くは，できる限りその導出の過程を示した．各自その過程をたどることによって，是非内容の理解を深めていただきたい．またよく使う公式，並びに重要な事項をまとめた部分には，水色の網掛け（　　）を施してハイライトした．そして重要な概念を述べた箇所には，下線を引いて強調した．是非これらを今後の参考とし活用していただきたい．

本文には **〈問題〉** が随所に挿入してあるが，これも内容の理解には重要である．是非解いてもらいたい．解答は Web（https://www.saiensu.co.jp）に掲載されている．

本書には **〈補足〉** として，文字を小さくして記述した箇所がある．初学者は，最初これらの部分を読み飛ばしても差し支えのないように配慮されている．しかし，余裕ができたら，是非これらの部分も読んでいただきたい．より深い理解が得られるようになるだろう．また 2.5 節，7.3.2 項については，「初学者は，最初読み飛ばしてもよい」と本文中に記載してあるが，これらについても同様である．是非余裕があれば読んでいただきたい．

目　次

電気用図記号について　本書の回路図は，まだ実際の作業現場や論文などでも用いられている従来の電気用図記号の表記（表右列）にしたがって作成したが，現在では JIS C 0617（表中列）が制定されている．参考までによく使用される記号の対応を以下の表に示す．

	新 JIS 記号(C 0617)	旧 JIS 記号(C 0301)		新 JIS 記号(C 0617)	旧 JIS 記号(C 0301)
電気抵抗，抵抗器	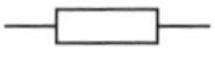		インダクタンス，コイル		
スイッチ	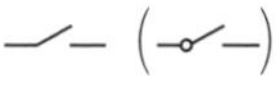		電源	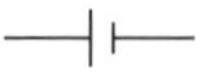	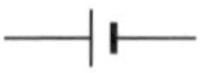
半導体（ダイオード）	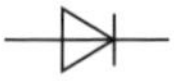		ランプ		
接地（アース）	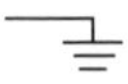	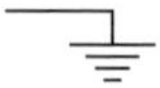			

第1章　エレクトロニクス：原子・電子の世界からコンピュータへ

1.1　宇宙を構成するもの

現在地球上には自然物，人工物を含め実に様々なものが存在している．地球上のみならず宇宙の全ての構成物をバラバラにしてしまったとすると，それはたった 100 種類くらいの元素に分解されてしまう．100 種類といえばまだ多いかもしれない．地球の地殻を構成している元素の種類を見てみると，その約 94%はたった 6 種類の元素である（図 1.1）．一方，生命体に着目してみると，そのほとんどが水素と炭素と酸素からできている．全部で約 100 種類の元素といっても，我々の世界を構成している主なものはそのほんの一部なのである．

元素の元である原子は全て共通の構造を持っている．プラスの電荷を持った原子核が真ん中にあり，その周りをマイナスの電荷を持った電子が回っている．電子 1 個の持つ電荷量は -1.602×10^{-19} クーロンである．原子核のプラスの電荷は陽子の持つ正電荷からきており，陽子 1 個の電荷は $+1.602 \times 10^{-19}$ クーロンである．電子と陽子の電荷は大きさが同じで符号が反対であり，全ての原子は同数の電子と陽子からできている．そのため，プラス・マイナスの電荷が打ち消し合って原子は電気的に中性である．例えば，炭素は 6 個の陽子が原子核の中にあり，その周りを 6 個の電子が回っている．酸素ではこの数が 8 個になる．また Na は 11 個である．一番外側の電子が 1 個原子から離れてどこかへ行ってしまうと，その原子は陽子 1 個分の

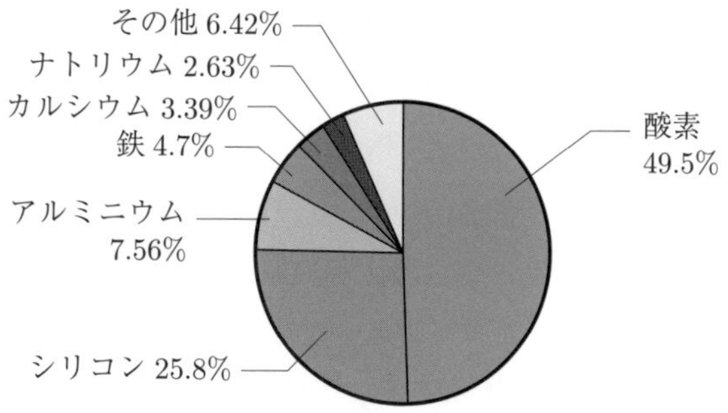

図 1.1　地球の表面近くに存在する元素の組成比．大気，海水を代表する水圏と半径 6400 km の地球のごく表面の地殻のデータ．

正電荷を持ったものになる．これを +1 価の**正イオン**と呼ぶ．逆に 1 個余分の電子が入り込むと −1 価の**負イオン**となる．電子の過不足は 1 個に限らず 2 個，3 個とあってもよいが，通常ではあまり大きな過不足は生じない．それは，+ の電荷と − の電荷の間に働く力，つまりクーロン引力が極めて大きく電子はしっかりとくっ付いているからである（原子番号が 60 以上の重い原子では，気体へのレーザ光照射によってもっと多くの電子（10 個以上）が取り去られることもある）．

さて原子の重さに関しては，電子の質量は 9.109×10^{-31} kg であり，陽子の質量はその約 1800 倍（1.673×10^{-27} kg）もあってずっと重い．原子核には質量は陽子と同じで電荷を持たない中性子も別に存在する．従って 1 個の原子の質量は，陽子と中性子の合計数でほぼ決まる．この合計数のことを**質量数**と呼び，一般に炭素原子は 12，酸素原子は 16 である．つまりそれぞれの原子は 6 個，8 個の中性子を持っていることになる．これ以外の中性子数の炭素，酸素の原子も自然界に存在するため，周期律表には平均の質量数が掲載されている．それによると，炭素，酸素の質量数はそれぞれ 12.0107, 15.9994 である．原子核の中には，陽子，中性子以外にも様々な粒子が存在するが，エレクトロニクスに直接関連することはないのでこれ以上詳しくは述べない．原子核の構成の謎はまだ解明されておらず，これは最先端基礎物理学の最もホットなテーマとなっている．

現在のコンピュータ社会を作り上げている主役の元素といえば Si（シリコン）である．図 1.1 では酸素に次いで 2 番目に多い元素である．これは地殻の主成分が Si と酸素が結び付いた SiO_2（珪酸）だからである．この Si を高純度に精製して結晶化したもの，つまり Si の単結晶がエレクトロニクスの主役である．コンピュータの心臓部であるマイクロプロセッサチップ，メモリチップ，ディジタルカメラのイメージセンサ，これらは全て Si の単結晶を用いて作られている．Si の多結晶体や非結晶体はディスプレイデバイスや太陽電池に用いられている．Si や他の材料も含め，エレクトロニクスの世界はどのように創り上げられているのか，その成り立ちの基礎をこれから学習していこう．

1.2　電荷中性の原理

この世の全ての物質はプラスとマイナスの電気を持つ粒子で構成されているが，その数はピッタリと同じであり，互いにプラス・マイナスを正確に打ち消し合っている．我々が日常経験する電気現象は，ほんの僅かだけそのバランスが崩れたことで生じている．

2 人の人 A と B が 1 m 離れて立っているとしよう．A, B ともに電気的に中性である．なぜなら，各人の持っている＋の陽子の数と－の電子の数はピッタリと一致しているからである．ここで A が自分の体にある全電子の約 3% を B に渡したとしよう．A は陽子の数の方が大きくなって正の電荷を持ち，逆に B は負の電荷を持つことになる．その結果この 2 人の間にはクーロン引力が働くが，その大きさは一体どのくらいだろう．体重くらいの大きさ？　いやそんなものではない．4 トントラックに荷物を満載したものを持ち上げるくらいの力？　いやもっともっと大きい．実は富士山全体を持ち上げるくらいの力でも足りず,「地球全体を持ち上げる！」くらいの力が働くのである（この説明は，Feynman Lectures on Physics の最初に出てきた話をそのまま採用させて頂いた．大学に入学して初めてこれを読んだときの感動が未だに残っている）．ここで言いたいのは，**クーロン力**は重力に比べてとてつもなく大きいということである．今後，電子工学で電子の運動を考えるときには，クーロン力だけを考え，重力は全く考慮しなくてよいことを，ここで注意しておく．

ここで伝えたかったのは，“電気の力” が如何に大きいかということである．正の電荷がどこかにあるとすると，必ずその近くに全く同じ量の負の電荷が存在して，プラス・マイナスを正確に打ち消し合っている．これを**電荷中性の原理**と呼び，デバイス動作を考える際に最も基本となる事実である．我々が日頃経験している電気現象は，ほんの僅かな正と負の電荷のアンバランスが局所的に生じることで起こっている．例えば MOS トランジスタ（次節で説明）のゲート電極に正の電荷があったとすると，これと全く同じ量の負の電荷が半導体側表面に現れ，その中の電子がチャネルを作って電流が流れるといった具合である（次節の図 1.2(c) を見よ）．

1.3　情報処理の基本素子：トランジスタ

スマートフォン，時計，カメラや PC（パーソナルコンピュータ）は言うに及ばず，あらゆる家電機器からスーパーコンピュータまで，その機能を制御しているのは VLSI チップである．**VLSI** とは，Very Large Scale Integration の略でそのまま訳せば「超高密度集積」であるが,「超高密度集積回路」，つまり VLSI チップの意味でも使われている．VLSI チップは，1 cm～1.5 cm 角程度のシリコン単結晶の小片上に数億個のトランジスタが作り込まれた情報処理回路である．いろいろな種類があって複雑極まりなく見えるが，バラバラにしてしまうと実は極めて単純で，トランジスタとトランジスタを互いに電気的に接続する金属配線だけでできている．このような構造で創り出された機能の代表的なものが，**CPU**（中央演算装置）とメモリである．これ以外にもいろいろ特定の情報処理機能に特化したチップもある．また，カメラなどに使うイメージセンサチップもある．これには光の強さを電気信号に変える半導体素子が数千万個並べられており，レンズが結像した画像を各画素の位置で，ディジタル信号に変換して出力するようになっている．光の信号をとらえるイメージセンサ素子やフラッシュメモリで情報を記憶する素子等では構造に違いがあるが，基本的には同じ MOS トランジスタである．つまりあらゆる VLSI チップは，トランジスタと配線だけで出来上がっていると言うことができる．トランジスタの並べ方と配線の仕方を変えるだけで，様々な機能を創り出せるのである．

それではこのトランジスタとは，一体どのような構造をしていて，どんな機能を持っているのか．そしてどんな原理で様々な情報処理を実現できるのか．これについて本章では，できるだけ簡単にその原理を説明しよう．トランジスタのさらに詳しい原理については 3.4 節で述べる．

1.4　トランジスタはオン・オフスイッチである

MOS トランジスタの断面構造を図 1.2(a) に示す．P 型半導体と接して N 型半導体領域が二つ設けられている．これら二つの N 型領域に挟まれた P 型領域の上には，絶縁膜を介して金属電極が置かれている．この金属（metal)–絶縁膜（普通 SiO_2 を使うので oxide)–半導体（semiconductor）の積層構造がトランジスタの動作を生み出す基本となるので，その頭文字をとって **MOS トランジスタ**と呼んでいる．ここで N 型領域とは自由に動ける電子が多数存在する領域で，いわば電子の池と考えればよい．電子の電荷は負（negative）なので，**N 型**と呼ぶ．これに対し P 型領域は，自由に動ける電子が全くいない領域である（ここではこれ以上の詳しい説明は行わない．詳細は第 3 章を参照のこと）．

念のため注意しておくが，“N 型領域には多数の動ける電子があるので N 型そのものは負に帯電している” などと間違っても考えてはならない．1 個の自由に動ける電子があるということは，その背後に電子を 1 個放出してプラスに帯電したイオンが必ず 1 個存在し，プラス・マイナスは正確に打ち消し合っている．従って N 型領域は電気的に中性である．

さて，図 1.2(b) のように金属電極（**ゲート電極**と呼ぶ）に正の電圧を加えるとどうなるか．正の電荷が流れ込むが，絶縁膜に遮られてその上に溜まる．この絶縁膜を**ゲート絶縁膜**，あるいは**ゲート酸化膜**と呼ぶ．このとき，この正電荷を丁度打ち消すようにゲート絶縁膜の下側，つまり半導体側に負の電荷が現れる．電荷中性の原

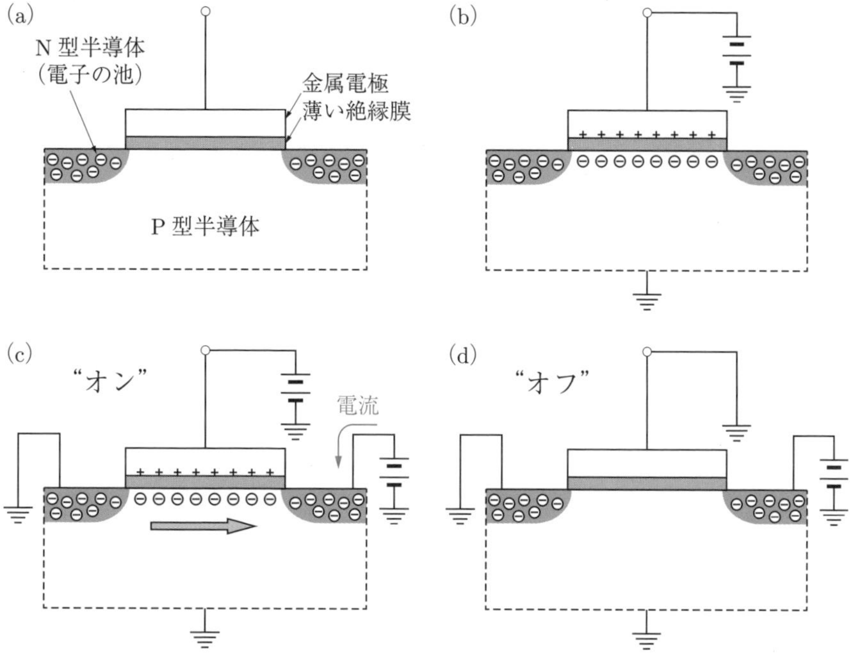

図 1.2　(a) MOS トランジスタの断面構造．(b) 金属電極（ゲート電極）に正の電圧を加えるとゲート酸化膜を挟んで半導体側には負の電荷（電子）が現れる．(c) 左右の N 型領域に電圧をかけると電流が流れる（トランジスタがオンした状態）．(d) トランジスタがオフした状態．

理によりこれら正負の電荷の絶対値は等しい．この負電荷は電子であり，離間した二つの電子の池を電子が水路を形成してつないだ形となる（正確に言うと，ゲート電極に正電圧をかけたとき最初に半導体側に現れる負電荷は P 型に固定されていて動けない負電荷（**空乏層電荷**）である．これが一定量に達すると自由に動ける電子が現れる．詳しくは第 3 章 3.4 節を参照のこと）．ここで図 1.2(c) のように二つの池の間に電圧をかけると，この水路を介して電子が左の池から右の池に流れる．これはトランジスタがオンした状態である．電子が流れ出す左側の N 型領域を**ソース**（source = 水源池），流れ込む右側の N 型領域を**ドレイン**（drain = 排水溝）と呼ぶ．水路は**チャネル**（channel）であるが，電子でできたチャネルなので N 型のチャネル（N-channel）と呼ぶ．電流はその定義から，ドレインからソースの方に流れる．このようなトランジスタを N チャネル MOS トランジスタ（N-channel MOS transistor），略して **NMOS** と呼ぶ．

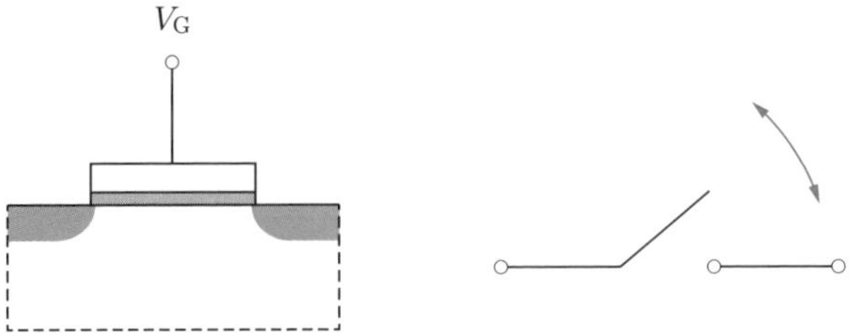

$V_G>$閾値電圧　──→　スイッチ オン
$V_G<$閾値電圧　──→　スイッチ オフ

図 1.3　MOS トランジスタはゲート電圧 V_G の値によってオン・オフするスイッチである．

ここでゲート電極を接地してゲートの電圧 $=0\,\mathrm{V}$ とすると，これまでゲート電極に溜まっていた正電荷はなくなり，電子のチャネルも消失する（図 1.2(d)）．従ってこの状態では，ソース・ドレイン間に電流は流れない．これはトランジスタがオフした状態である．

以上を図 1.3 にまとめる．MOS トランジスタとはスイッチであり，ゲート電圧（V_G）として所定の正の電圧を与えるとスイッチがオンし，ゲート電圧を 0 とするとスイッチがオフとなる．実際の MOS トランジスタでは，**閾値電圧**（threshold voltage：V_{TH}）というものがあり，$V_G > V_{TH}$ でスイッチがオンし，$V_G < V_{TH}$ でスイッチオフとなる（$0 < V_G < V_{TH}$ で P 型半導体側に現れる電荷は動かない空乏層電荷であり，$V_G > V_{TH}$ でとなって初めて動ける電子が現れる．詳細は 3.4 節を見よ）．

MOS トランジスタの基本構造は金属と半導体という 2 種類の導体の間に絶縁膜が挟まれたコンデンサ（capacitor）の構造をしており，このコンデンサの充・放電がスイッチのオン・オフに対応している．このコンデンサの単位面積当たりの容量値を C_{OX} とすると，コンデンサの公式から，

$$C_{OX} = \frac{K_{SiO_2}\varepsilon_0}{t_{OX}}$$

となる．ここで K_{SiO_2} は，SiO_2 の比誘電率，ε_0 は真空の誘電率，t_{OX} はゲート絶縁膜の厚さである．また，$V_G > V_{TH}$ のゲート電圧を加えたとき P 型半導体表面に現れる電子の電荷密度を n_s とすると，$n_s = C_{OX}(V_G - V_{TH})$ となる．集積回路を構成したときに用いる電源電圧を V_{DD} と表すが，例えば $V_{DD} = 5\,\mathrm{V}$ であったとすると，V_{TH} は，0.35〜0.7 V 程度に設定されるのが普通である（現在の最先端技術では，これらの数値はもっと小さな値に設定されている）．

1.5 スイッチの組み合わせで演算する

さてそれでは，MOS トランジスタを用いてどのように回路が構成できるかを見てみよう．ここではディジタル回路を考える．ディジタル回路では扱う電圧は二つだけである．接地電位の 0 V（アース）と電源電圧の V_{DD}（例えば 5 V）だけである．そうすると MOS トランジスタのゲートに加わる電圧も，$V_G = 0$ と $V_G = V_{DD}$ の二つだけである．従って MOS トランジスタは，図 1.3 のように単純なスイッチと見なすことができる．$V_G = 0$ で “オフ”（抵抗が無限大），$V_G = 5\,V$ で “オン”（抵抗が 0）となるスイッチである．MOS トランジスタをこのように単純なスイッチと見なすと，一体どのような回路ができるのか，これを考えてみる．

最も簡単な回路はトランジスタと抵抗 R を直列に接続したものである（図 1.4(a)）．トランジスタのソースを接地してそのドレインに抵抗 R をつなぎ，抵抗のもう一端を電源電圧（V_{DD}）に接続する．トランジスタのゲートがこの回路の入力端子であり，ドレインが出力端子である．単純極まりない回路であるが，ディジタル回路の最も基本となる大変重要な回路である．それでは，図 1.4(b) に示すその動作を見てみよう．

先ず入力電圧を $V_{in} = V_{DD}$ としてみる．スイッチがオンして電流が電源から抵抗を介してアースに流れ，抵抗での電圧降下によって出力電圧 $= 0\,V$ となる．$V_{in} = 0$ とすると電流が遮断され，抵抗での電圧降下が無くなるため $V_{out} = V_{DD}$ となる．ここで V_{out} 端子は外部と直流的に絶縁されており，この端子と回路外部との間には直流電流が流れることはないと仮定している（その理由は後で示す）．これは V_{DD} を入

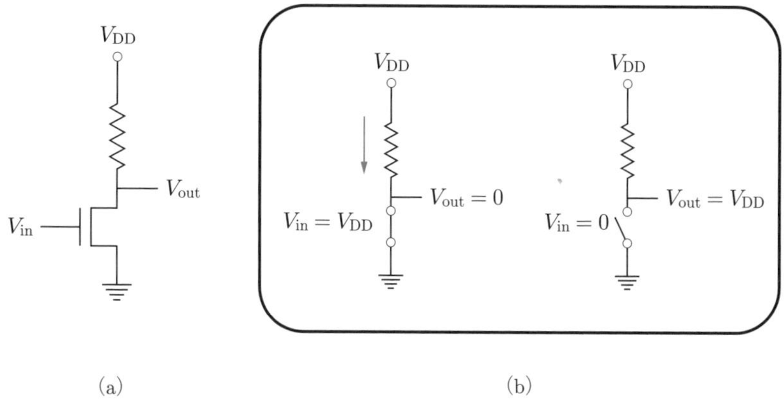

(a)　　　(b)

図 1.4　NMOS と抵抗で構成されたインバータ回路 (a) とその入力と出力の関係 (b).

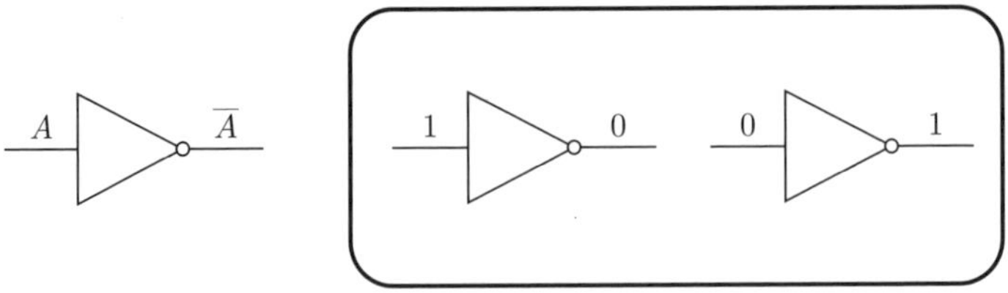

(a)　　　　　　　　(b)

図 1.5　インバータ回路を表す記号.

力すると 0 V を出力し，0 V を入力すると V_{DD} を出力する回路である．ディジタル演算では “0” と “1” の二つの数字しか扱わないが，0 V を “0”，V_{DD} を “1” に対応させると，このたった二つしかない数字を入れ替える動作をする回路となっている．これを**インバータ**（inverter：反転器）と呼び，図 1.5(a) に示す記号で表す．ディジタル回路の中で最も基本的で重要なものである．

次に二つのトランジスタを直列に接続してインバータを構成してみよう．これを図 1.6(a) に示す．抵抗 R に電流が流れて出力が $C=0$ となるのは，二つのトランジスタが同時にオンした場合だけである．つまり $A=1, B=1$ のときだけ $C=0$ となる．図 1.6(b) に A, B の組み合わせと C の関係を表にして示した．このような回路を **NAND 回路**と呼び，図 1.6(c) に示す記号で表す．

NAND 回路の出力をインバータの入力に接続した 2 段の回路を考えてみよう（図 1.7(a)）．その出力 D は，C の値を反転したものであり，$D=\overline{C}$ と表す．出力 D と A, B の組み合わせの表を図 1.7(b) に示す．D は A, B ともに 1 のときのみ 1 となる機能を実現しており，これは A と B の積を計算する回路となっている．この演

(a)

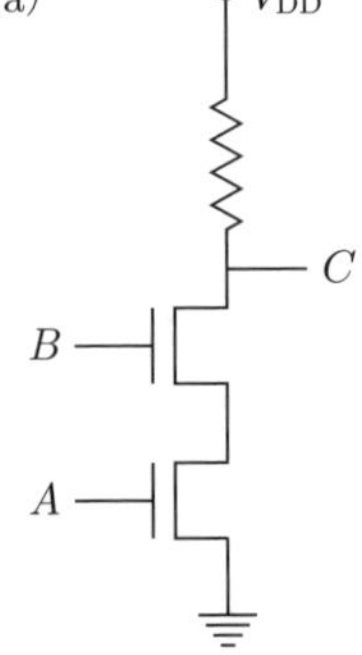

(b)

A	B	C
0	0	1
0	1	1
1	0	1
1	1	0

(c)

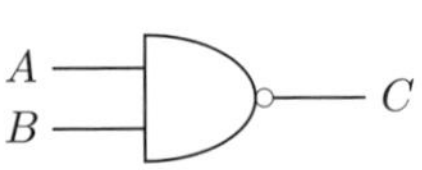

$C=\overline{A\cdot B}$

図 1.6　(a) 二つの NMOS を直列接続して構成した NAND 回路. (b) 真理値表. (c) NAND ゲートを表す記号.

(a)

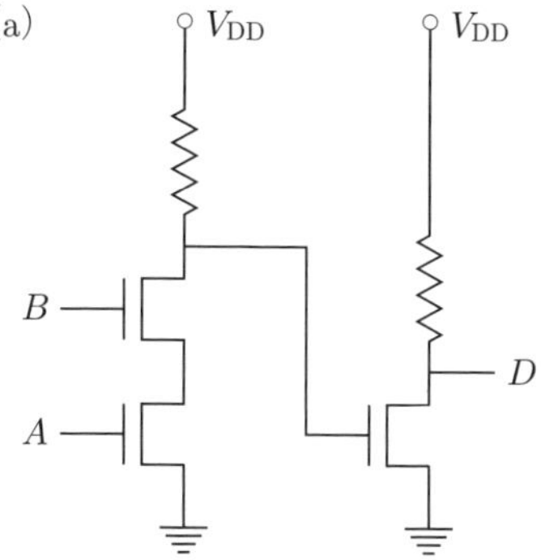

(b)

A	B	D
0	0	0
0	1	0
1	0	0
1	1	1

(c)

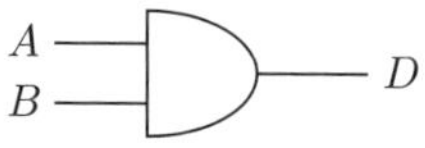

$D = A \cdot B$

図 1.7　(a) NAND の出力をインバータに入力して構成した AND 回路．(b) 真理値表．(c) AND ゲートを表す記号．

算は論理数学では**論理積**（AND）と呼ぶものであり，$D = A \cdot B$ と表し，図 1.7(c) の記号で表す．ここで図 1.6(b) の C は D の値を反転したものになっているので，$C = \overline{A \cdot B}$ と表して「NAND」と呼ぶ．この NAND の N は AND の否定（NOT），即ち反転を意味している．図 1.6(c) の出力部に付けた小さな丸印もこの反転の機能を表している．つまり，NAND は AND の演算結果を反転したものである．ディジタル回路では，回路の機能を図 1.6(b) や図 1.7(b) のような表で表現するが，これを**真理値表**と呼ぶ．

図 1.8 は二つのトランジスタを並列に接続してインバータを構成した回路である．二つのトランジスタのどちらか一方でもオンすれば，抵抗 R に電流が流れて出力が $C = 0$ となる．$C = 1$ となるのは両方とも同時にオフしたときだけである．この演算を $C = \overline{A \cdot B}$ と表し **NOR 回路**と呼ぶ．またこの回路の出力にインバータを付けたものを図 1.9 に示す．図 1.9 の回路は，A と B の**論理和**（OR），即ち $D = A + B$ を実現した回路である（$1 + 1 = 1$ となり普通の加算とは異なる．$1 + 1 = 2$ となる加算に関しては 7.2.1 項で説明する）．図 1.8 の NOR 回路は OR の否定（反転）に対応するので，頭に N を付けて **NOR 回路**と呼んだ．

さてここで図 1.7(a) および図 1.9(a) に示した 2 段接続した回路を見てほしい．1 段目の NAND 回路及び NOR 回路の出力は，いずれも 2 段目のインバータ回路に接続する際，MOS トランジスタのゲートに直接接続されている．MOS トランジスタのゲート電極は半導体基板からゲート酸化膜によって絶縁されているため，直流電流が流れることはない．これこそ先ほど図 1.4 のインバータ回路の説明で，出力端子と外部の間には直流電流が流れないと仮定した理由である．

(a)

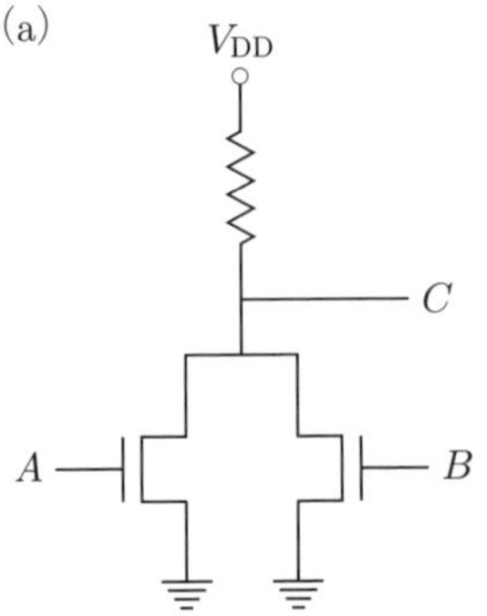

(b)

A	B	C
0	0	1
0	1	0
1	0	0
1	1	0

(c)

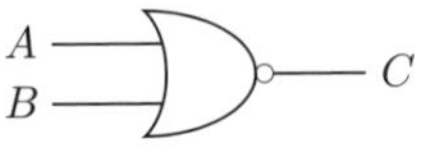

$C = \overline{A + B}$

図 1.8　(a) 二つの NMOS を並列接続して構成した NOR 回路．(b) 真理値表．(c) NOR ゲートを表す記号．

(a)

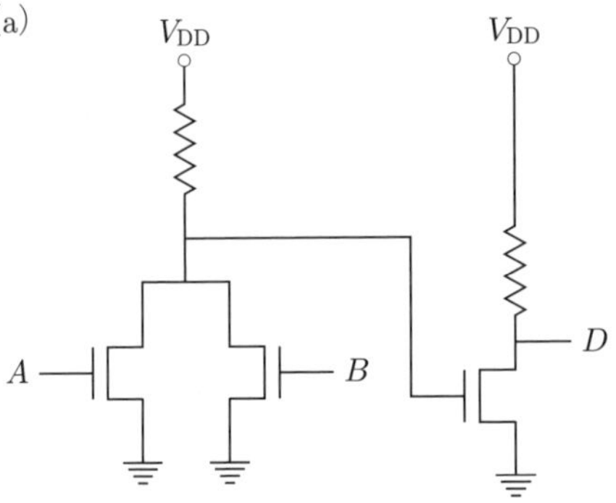

(b)

A	B	D
0	0	0
0	1	1
1	0	1
1	1	1

(c)

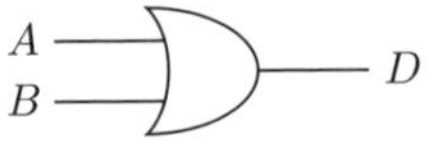

$D = A + B$

図 1.9　(a) NOR の出力をインバータに入力して構成した OR 回路．(b) 真理値表．(c) OR ゲートを表す記号．

ここでは 2 入力の NAND と NOR（AND と OR）の回路について述べたが，これをもっと多入力にすることは容易である．直列，あるいは並列につなぐトランジスタの数を増やせばよいのである．論理数学では，全ての論理は AND と OR と NOT（反転）の組み合わせで表現できることが示されている（7.2.3 項 (a) の補足 7.3 を参照）．つまりコンピュータの心臓部である CPU チップは，全てここで述べたディジタル回路の組み合わせで出来上がっているのである．CPU の構成についての詳しい説明は，第 7 章で述べる．

〈問題 1.1〉　$D = A \cdot B + C$ を実現する MOS トランジスタの回路を構成せよ．図 1.7 と図 1.9 に示した AND と OR を使えばできるが，それでは MOS トランジスタの数が 6 個必要になる．使うトランジスタの数が 4 個で済むように工夫せよ．

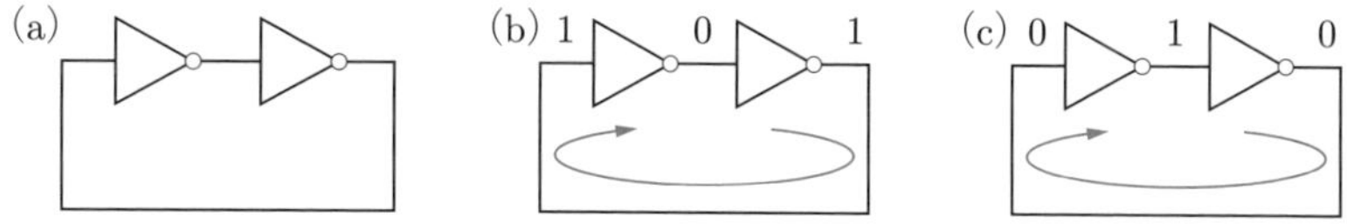

図 1.10　(a) インバータを 2 段つないでその出力を入力に戻す．(b) データ “1” を記憶した状態．(c) データ “0” を記憶した状態.

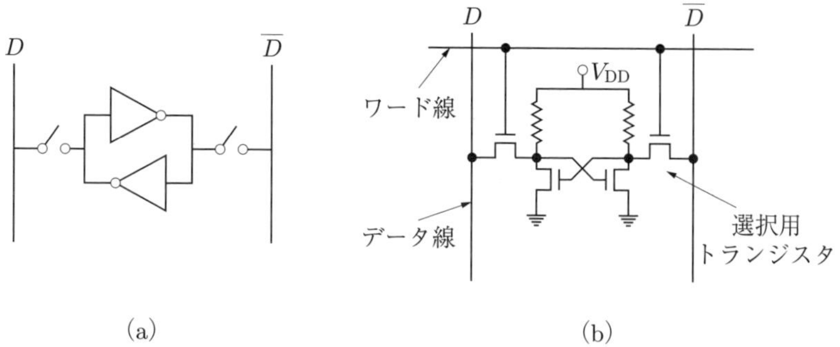

図 1.11　(a) SRAM（static random access memory）のメモリセル回路．(b) NMOS と負荷抵抗 R で構成した SRAM のメモリセル（CMOS 構成のメモリセルの回路図を図 7.68(a) に示す）.

さてここに示した簡単な回路の組み合わせによって，もっと多様な機能が実現できることを見てみよう．図 1.4 のインバータを 2 段つないでその出力を入力に戻してみよう（図 1.10）．入力を 1 とすると出力も 1 となってそれが入力に戻されるので，この状態が安定する．逆に 0 を入力するとその状態が安定となって保たれる．つまりこれは，1 と 0 のデータを保持するメモリ回路となる．これにデータを書き込むには，図 1.11(a) のようにデータ D とその反転 $\overline{D}$ とをスイッチによってつないでやればよい．これを具体的に書き下すと図 1.11(b) の回路となる．これは，**SRAM**（static random access memory）のメモリセルの回路である．このメモリセルに所定のデータを書き込むには，ワード線を 1 にすることで，データ線の値（0 または 1）が書きこまれる．データを読み出すときは，データ線を読み出し回路（**センスアンプ**と呼ぶ）に接続してからワード線を 1 にして，メモリセルの内容をセンスアンプに伝えてやればよい.

多くのデータを保持するにはどうするか．それにはこの SRAM のセルを 2 次元に多数配置すればよい．そして横一列に並んだメモリセルには共通のワード線をつなぐ．例えば 16 × 16 個の配置を考えた場合，各列には上から順番に番地（アドレ

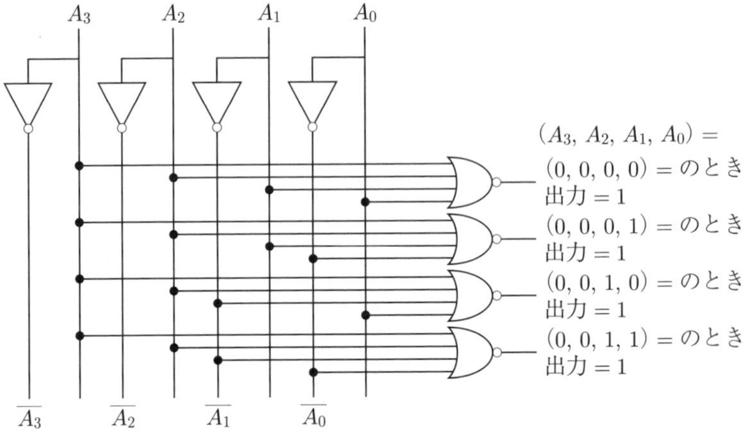

図 1.12　アドレスをデコードする回路．4 ビットの 2 進数のコード A_3, A_2, A_1, A_0 で番地（アドレス）を指定すると，それに対応したワード線が 1 となる．

ス）を，0 番地（0000），1 番地（0001），2 番地（0010），3 番地（0011），4 番地（0100），…，15 番地（1111）と 2 進数で付けておき，例えば 3 番地のデータを読み出したい場合には，4 入力 NOR 回路を用いて，入力が 0011 のときだけ出力が 1 となる回路を構成する．このような回路を各ワード線に付けておけば，メモリのアドレスを入力するだけで所定のワード線につながったメモリセルのデータを並列で読み出す回路が構成できる．図 1.12 にその一例を示す．並列に出てきたデータから所定のものを選び出すのもまた，同じような番地選択回路を構成することで実現できることは容易に分かるだろう．

インバータを 2 段つなぐとメモリ回路ができたが，もっと沢山つないでみよう．図 1.13 はインバータを n 段つないで出力を入力に戻した回路である．ここで n は奇数であるとする．インバータを奇数個つないだということは，もし出力と入力をつながなければ，I_n の出力は I_1 の入力信号を反転したものになっている．ある時刻にインバータ I_1 の入力信号が 0 から 1 に上がったとすると，その出力はインバータ 1 段当たりの遅延時間 τ 秒後に 1 から 0 に落ちる．この変化が順次伝わって，$n\tau$ 秒後には I_n の出力が 1 から 0 に落ちる．そうするとこの変化が I_1 の入力に戻されて，I_1 の入力は 1 であったのが 0 に落ちる．この変化はまた順次 $\mathrm{I}_2 \sim \mathrm{I}_n$ に伝わっていく．こうして I_1 の入力端子は $n\tau$ 秒毎に 0, 1 の変化を繰り返す．つまりこれは発振器となるのである．その発信周期は $2n\tau$ であり，発振周波数は $f = \frac{1}{2n\tau}$ となる．これは**リング発振器**（ring oscillator）と呼ばれ，CPU のクロック信号の生成等に用い

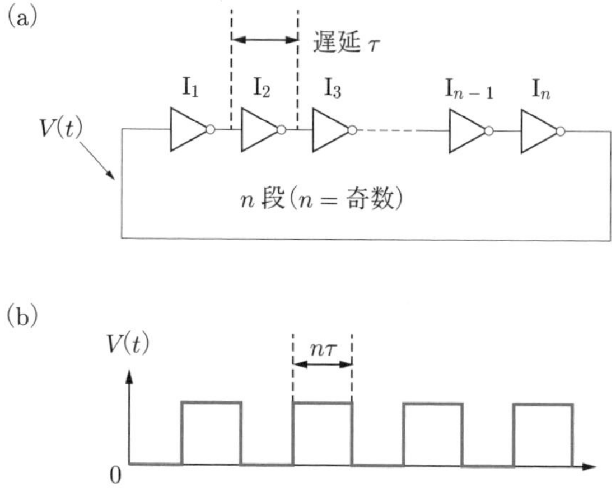

図 1.13　インバータを奇数段つないで出力を入力に戻すと発信器ができる（リング発信器）．その発信周波数は $f = \frac{1}{2n\tau}$ となる．ここで τ はインバータ 1 段当たりの遅延時間．

られる．

以上本節では，トランジスタを単純なスイッチとみなすことで，CPU を構成する基本回路の機能がどのように実現されるのかを説明した．ディジタル回路のもっと詳しい説明は専門の教科書（例えば参考文献 [1]）を参照してほしいが，原理はここに述べたように非常に簡単なものである．原理が簡単であるからこそ，単純にその数を増やすことでいくらでも高度な機能が実現できるのである．

ここでは，ディジタル論理回路の基本について簡単な説明を行ったが，本書ではこれからエレクトロニクス全般について，その基礎を簡単に俯瞰して行きたいと思う．

〈補足 1.1〉　図 1.4 のインバータは，入力が “0” のときはスイッチがオフで電流が流れないが，入力が “1” のときは電源からアースに $\frac{V_{DD}}{R}$ の電流が流れて電力を消費する．このことは CPU を構成する膨大な数の論理回路の約半分に常に電流が流れていることを意味する．これではバッテリがもたないばかりか，発熱が大きくて使い物にならない．しかし初期の CPU やメモリはこのような回路で構成されていた．現在では **CMOS**（complementary MOS）構成のインバータ回路を用いる．図 1.14 に示すように，図 1.4 の抵抗の代わりに **PMOS**（P-channel MOS）トランジスタを用いるのである．PMOS は，NMOS と逆のスイッチ特性を持つ．つまり，入力が “1” で NMOS がオンのとき PMOS はオフとなり，入力が “0” で NMOS がオフのとき PMOS はオンとなる．つまり常にどちらかのスイッチがオフとなっているため，電源からアースへの直流電流が流れることは無い．PMOS に関しては，第 3 章の補足 3.7 に簡単に述べてあるのでそちらを参照のこと．

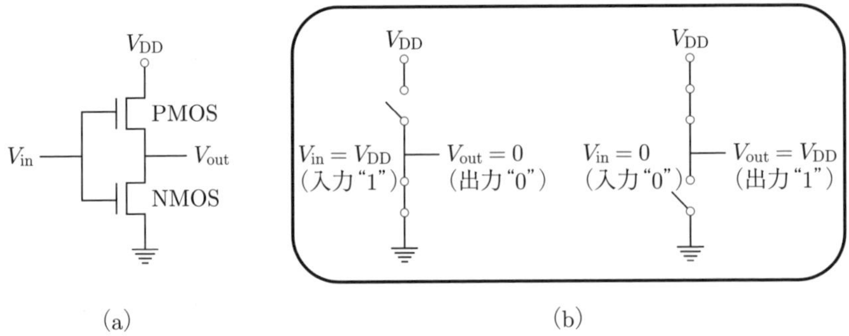

図 1.14　CMOS（complementary MOS）構成のインバータ回路．図 1.4 の抵抗の代わりに PMOS（P-channel MOS）トランジスタを用いる．PMOS は NMOS と逆のスイッチ特性を示し，入力が “1” で NMOS がオンのとき PMOS はオフ，入力が “0” で NMOS がオフのときは PMOS がオンして入力信号を反転する．

〈問題 1.2〉　2 入力の NAND と NOR 回路を CMOS で構成するとどのような形となるかを考えて見よ．いずれも PMOS は 2 個必要となる．（ヒント：NMOS 側で電流が流れるときは，PMOS 側は常にオフとなっていなければならない．）

〈問題 1.3〉　$D = A \cdot B + C$ を演算する CMOS 回路を構成せよ．

第2章　物質の世界を理解する

我々の身の周りにある固体材料を見てみよう．鉄，アルミニウム，金などの金属，宝石のダイヤモンド，トランジスタや VLSI チップの原料であるシリコン，光デバイスを作る化合物 GaAs, GaN，パワーデバイスを作る SiC 等々，様々なものがある．各材料は，見た目の色の違いはもちろん，重さ，固さ，融点，熱伝導度，電気抵抗値等それぞれの材料に固有の値を持っている．これらの諸量の中で，電気抵抗ほど材料の違いによってその値が大きく変化するものは他に無い．

抵抗値は，同じ材料であっても大きさによって値が変わるので，その材料固有の抵抗値を表す量として比抵抗 ρ がある．比抵抗 ρ は，試料を 1 辺 1 cm の立方体に加工してその対向する面間で測った抵抗値として定義される（図 2.1 を見よ）．もし試料の断面が $a \times b$〔cm^2〕で長さが c〔cm〕であり，その面間で測った抵抗が R〔Ω〕であったとすると，これは 1 個 ρ〔Ω〕の抵抗が c 個直列接続され，それが $a \times b$ 個並列接続されたものと見なせる．従ってその抵抗値は

$$R = \frac{\rho c}{ab}〔\Omega〕$$

となる．この式より，比抵抗 ρ の単位は $\Omega \cdot$cm となる．

そこでこの比抵抗を見てみると，石英ガラスは $\rho = \sim 10^{18}\,\Omega \cdot$cm であり，Cu や Al 等の金属は $\rho = \sim 10^{-6}\,\Omega \cdot$cm となり，実に 24 桁も材料によって値が異なっている．半導体もその比抵抗は大きな範囲で変化するが，通常デバイス製作に用いられ

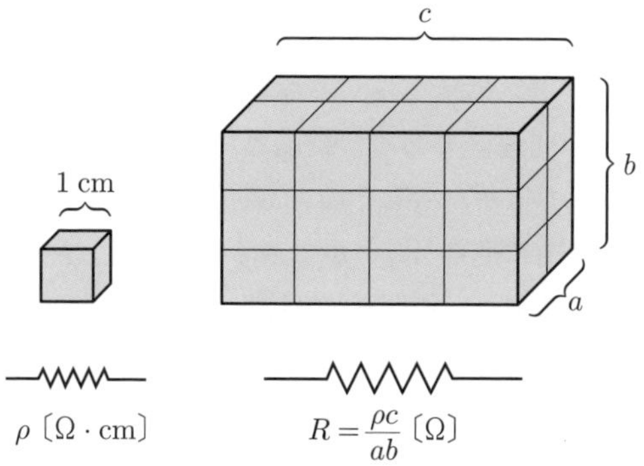

図 2.1　比抵抗 ρ は試料を 1 辺 1 cm の立方体に加工してその対向する面間で測った抵抗値である．

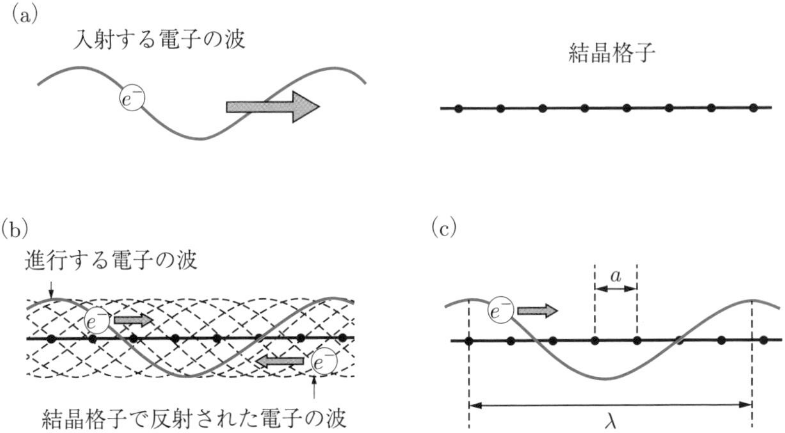

図 2.2　(a) 1 次元の結晶格子に左側から 1 個の電子の波（ド・ブロイ波）が入射する様子．(b) 入射した電子の波（実線）は結晶を構成する各原子によって反射され，左向きの電子の波（破線）が発生する．(c) ランダムな位相で反射された波は互いに打ち消し合って，実効的に 反射波 = 0 となる．

る Si では，大体 $10^2 \sim 10^{-2}\,\Omega\cdot\mathrm{cm}$ の範囲に調整したものが中心である．

それでは材料の抵抗値というものは，一体どうしてこのように大きな範囲で変化するのか，またどのようなメカニズムで決まるのか，これについて次に見てみよう．

2.1　固体結晶中の電子の運動

固体の結晶中を運動する電子について考えてみる．結晶は原子がいっぱい詰まってできているから，この中を流れる電子はあちこちで原子にぶつかって自由に進むことができない．これが電気抵抗を生じる原因である．もしこう考えているとしたら，これはとんでもない間違いである．結晶とは，それを構成する原子が規則正しく周期的に並んだものであるが，もしその “周期配置に乱れがないならば，電子は全く散乱されることなく自由に進む” ことができる．実際は，熱運動によって各原子はそれぞれの位置で振動しており，瞬間々々で見ると結晶はその理想的な配置からランダムにずれている．電子の動きが邪魔されるのはこの「規則正しい周期的な配列からのずれ」であって，決して原子そのものではないことを先ず理解する必要がある．従って電子は，原子が密に詰まった結晶の中を我々が想像するよりもずっと自由に進んでいくのである．

2.1.1　結晶格子で反射される電子の波

結晶とは，それを構成する原子が空間的に規則正しく並んだものである．通常の結晶は 3 次元の構造を持っているが，ここでは原理を理解するために簡単な 1 次元の結晶を考えてみよう．図 2.2(a) は，1 次元の結晶格子に左側から 1 個の電子が入射する様子を概念的に描いたものである．ここで電子は，“波の性質を持つ” ため，左から右に進む波として表現してある．電子が波の性質を持つというのは，一体どういうことなのか？　この疑問についてはしばらく置いておこう．後でもう少し詳しく説明する．1923 年に，ド・ブロイ（de Broglie）は全ての物質粒子は波の性質を持つことを提唱した．いわゆる**物質波**の概念である．物質粒子の運動量を P とすると，その物質波の波長は

$$\lambda = \frac{h}{P} \tag{2.1}$$

で与えられる．ここで

$$h = 6.626 \times 10^{-34}\,\mathrm{J \cdot sec}$$

は**プランクの定数**であり，λ を**ド・ブロイ波長**と呼ぶ．運動量が大きいほどその波長は短くなる．

図 2.2(b) には，結晶中を左から右に伝搬する電子の波が実線で描かれている．この電子の波は結晶を構成する各原子の位置で反射されるため，左向きの電子の波が発生する．この反射は結晶を構成する全ての原子の位置で起こるため，図には沢山の反射波が破線で描かれている．各反射波は皆少しずつ位相がずれているため，これらの波を全部重ね合わせると，プラスとマイナスが打ち消し合って，結局，反射波はほぼゼロとなって消えてしまう．これを示したのが図 2.2(c) である．これこそ，先ほど “周期的な結晶格子の中を電子は散乱されることなく自由に進むことができる” といった意味である．しかし，この説明が正しいのは，各反射波の位相が互いにずれている場合であって，もし反射波の位相が全て揃ったとすると，そのときには非常に大きな反射が生じる．

結晶の原子間隔を a，電子のド・ブロイ波長を λ とすると，$\lambda \gg a$ のときにはこれは起こらない．電子の運動量 P を小さな値から徐々に大きくしていくことを考える．そうすると，式 (2.1) より λ がだんだん短くなり，波長の半分が原子間隔と等しくなったとき，つまり

$$\frac{\lambda}{2} = a \tag{2.2}$$

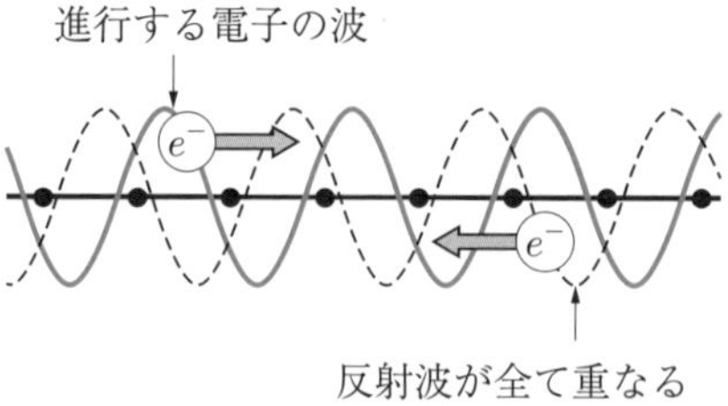

図 2.3　入射波の波長 λ が $2a$ に等しくなると，反射波の位相が全てそろうため大きな左向きの波が生じる．これをブラッグ反射と呼ぶ．

の条件が満たされたとき，最初の大きな反射が起こる．この様子を示したのが図 2.3 である．各原子で反射された波は全て位相が一致して互いに重なり合い，大きな反射波が発生する．同じ状況は，$\frac{\lambda}{2} \cdot n = a$，即ち，$\lambda = \frac{2a}{n}$（$n$ は整数）のときに生じる．このように，特定の波長に対して起こる結晶格子による電子波の大きな反射のことを**ブラッグ反射**（Bragg reflection）と呼ぶ．

こうして左向きに反射された波もまた，結晶格子による反射を受けて右向きの波となる．こういった過程が繰り返され，結晶の中では右に伝搬する波と左に伝搬する波が同時に存在して重なり合った状態となる．その結果，電子の波は定在波となる．つまり，一方向へ進む進行波ではなく，同じ位置で波面が上下する定在波となる．これは水面を伝わる進行波が狭い空間に閉じ込められると，反射を繰り返して同じ位置で水面が上下する定在波になるのと同じ理屈である．この定在波の様子を図 2.4 に示した．定在波には，波の高さが一番大きく上下する位置（腹）と全く変化しない位置（節）があるが，1 次元の結晶では，この腹の位置が規則正しく並んだ原子の位置にくるか，あるいは隣接原子の中間点にくるかの二つの状態が出現する．

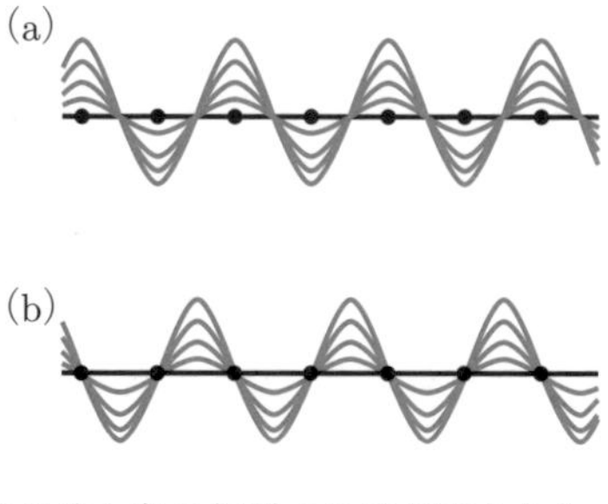

図 2.4　結晶中を右に伝搬する波と左に伝播する波が重なり合って定在波が立った状態．定在波の腹が原子の位置に来る状態 (a) と，隣接する原子と原子の中間の位置に来る状態 (b) の二つのモードが現れる．

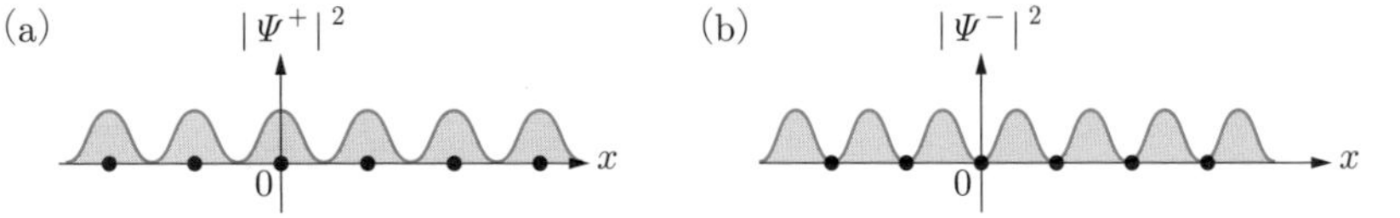

図 2.5　図 2.4 の定在波に対応する電子の波動関数の絶対値の 2 乗．これらは，電子の密度分布を表すものと考えればよい．

以上電子の波の振る舞いについて直観的な説明を行ったが，その物理の法則についてもう少し立ち入って説明してみよう．

2.1.2　電子の波を決定する方程式[1]

電子の波の振幅を $\Psi(x,t)$ で表し，これを電子の**波動関数**と呼ぶ．これは，次の**シュレディンガー方程式**（Schrödinger equation）の解として求められる：

$$-\frac{\hbar^2}{2m}\frac{\partial^2}{\partial x^2}\Psi + V(x)\Psi = i\hbar\frac{\partial}{\partial t}\Psi \tag{2.3}$$

これはシュレディンガーによって発見された自然界の法則であり，何か他の事実から導き出せるといった性質のものではない．従ってこのまま信じて受け入れるしかない．ここで $\hbar$ はプランクの定数 h を 2π で割ったもの（$\hbar = \frac{h}{2\pi}$）であり，エッチバーと読み，ディラックの h と呼ばれる．また上式の $V(x)$ は，電子のポテンシャルエネルギーを表している．ボルン（Max Born）の解釈によると $\Psi(x, t)$ は，1 個の電子のふるまいを記述するもので，その絶対値の 2 乗 $|\Psi|^2$ は電子の存在確率を表す．

図 2.4 の波に相当する電子の波動関数の絶対値の 2 乗を示すと図 2.5 のようになる．つまり，電子の存在確率が原子の位置で大きくなった状態（図 2.5(a)）と，隣接原子間の丁度真ん中の位置で大きくなった状態（図 2.5(b)）の二つが存在する．

2.2　電子のエネルギーバンドとバンドギャップ

いま，N 個の原子からなる 1 次元の結晶について考える．各原子は結晶を作ったとき一つの電子を供出して $+1$ の電荷を持つイオンとなっており，結晶中には N 個の自由に動ける電子があるとする．このとき $|\Psi|^2$ は電子の密度と考えてよい．こうすると，図 2.5(a) の状態はマイナスの電子がプラスイオンの近く

1) 波である電子のふるまいを記述するのは量子力学である．本書ではその説明には深く立ち入らない．これは電子工学の基礎を理解する上で大変重要なものであり，参考文献 [2] 等で学習することを勧めたい．

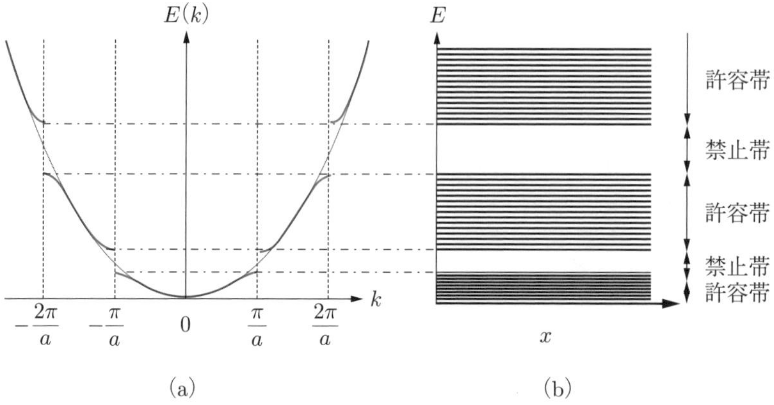

図 2.6　(a) 電子のエネルギー E を k（$k=\frac{P}{\hbar}$）の関数として描いた図．黒い線は自由電子の場合，青い線は結晶格子による電子波の反射の効果を入れた場合を表す．$k=\frac{\pi}{a}n$ の近傍でエネルギーが上下に分裂する．(b) 図 2.6(a) を E 軸の左側から k 軸に沿って眺めた図．電子のエネルギー準位が高密度の帯状に固まった許容帯と，エネルギー準位が存在しない禁止帯とに分かれる．

に集まった状態であり，図 2.5(b) はプラスイオンから最も遠ざかった位置に局在している状態に対応する．前者はクーロン引力でマイナスとプラスの電荷が引き寄せられた状態であり，後者はクーロン引力に抗してマイナスとプラスの電荷を引き離した状態といえる．このことより，後者は前者よりもエネルギーの高い状態にあることが分かる．ここで非常に重要なメッセージは，同じ波長の電子（つまり同じ運動量を持った電子）の状態に対して，エネルギーに分裂が生じるということである．そして，こういった分裂が生じるのは $\lambda=\frac{2a}{n}$（n は整数）の条件が略《りゃく》々《りゃく》満たされたとき，つまり電子の波長が特定の値に近づいたときである（これ以外のときには反射波は消えてしまうので，こんな効果は考えなくてよい）．

さてここで自由電子の運動エネルギー E は

$$E=\frac{P^2}{2m}=\frac{(\hbar k)^2}{2m} \tag{2.4}$$

と表される[2]．この式の E と P の関係はニュートン力学と同じである．ここで k は**波数**（$k=\frac{2\pi}{\lambda}$）と呼ぶ波の空間的な周波数であり，式 (2.1) の関係から運動量は

2) この関係は式 (2.3) で $V(x)=0$ とおくことで求められる．こうして得られる x と t に関する偏微分方程式は，変数分離の手法で簡単に解くことができる．得られた解は補足 2.1 に示してある．

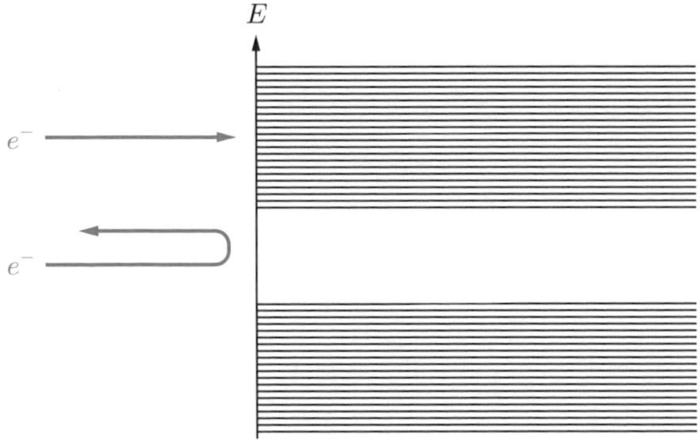

図 2.7 許容帯のエネルギーを持つ電子は結晶中に侵入できるが，禁止帯のエネルギーを持つ電子は跳ね返されて結晶中に入ることができない．

$P = \hbar k$ となる．つまり自由電子の運動エネルギーは k^2 に比例して増大していく．この関係を表したのが図 2.6(a) の黒い線である．k を 0 から大きくするということは, 電子の波長 λ を $\lambda \gg a$ の状態からだんだん短くすることに対応し,

$$\lambda = 2a \quad \left(k = \frac{\pi}{a}\right)$$

に近づくと，最初のエネルギー分裂が生じる．この状態を同図の青線で示した．同様の分裂は，$k = \frac{\pi}{a}n$ の近辺で生じる．

この図 2.6(a) を，E の軸（縦軸）の横側から k 軸の方向に向かって眺めたものが図 2.6(b) である．この図では，横軸に結晶中の位置 x をとり，縦軸に電子のエネルギー E をとった．この図は結晶中で電子のエネルギー準位がどのように見えるのかを示している．$E = 0$ から E が大きくなっていくと，あるところでエネルギー準位のない領域が現れる．つまり電子がその間のエネルギー値をとることができない領域が現れる．このエネルギーの分裂が最初に現れるのは k の値が $k = \frac{\pi}{a}$ に近づいたときである．これを**禁止帯**と呼ぶ．一方エネルギーをとることのできる領域のことを**許容帯**と呼ぶ．この禁止帯の存在が，半導体デバイスの働きで本質的に重要な意味を持っている．

その理由は，図 2.7 に示したように，もし禁止帯のエネルギーを持った電子が外部からこの結晶中に侵入しようとすると，その電子のとることのできるエネルギー準位が結晶中には存在しないので，その電子は跳ね返されて決してその結晶中に入ることはできない．実はこれによってデバイスのスイッチ動作が作り出されるのである．

〈補足 2.1〉 式 (2.3) のシュレディンガー方程式の扱いをもう少し見てみよう．式 (2.3) で，$V(x)=0$ としてみよう．これはポテンシャルエネルギーの変化が無い状態，つまり空間を自由に運動する自由電子の動きを求める方程式となる．この x と t に関する偏微分方程式の解は変数分離の手法で簡単に求めることができ

$$\Psi^{+} = Ae^{i(kx-\omega t)} \quad (x\text{ の正方向に進む 1 個の電子の波動関数}) \tag{2.5a}$$

$$\Psi^{-} = Ae^{i(-kx-\omega t)} \quad (x\text{ の負方向に進む 1 個の電子の波動関数}) \tag{2.5b}$$

の二つとなる．これらの式を式 (2.3) に代入すれば，その解になっていることが簡単に確かめられる．また，$E=\hbar\omega$ とすれば式 (2.4) の関係が得られる．

これら二つの解を同位相で重ね合わせる（加算する）か，逆位相で重ねるか（減算するか）で次の 2 種類の定在波の波動関数が得られる．

$$\Psi^{S} = A(e^{i(kx-\omega t)} + e^{i(-kx-\omega t)}) = 2A\cos(kx)e^{-i\omega t} \tag{2.6a}$$

$$\Psi^{A} = A(e^{i(kx-\omega t)} - e^{i(-kx-\omega t)}) = 2iA\sin(kx)e^{-i\omega t} \tag{2.6b}$$

これらの波動関数の絶対値の 2 乗をとると電子の存在確率（密度分布）が得られ，その形は $\cos^2(kx)$ 及び $\sin^2(kx)$ となるが，$k=\pm\frac{\pi}{a}$（最初のブラッグ反射が起こる条件）とすると，丁度図 2.5 のようになる．ここでの説明は結晶中を運動する電子は自由電子であるとして扱い，

$$k = \pm\frac{\pi}{a}$$

のブラッグ反射の起こる条件の近傍でのみ電子波の干渉の効果を定性的に取り扱った．しかし，現象の本質を理解するには適切な近似である．もう少し詳しい説明は参考文献 [3]：柴田直著「半導体デバイス入門」（数理工学社）を参照のこと．実際の結晶はもっと複雑な構造をしており，本格的な理解を求める読者は，固体物理学のテキスト（参考文献 [4] 等）を参照されたい．

量子力学の教えるところでは，原子の中の電子がとることのできるエネルギーの値は連続的に変化しているのではなく，とびとびの値を持つ．これを**エネルギー準位**と呼ぶ．これは固体の結晶の中でも同様で，図 2.6(b) の各許容帯の中には，膨大な数のエネルギー準位が密集して存在している．このことを表現するため図には各エネルギー準位を模式的に一本の直線で表したが，実際はもっとずっと密に存在している．許容帯はこれらのエネルギー準位が大変高密度な束になった帯状で存在しており，これを**エネルギーバンド**と呼ぶ．一方，禁止帯のことを**バンドギャップ**と呼ぶ．

2.3　電子がとることのできる状態の数

いま自由空間にある電子に電界を加えて加速することを考えてみよう．最初静止しているとすると $k=0$（運動量 $=0$）であり，電子は加速されて徐々に k の値は大きくなっていく．このとき k の値は連続的に増加すると考えてよい．しかし，結晶という有限の大きさの空間に閉じ込められた電子の場合は，その間隔は非常に小さいがとびとびの不連続な値でしか変化できない．その1ステップの大きさは，k の値（$P=\hbar k$）で見ると，$\frac{2\pi}{a}$ を結晶を構成する原子の数 N で割った値（$\Delta k=\frac{2\pi}{aN}$）に等しい[3]．ここで $\frac{2\pi}{a}$ は右向きの電子波が最初にブラッグ反射を起こす値 $k=\frac{\pi}{a}$（$\lambda=2a$）と，左向きの電子波が最初にブラッグ反射を起こす $k=-\frac{\pi}{a}$ の差である．つまり，一つのエネルギーバンドに含まれる電子の状態の数（異なった k の値の数）は，原子の数 N とぴったりと一致している．これは図 2.6(b) の一番下のエネルギーバンドだけでなく上のバンドでも同様である（ここでいう状態の数とは k（即ち運動量 P）の取り得る値の個数で，異なるエネルギー値を持つ準位の数ではない．実際1次元結晶では，k と $-k$ のエネルギーは $\frac{(\hbar k)2}{2m}$ で同じ値を持つ）．

ここで**パウリの排他律**という重要な法則について述べる．これは，一つの電子状態（**固有状態**と呼ぶ）というのは丁度列車の指定席のようなもので，「その状態を占有できるのはただ1個の電子だけである」という法則である．しかし1個の電子にはスピンというもう一つの自由度がある．これは自転に関する自由度で，右回転か左回転かという二つの状態に対応する．これらを**スピンアップ**及び**スピンダウン**の状態と呼び，互いに独立な電子状態である．これは磁場の無い状態では同じエネルギーを持っていて区別できない．このスピンの自由度を含めると k（あるいは運動量 P）の各値に対して2個の電子状態があり，その結果一つのエネルギーバンドの中には $2N$ 個の電子状態，つまり電子の取り得る状態が原子数の丁度2倍の個数あることになる．

2.4　金属・半導体・絶縁体

さて以上の前提で，固体の電気伝導度が物質によって大変大きく変化する理由を説明してみよう．あくまでも N 個の原子からなる1次元の結晶という簡単なモデル

3) これはシュレディンガー方程式の解を求める際の境界条件から出てくるのであるが，これについては本書では述べない．参考文献 [3] の 2.3.3 項を見よ．

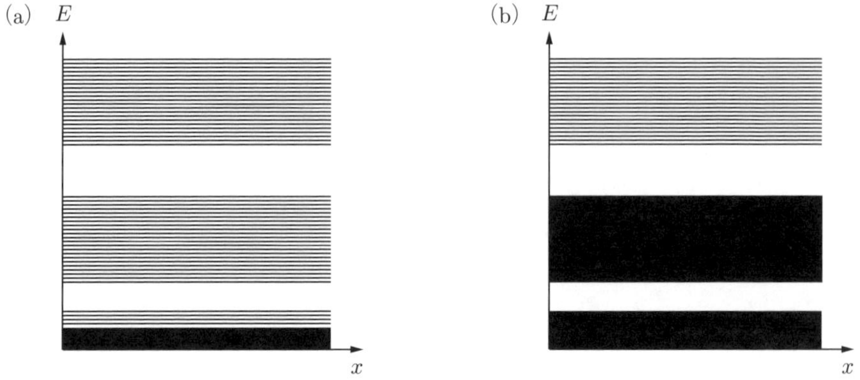

図 2.8　(a) 最外殻にただ一つの電子を持つ元素の結晶では，一番下のバンドが半分まで電子で埋まって金属となる．(b) 最外殻に4個の電子を持つ元素の結晶では，一番目と二番目のバンドが全部電子で埋まって半導体（または絶縁体）となる．

近似の範囲内であるが，実際の結晶でもその本質は同じである．

先ず各原子が最外殻にただ一つの電子を持つ場合を考えよう．最外殻の電子は容易に親元の原子を離れて結晶中を自由に動き回るようになる．電子を放出した原子は+1価の正イオンとなる．そして結晶は N 個の正イオンのコアが N 個の電子の海に浮かんだような結合状態となっており，全体としては電気的中性が保たれていることは言うまでもない．このような結合を**金属結合**と呼ぶ．金属が柔らかく延性に富むことは，このような結合状態からきている．

次にこれをエネルギーバンドの状態から見てみよう．これは，図 2.6 に示した空のエネルギー準位に N 個の電子を一つ一つ入れていくことになるのだが，どのように詰まっていくのか？　それは系全体のエネルギーが一番小さくなるように行われる．つまり，一番下の準位から順番に N 個の電子を詰めていくのである．一番下のバンドには $2N$ 個の準位があるのだから図 2.8(a) のようにその丁度半分までが詰まった状態となる．この状態の結晶に外部から電界をかけると電子は容易に加速される．つまり半分まで埋まったバンドの中で一番上位の部分に位置する電子は，すぐ上に空のエネルギー準位があるため容易にエネルギーを得て加速されるのである．これが金属ではよく電気が流れる理由である．このことから最外殻の電子の数が1個であるアルカリ金属の性質がよく説明できる．

次に最外殻の電子数が4個の場合を考えてみよう．この場合，図 2.6 のバンドは下の二つが全部埋まった状態となる（図 2.8(b)）．この状態では容易に電流は流れない．その理由は，電界を印加して一番上位付近にある電子を加速しようと思っても，加速できないからである．なぜならすぐ上にエネルギー準位が存在しないためである（バンドギャップを越えた上の方にまで行かないと空のエネルギー準位が存在しない）．こういう状態では電流はほとんど流れない．最外殻の電子数が4個のSiの単結晶やCの単結晶（ダイヤモンド）はこの状態に対応し，**半導体**と呼ばれる．しかし純粋な結晶ではほとんど絶縁体である．これらの材料を用いて電流の流れを制御する半導体デバイス（トランジスタ）を作るためには，特別な工夫を施して電流が流れるようにしなければならない．この特別な工夫とは，不純物を制御して添加する等の操作である．これについては第3章で説明する．

以上の説明では，最外殻の電子が2個であるアルカリ土類も電流が流れないはずだが，実際の結晶では一番下のバンドと二番目のバンドが重なり合っていて，その間のバンドギャップがなくなっている．こういった結果を正しく知るためには，3次元の結晶構造を正確に考慮した計算を行わねばならない．こういった計算は**バンド計算**と呼ばれ，物質科学の重要な課題の一つとなっている．

以上駆け足で電子の持つ波動性を前提として電気伝導の原理について説明した．物質粒子である電子が，同時に波の性質を持つことが新たなエレクトロニクスの発展につながった．このことが発見されたのは20世紀の到来とともに始まった新たな物理学の展開である．一体どのような物理学の新発見が起こったのか．これについて次節で簡単に述べる．

2.5　電子が波であるとは？—量子力学入門

さてここで，電子が波であることについて少し解説を試みる．これは量子力学への簡単な入門である．先を急ぐ読者は，この節を読み飛ばして先へ進んでもらって構わない．しかし，エレクトロニクスという新しいテクノロジーの驚くべき発展が，20世紀初頭の新たな物理学の誕生によってもたらされたものであることを考えると，今後是非興味を持って勉強して頂きたい．

2.5.1　新しい物理学の誕生

◆光量子の仮説　18世紀の後半には，人々は光は波であると理解して疑わなかった．光は屈折し，また干渉も起こす．そして，マックスウェルの電磁方程式から電磁波の存在が直接導かれることはよく知られていた．一方1897年にJ.J.トムソン（J. J. Thomson）によって発見された電子は，質量 $m = 9.109 \times 10^{-31}$ kg を持つ物質粒子であった．しかしこれらの概念は，20 世紀の幕開け（正確には 19 世紀最後の 12 月）に始まった量子物理学の誕生によって，全くひっくり返ったのである．

先ず波であると信じられていた光が粒子であることが発見された．次いで粒子である電子が波として記述すべきものであることが分かった．そのきっかけは，マックス プランク（Max Plank）の**エネルギー量子の仮説**である．彼は，1900 年の 12 月に発表した論文でこの仮説を導入した．つまり，光のエネルギーは連続な値をとるのではなく，一つ一つが小さなエネルギーのかたまりであることを述べたのである．その一つ一つのエネルギーのかたまりは，光の振動数 ν に比例したエネルギーを持っており，その値は

$$E = h\nu \tag{2.7}$$

で与えられる．ここで h は**プランクの定数**であり，その値は，$6.626 \times 10^{-34}\ \mathrm{m^2 \cdot kg/s}$ である．プランクは，当時未解決の問題として皆が取り組んでいた**黒体輻射**を説明するためにこの仮説を持ち込んだ．

黒体とは，あらゆる波長の光を全て吸収して全く反射しない物体である．赤の波長の光を反射する物体は赤く見え，青の光を反射するものは青く見えるのだから，全く反射しない黒体は真っ黒なはずであるが，それ自体が光を放射（輻射）するため色が付いて見える．この黒体の放射する光の波長の強度分布は，黒体の温度 T だけで決まるというのが黒体輻射である．炭火を見ると，温度が低いときは赤黒い色だが，温度が上がってくると次第に橙色から白っぽい色に変わって行く．つまり，温度 T の上昇とともに，放射光の強度分布は，短波長側（青白い色）にシフトする．このことは経験的によく知られていたが，これを正しく説明する理論は無かった．計測可能な放射光の強度分布から，黒体の温度を理論的に予想することは，当時鉱工業の盛んなドイツでは溶鉱炉の温度計測の手段として重要な課題であった．この課題に挑戦したのは，プランクをはじめとし，キルヒホフ（Kirchhoff），ウィーン（Wien），レイリー（Reyleigh），ジーンズ（Jeans）等の物理学者であった．

当時，黒体輻射の精密な実験結果は得られていたが，その結果をきれいに説明する理論式は得られておらず，理論物理学上の大きな論争となっていた．プランクはこの問題に最終的な解答を与えたのである．彼はボルツマンのエントロピーの考えに基づいてこの問題に挑戦した．そのため簡単な順列・組み合わせの数学を用いて場合の数を計算したのである．つまり絶対温度 T で全体のエネルギーが決まっているとき，各波長の光を放射する調和振動子の一つ一つに，どのようにその全体量の決まったエネルギーを分け与えるか，その分割の仕方は何通りあるかを計算したのである．

もしエネルギーの値が連続値をとる，つまりいくらでも小さな値に分割できるのであれば，その組み合わせ方の数は無限大になる．つまり組み合わせの問題として解くには，必然的にエネルギーの分割には，最小値が存在しなければならないことになる．こうして見つけた最小値が，上記式 (2.7) なのである．

このことをもう少し分かりやすい例で示すと以下のようになる．ここに 100 万円の現金がある．これを 10 人の仲間で分け合うやり方は何通りあるか？　丁度こんな計算をした訳である．これは簡単な場合分けの計算で求めることができる．それは，お金の最小単位が 1 円と決まっているからである．小数点以下いくらでも小さな値に分割してもよいとすると，場合の数は無限大となって求まらない．最小単位が決まっていることが重要なのである．これが式 (2.7) を導入した理由である．

プランクが黒体幅射の正しい式の導出に成功したことは，当時大変高く評価された．しかし式 (2.7) の持っている重大な意味，つまり光量子という全く新たな概念の発見については，本人も含め誰も気付いていなかった．

“光は波としてそのエネルギーが空間に広がったものではなく，一つ一つが式 (2.7) で表されるエネルギーを持った粒子の集合体である” ことを最初に言い出したのはアインシュタイン（Einstein）である．アインシュタインはスイスの特許局に勤めながら，1905 年に三つの論文を書いた．その一つの論文がこの光量子（フォトン）の論文である．他の二つは，ブラウン運動と特殊相対性理論の論文である．

光量子の論文ではその考えの正しいことを示すために，光電効果の説明を行っている．**光電効果**とは，金属表面に紫外線を照射したとき金属から電子が飛び出してくる現象で，この電子（**光電子**と呼ぶ）の持つエネルギーは紫外線の強度をいくら大きくしても変化せず，照射する紫外線の波長だけで決まるという実験事実である．また，ある値よりも長い波長の光（エネルギーの小さな光）を照射した場合には，光の強度をいくら上げても電子は出てこない．この現象をフォトンの概念を用いて説明したのである．しかしこれは，金属内の電子は 1 個の光量子を吸収することでエネルギーを得ることを考えれば当然の結果である．図 2.9 に示すように，放出される光電子のエネルギーを E とすると，$E = h\nu - W$ の関係が成り立つからである．ここで W は**仕事関数**と呼ばれる量で，金属中の電子が外に出るために飛び越えなければならないエネルギー障壁の高さである．光の強度を上げるということは，照射するフォトンの数を増やすということで，光電子の数は増加しても，一つ一つの電子の得るエネルギーは $h\nu$ で変わらないのである．

一方フォトンの持つ運動量 P に関しても，

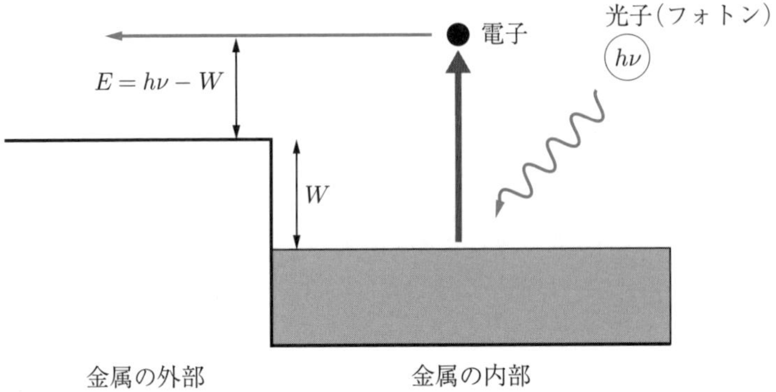

図 2.9　光電効果．1個のフォトンのエネルギー $h\nu$ が金属内の電子に与えられ，電子は金属表面のエネルギー障壁 W を飛び越えて外部に飛び出す．W のことを仕事関数と呼ぶ．

$$P = \frac{h}{\lambda} \tag{2.8}$$

なる関係が，1908年にプランクによって，また1909年にアインシュタインによって導かれた．

波である光の粒子性については以上のように比較的すっきりといったが，粒子である電子の波動性の理解はなかなか進まなかった．原子の構造を原子核の周りを周回運動する電子として記述すると，電子はその運動によって電磁波を放出してエネルギーを失うため原子核に落ち込んでしまい，安定な軌道を保つことはできない．どうして安定な軌道をとることができるのか，これに関してはニールス ボーア（Niels Bohr）が1913年に最初の電子の量子化の条件を見出した．しかしこの奇妙な電子のふるまいをどう理解し，記述すればよいのかは全く分っていなかった．

1923年にド・ブロイは，電子は波の性質を持ったものと理解すべきであることを提唱し，その電子の波の振動数と波長は以下の式で与えられるとした．

$$\nu = \frac{E}{h} \tag{2.9}$$

$$\lambda = \frac{h}{P} \tag{2.10}$$

これは，フォトンに対する式(2.7), (2.8)と全く同じもので，ν と λ について書き直しただけである．この提案を受けてシュレディンガーは，1926年にシュレディンガー方程式（式(2.3)）を提案し，水素原子や調和振動子の振る舞いに正確な解を与えたのである．そして現在もこの方程式を用いて，様々な電子材料の性質やデバイスの動作が解析されている．

プランクが光のエネルギーが量子化されていることを見つけ，アインシュタインが光量子（フォトン）の概念を提唱した．そしてこれらが元となって量子力学の構築が始まったわけであるが，プランクは後年まで光が粒子であるという概念をなかなか受け入れなかった．また，アインシュタインも電子が波動であるという考えを受け入れようとしなかった．それほど，この量子の世界は，不思議で神秘に満ちたものだったと言える．

以上，量子力学の誕生について概略を簡単に紹介したが，この原子・分子のミクロな世界で起こっている大変奇妙な電子や光のふるまいが基礎物理学の革命的な進歩で明らかにされることにより，今日のエレクトロニクスが発展したことを是非理解して頂きたい．また量子自身の持つ非常に奇妙なふるまいそのものを用いて，量子コンピューティングや量子通信といった全く新しい応用分野が拓けていることも大変重要で興味深い．

第3章　半導体でトランジスタを作る

前章では物質の世界の物理を概観し，半導体と呼ばれる材料に現れる原理について述べた．本章では，この半導体の特質を生かしてエレクトロニクスの基本素子であるトランジスタの機能を生み出す方法について述べる．

3.1 半　導　体

3.1.1　シリコン結晶の構造

集積回路チップを作る材料はシリコン（Si）の単結晶である．先ずこれから見てみよう．1 個の Si 原子は最外殻に 4 個の電子を持っているが，結晶を作るときこれら 4 個の電子の軌道は都合よく混ざり合って 4 つの結合手を作る．それは，図 3.1(a) のように，丁度テトラポッド状に 4 方向に手を伸ばした形をしている．隣接する Si 原子はこれらの手をつなぎ合って共有結合を作る．そして Si 原子を規則正しく 3 次元構造に積み上げていったものが Si の単結晶である（図 3.1(b)）．この構造を**ダイヤモンド構造**と呼ぶ．なぜなら Si と同じ IV 属の炭素（C）原子がこの構造をとると，ダイヤモンドになるからである．このダイヤモンド構造の結合は大変強固なものであり，その結晶は非常に高い硬度を持つ．炭素がもっと別の形をとると真っ黒い炭となる．同じ元素でも結晶の構造でその性質は全く異なる．

〈補足 3.1〉　この 4 方向に延びる電子の軌道を **sp^3 混成軌道**と呼ぶ．これは一番エネルギーの低い s 電子の軌道に，一つ上のエネルギーレベルにある p 電子の三つの軌道が重なり合うことによってできた軌道である．s 電子は等方的な分布をしているが，これに分布に方向性のある p 電子の軌道をうまくブレンドすることにより，こういった 4 方向に延びた結合手ができている．自然は実にうまい構造を見出したものだなと感心する．もっと詳しい説明に興味がある読者は，参考文献 [3] の 2.4.5 節を参照されたい．

結晶は 3 次元の周期的な構造を持っている．その周期構造を点の集合体で表したものを**結晶格子**という．結晶格子の各格子点から周りを見渡すと，どの点から見ても全く同じ光景が見える．実際の結晶はこの格子点全てに，同一の構造を取り付けることで得られる．この同一の構造のことを**基本構造**と呼ぶ．基本構造は単一の原子であってもよいし，複数の原子や分子でもよい．要するに同じ構造が，空間的にどのように周期的に並んでいるのかを表したのが結晶格子である．ダイヤモンドの結晶構造は，図 3.1(c) に示すようにその結晶格子は面心立方格子であり，基本構造は 2 個の原子である．結晶格子には，単純立方格子，体心立方格子，六方最密充填構造等，様々なパターンがある．

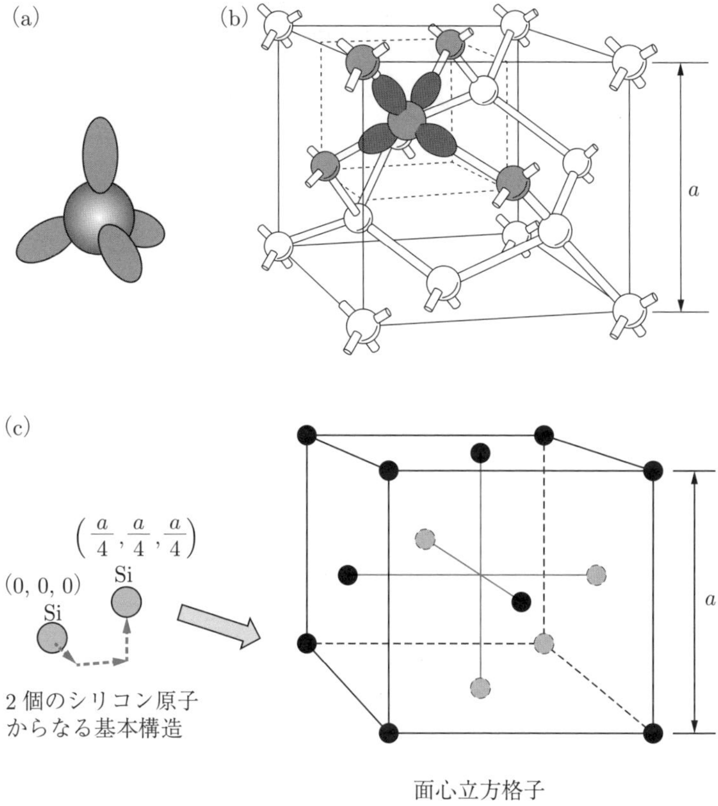

図 3.1 (a) Si が結晶を作るときの最外殻の 4 つの電子．電子雲が 4 方向にテトラポッド状に伸びて結合手を形成している．(b) シリコンの結晶構造．炭素原子（C）がこの構造をとったものがダイヤモンドである．(c) Si の単結晶は結晶格子としては面心立方格子で，(0,0,0) と $(\frac{a}{4}, \frac{a}{4}, \frac{a}{4})$ にある 2 個の原子が基本構造となっている．各格子点にこの基本構造を張り付けるとシリコンの結晶構造となる．格子定数 a は，C, Si, Ge に対し，それぞれ 3.56 Å, 5.42 Å, 5.62 Å である（$1\,\text{Å} = 10^{-10}\,\text{m}$）．

3.1.2 純粋な半導体（真性半導体）

図 3.2(a) は，Si の結晶構造を簡略化して 2 次元で表現したものである．最外殻の電子は全て隣接原子間の共有結合に用いられているため動くことができない．つまり純粋な Si の結晶はほとんど絶縁体である．実際，絶対零度（$T = 0\,\text{K}$）では動ける電子の数は 0 であるが，室温（$T = 300\,\text{K}$，27°C）では，一部の電子は熱エネルギーを得て結合から抜け出し，結晶中を自由に動き回れる状態になっている．このた

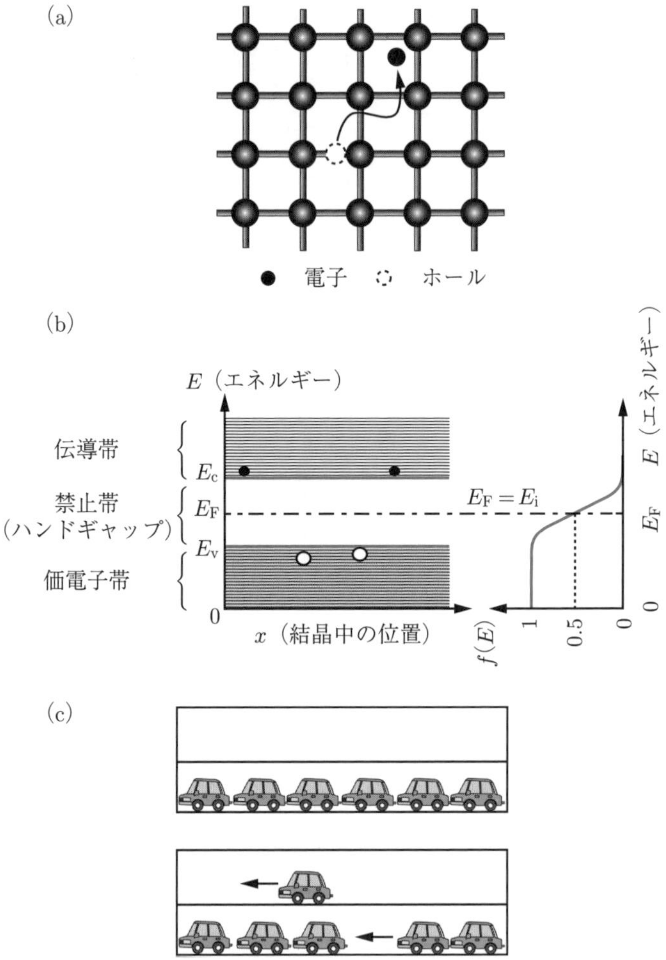

図 3.2　(a) Si の単結晶を 2 次元で表現したもの．熱エネルギーで結合を切って自由になった電子と，その電子が抜けた後のホールが電荷を運ぶキャリアとなる（真性半導体）．(b) 真正半導体をエネルギーバンドで表現したもの．フェルミレベルはバンドギャップの真ん中に位置する．(c) 二階建てガレージのアナロジーで真性半導体を説明したもの．上：一階には自動車が一杯詰まっていて身動きできない（低温）．下：一台が二階に上がると，上でも下でも動けるようになる（常温）．トランジスタの発明者，William Shockley の古典的なトランジスタの教科書（“Electrons and Holes in Semiconductor”（D. VAN NOSTRAND 社，1950 年）で用いられた説明図．こういった直観的な理解も重要である．

め少しは電流が流れるが，その電子の数は $1\,\mathrm{cm}^3$ 中に 1.45×10^{10} 個（27°C）と非常に少なく，トランジスタを作るのには全く役立たない[1]．おまけに温度が上昇するとその数が増えて変化するので，トランジスタの安定な動作を得ることはできない．

ここで一つ大事なことを指摘しておく．結合手から 1 個の電子が抜けた後には電子の穴が空くが，そこには隣の電子が容易に移動できる．つまりこの電子の穴自身が電気伝導に寄与できる．これを**ホール**（hole）と呼ぶ．電界をかけたときの穴の動きは電子の動きと逆方向となるので，丁度プラスの電荷を持つ粒子のようにふるまう．このことからこれを**正孔**（positive hole）と呼ぶ．半導体中には，負電荷を持つ電子と正の電荷を持つホールの 2 種類の**キャリア**（carrier = 電荷を運ぶものの意）が存在する．これが半導体の大きな特徴である．

図 3.2(b) の左の図は，前章で説明したエネルギーバンドの観点から半導体を描いた図である．絶対零度では，価電子帯は全部電子で埋まっており，伝導体には全く電子が存在しない．しかし室温では価電子帯の一部の電子は熱エネルギーによってバンドギャップを飛び越え，伝導帯に上がっている．これらの電子は伝導体を自由に動き回ることができ，また価電子帯にできた穴であるホールも自由に動き回ることができる．これは，図 3.2(c) に示した二階建てのガレージのアナロジーで容易に理解できるだろう．Si のバンドギャップは $E_{\mathrm{G}} = 1.11\,\mathrm{eV}$ であり，室温（300 K）での電子の平均エネルギーは 0.026 eV なので，このギャップを飛び越えることのできる電子の数は非常に少ない．このように熱励起だけでキャリアのできている半導体のことを**真性半導体**（intrinsic semiconductor）と呼び，そのキャリア濃度を n_{i} と表し**真性キャリア濃度**と呼ぶ．電子の抜けた穴がホールなので，真性半導体では電子の濃度とホールの濃度は等しい．$T = 290\,\mathrm{K}$（17°C）で $n_{\mathrm{i}} = 10^{10}$ 個/cm^3 と覚えておくと便利である．

どのくらいの割合の電子が熱励起されて伝導帯に存在するのかを教えてくれるのが**フェルミ–ディラックの分布関数**であり，図 3.2(b) の右の図にその概略の関係を図示した．実際の関数形と温度による変化を図 3.3 に示す（図 3.2(b) は，概念を示すために関数の変化をなだらかに描いたが，実際はもっとずっと急峻に変化することに注意）．この分布関数 $f(E)$ は，そのエネルギーにある電子の準位がどのくらいの割合で詰まっているかの占有率を表す．$f(E) = 1$ は 100%，$f(E) = 0.3$ は 30%埋まっていることを示す．

---

1) 金属中の自由電子の数は $1\,\mathrm{cm}^3$ 中 10^{23} 個のオーダーなので，純粋な Si 結晶はほとんど絶縁体である．

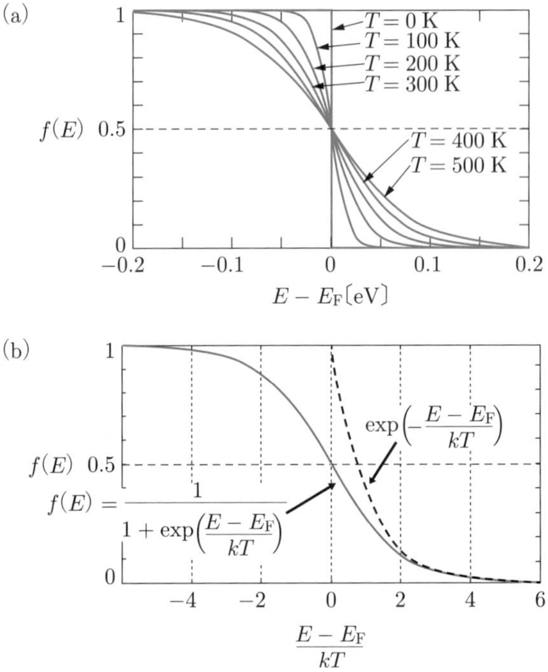

$$f(E) = \frac{1}{1 + \exp\left(\frac{E - E_F}{kT}\right)} \approx \exp\left(-\frac{E - E_F}{kT}\right)$$

フェルミ - ディラックの分布関数　ボルツマンの分布関数

図 3.3　フェルミ–ディラックの分布関数．$E - E_F \gg kT$ ではボルツマン分布で近似できる．

図 3.2(b) 及び図 3.3 の中の E_F は**フェルミレベル**と呼ばれる．これはデバイス動作を考えるうえで大変重要なパラメタである．図 3.3 を見ると，$T = 0\,\mathrm{K}$ では，$f(E)$ は $E = E_F$ で 1 から 0 に変化するステップ関数であるが，$T > 0$ では，1 から 0 になだらかに変化している．そして $E = E_F$ では，$f(E_F) = 0.5$ となっている．

金属の場合のフェルミレベルは，図 2.8(a) のように下から順次電子を詰めていったとき，その一番上のレベルである[2]．これを図 3.4 のように水槽に例えれば，水を

[2] この表現は実は正確ではない．正確に言うと，**絶対零度**（0 K）で電子を詰めていったとき，その一番上のレベルは**フェルミエネルギー**と呼ぶ．絶対零度より温度が高いときは，$f(E) = 0.5$ となるエネルギーがフェルミレベルである．ほぼ同じと考えて大きな間違いはないが，フェルミエネルギーの上下で電子の状態密度（電子が占めることのできる状態の数）に違いがあると異なってくる．

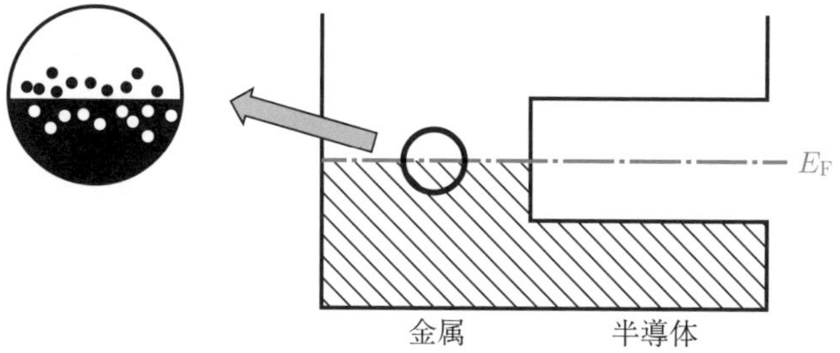

図 3.4　水槽のアナロジーでフェルミレベルを説明する図.

入れていったときの丁度その水面に当たる．このとき温度が上昇すると水面上に蒸気が発生するが，これを $f(E)$ が裾を引くことに対応させれば直観的に理解しやすい．半導体では，この水面の来るところがバンドギャップとなっていて，水が浸入できない．それでも仮想的な水面を想定することができ，これが半導体のフェルミレベルに対応している．

半導体のフェルミレベルの理解は重要なので，これについてもう少し説明を加えよう．いまバンドギャップの中に不純物原子に由来する単独の電子レベルがあったとしよう．これはもちろんその不純物の存在する位置に局在している．もしそのエネルギー準位がフェルミレベルより下方にあるなら，そこにはかなり大きな確率で電子が存在するだろう．もしそれがフェルミレベルより上方に存在するならかなりの確率で空いている．これが，フェルミレベルがバンドギャップの中に位置することの意味である．

なお，真性半導体のフェルミレベルは intrinsic（真性）の i をとって，E_i と表す．E_i は，バンドギャップの中央に位置する[3]．このことは，電子の濃度とホールの濃度が等しいことと等価である．図 3.2(b) を見れば，もしフェルミレベルがバンドギャップの中央よりも上側，即ち伝導帯寄りに来ると電子の濃度がホールの濃度より高くなることが予想される．また逆に下側に来れば，ホール濃度の方が高くなる．これを次に見ていこう．

3.1.3　N 型半導体と P 型半導体

さて安定したデバイスの動作を実現するには，温度変化に影響されない十分な濃度のキャリア（電子あるいはホール）を確保する必要がある．このために，純粋な

3) 実際は，シリコンの E_i はバンドギャップの真ん中よりほんの僅かだけ上にずれている．これは，伝導体と価電子帯の電子の取り得る状態の数に少し差があるからである．しかしこれは無視してかまわない．

シリコン結晶に特別な不純物を少量だけ加える．この不純物は，ヒ素（As），リン（P），ホウ素（B）などであり，加えた不純物の数と同じ数のキャリアが結晶中に現れる．As や P を入れると電子がキャリアとして得られ，B だとホールが得られる．またその濃度は，デバイスを動作させる温度の範囲ではほとんど変化しないこともありがたい．電子をキャリアとして持つ半導体を**N 型半導体**，ホールをキャリアとして持つものを**P 型半導体**と呼ぶ．この N 型，P 型は，それぞれキャリアの電荷が負（negative）であるか正（positive）であるかを表している．

先ず N 型半導体について，図 3.5(a) を用いて説明する．結晶を構成している Si の原子一つを As の原子で置き換える．As は最外殻に 5 個の電子を持っているが，4 個の電子は周りの Si 原子との間に共有結合を形成するのに用いられる．すると 1 個の電子が余分となって余るが，この余った電子は結合形成に寄与していないため容易に元の As 原子を離れて結晶中を自由に動き回るようになる．As 原子を 1 個入れると自由に動ける電子が 1 個得られるので，As を**ドナー**（donor）不純物と呼ぶ．Si のドナー不純物としては，V 族の As, P, Sb などが用いられる．

これをエネルギーバンドの観点で描いたものを図 3.5(b) に示す．フェルミレベル（E_{F}）はバンドギャップの真ん中のレベル E_{i}（これは真性半導体のフェルミレベル）より上側に位置しており，フェルミ–ディラックの分布関数は上方にシフトしてその裾が伝導体の端により多く重なった形となっている．これは多くの電子が伝導体に存在することを表している．一方，価電子帯はほとんど電子で詰まっており，ホールの数は非常に少なくなっている．

図 3.5(b) で，ドナー不純物のエネルギーレベルは，伝導体の一番下に近い位置に描かれている．ドナーレベルと Si の伝導体の底（E_{C}）とのエネルギー差は，Sb, As, P でそれぞれ，39 meV, 45 meV, 59 meV と僅かであり，電子は熱エネルギーで容易にこの差を飛び越えて伝導帯に上がることができる．従って，常温でドナー準位はほぼ空になっている．その結果，ドナー濃度を N_{D}，N 型半導体中の電子濃度を n_{n} と表すと，

$$n_{\mathrm{n}} = N_{\mathrm{D}}$$

の関係が成り立つ．正確には $n_{\mathrm{n}} \doteqdot N_{\mathrm{D}}$ とすべきであり，これは近似式であるが，普通デバイスの解析にはこれをそのまま用いる．このように，電子の濃度を加える不純物の量によって正確に決められるということは，デバイスを設計・製作する上で大変有用な事実である．第 1 章の図 1.2 のところで述べた，電子の池とはこのようにして作られたものである．

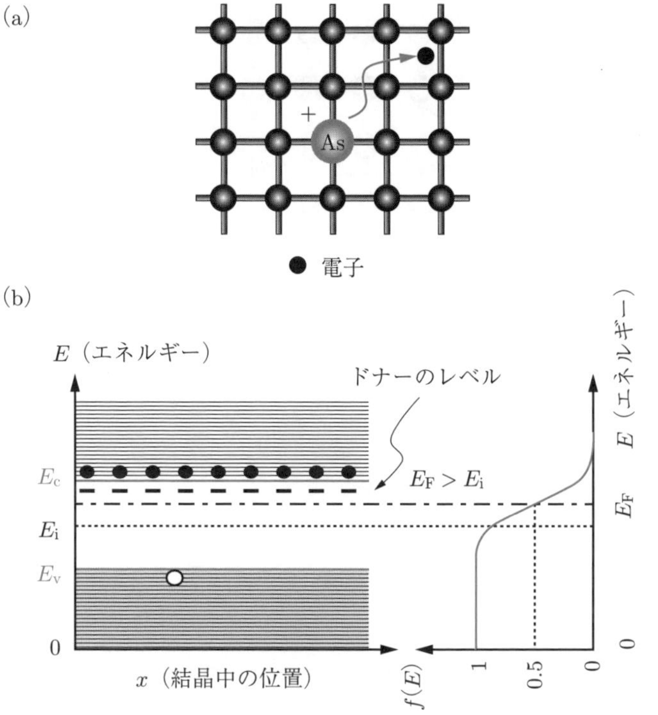

図 3.5 (a) N 型半導体の原子の結合状態．(b) エネルギーバンド図．常温では，ドナーレベルの電子はほとんど全て伝導体に上がって伝導に寄与する．

〈問題 3.1〉 常温でドナーのレベルが空であり，それより上の伝導帯に多くの電子がいるが，これはフェルミ–ディラックの分布関数の値が E の増大とともに指数関数的に減少するという事実と矛盾しないのだろうか．これはどう理解すればよいのかを考えよ．

次にホールの濃度が大きな P 型半導体について述べる．P 型は図 3.6(a) に示したように，1 個の Si 原子を III 属のホウ素（B）で置き換えることによって得られる．B は元々最外殻に 3 個の電子しかないので，共有結合を作る電子が 1 個足りない．つまり元々電子の穴が一つ空いている．この穴へは近隣の Si の結合を作っている電子が容易に入り込み，穴は隣に移動していく．即ち B 不純物は，もともと 1 個のホールを持っているものと考えてよい．このホールは容易に元の B 原子を離れて結晶中を自由に動き回るようになる．このことは，図 3.6(a) からも容易に想像がつく．B を一つ入れると，価電子帯の頂上のすぐ上に空の電子レベルを一つ作る．価電子帯の頂上付近にいる電子は，熱エネルギーで容易にこのレベルに飛び上がることがで

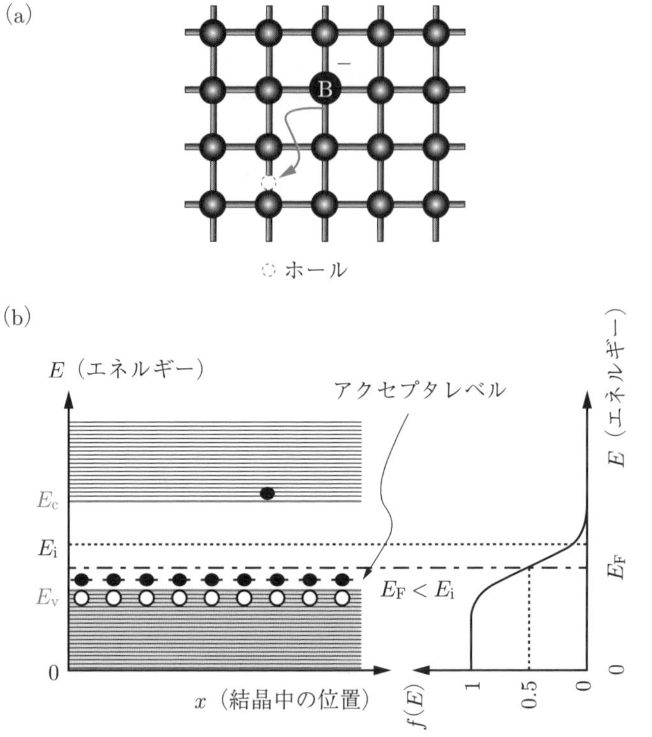

図 3.6　(a) P 型半導体の原子の結合状態．(b) エネルギーバンド図．常温でアクセプタレベルはほとんど全て価電子帯から上がってきた電子で埋まり，同数のホールが価電子帯に現れる．

きる．従って，導入した B 不純物の濃度に等しい数のホールが価電子帯に現れることになる．B を入れることによってできた電子準位は，元々空であるが，電子を受け入れてホールを一つ作る．このことから**アクセプタ**（acceptor）と呼ばれる．アクセプタ濃度を N_A，P 型半導体中のホール濃度を p_p と表すと，

$$p_p = N_A$$

となる（正確には $p_p \fallingdotseq N_A$ とすべきであるが，デバイスの解析では常に等しいとして扱う）．P 型半導体のフェルミレベルは，バンドギャップの真ん中の E_i より下方に位置しており，フェルミ–ディラックの分布関数は下方にずれて価電子帯頂上付近に電子の空席が現れる状況を示している．

3.1.4 質量作用の法則

N 型半導体は，自由に動ける電子が圧倒的に多い半導体である．この電子のことを**多数キャリア**（majority carrier）と呼び，その濃度を n_{n} と表す．N 型半導体中には数は少ないがホールも存在し，ホールのことを**少数キャリア**（minority carrier）と呼び，その濃度を p_{n} と表す．一方 P 型半導体での多数キャリアはホールであり，少数キャリアは電子である．濃度はそれぞれ，$p_{\mathrm{p}}, n_{\mathrm{p}}$ と表す．ここで重要なことは，半導体の N 型，P 型に関係なく，熱平衡状態では，電子濃度とホール濃度の積は変わらないということである．つまり添加する不純物の種類や濃度によらず，電子濃度とホール濃度の積は熱平衡状態では同じであるという事実である．即ち次の関係式が成り立つ．

$$n_{\mathrm{n}}p_{\mathrm{n}} = p_{\mathrm{p}}n_{\mathrm{p}} = {n_{\mathrm{i}}}^2 \tag{3.1}$$

式の最後に ${n_{\mathrm{i}}}^2$ が出ているのは，真性半導体でも同様に成り立つからである．

次にこの理由を考察してみよう．図 3.7 を見てほしい．伝導体中の電子濃度を n，価電子帯のホールの濃度を p として，電子濃度の変化について考察する．価電子帯から熱励起で上がってくる電子の単位時間当たりの数を A とすると，これは温度が一定なら変わらない．一方，電子とホールが出会うとある確率で一緒になって消滅してしまう．この再結合の割合は n と p の積に比例するがその比例定数を B とすると，この B も温度が一定なら変わらない．従って n の単位時間当たりの正味の変化は

$$\frac{dn}{dt} = A - Bnp$$

と表される．定常状態では $\frac{dn}{dt} = 0$ となるので $np = \frac{A}{B}$，即ち np 積が一定であるという結論が導き出せる．

以上本節では，デバイスを構成する際の最も重要なパーツとなる N 型と P 型の半

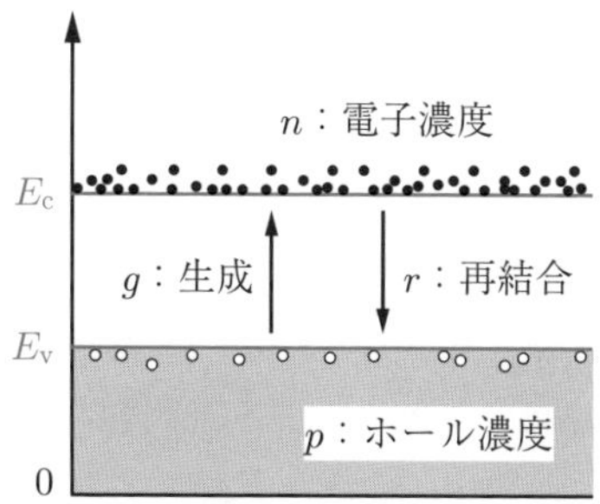

図 3.7　電子とホールの熱励起による生成と再結合による消滅の過程．

導体について述べたが，その大事な要点を以下にまとめておく．

N 型半導体

- 電子濃度 ≫ ホール濃度
- フェルミレベルがバンドギャップの真ん中より上側
- $n_{n0} = N_D$ (3.2)
- $p_{n0} = \frac{{n_i}^2}{N_D}$ (3.3)

P 型半導体

- ホール濃度 ≫ 電子濃度
- フェルミレベルがバンドギャップの真ん中より下側
- $p_{p0} = N_A$ (3.4)
- $n_{p0} = \frac{{n_i}^2}{N_A}$ (3.5)

ここで，n_{n0}, p_{n0} 等に付けた添え字の 0 は，熱平衡状態での値であることを示すためである．また，少数キャリア濃度 p_{n0}, n_{p0} の表式は，式 (3.1) の関係を用いて求めた．これらはデバイスの動作解析の際，最も基本となる重要な関係である．

〈問題 3.2〉 ドナー不純物を 10^{18} /cm^3 入れた N 型 Si について，多数キャリア濃度，少数キャリア濃度を求めよ．また，アクセプタ不純物を 10^{15} /cm^3 入れた P 型 Si の多数キャリア濃度，少数キャリア濃度を求めよ．ただし真性キャリア濃度は 10^{10} /cm^3（17°C）であるとせよ．

3.2 N 型半導体と P 型半導体を接合する

3.2.1 N 型と P 型のエネルギーバンドの比較

3.1 節では，デバイスを構成する元となる N 型半導体と P 型半導体について述べた．この二種類の半導体からどのようにしてデバイスの機能が創り出されるのか，それをこれから説明していこう．本章の最も重要な部分なので，是非注意深く読み進んでいただきたい．

先ず N 型と P 型をくっつけ，両者を熱平衡状態に持って行くとどうなるのか，これを考えてみよう．図 3.8 は N 型と P 型のエネルギーバンド図を並べて表示したものである．両者の間には相互作用がなく，全く独立した状態にあるとする．このとき，それぞれの真空準位が一致するようにバンド図は並ぶ．真空準位とは何か，またそれが一致するのはどうしてか，これらを説明する前に一つ大事なことがらを指

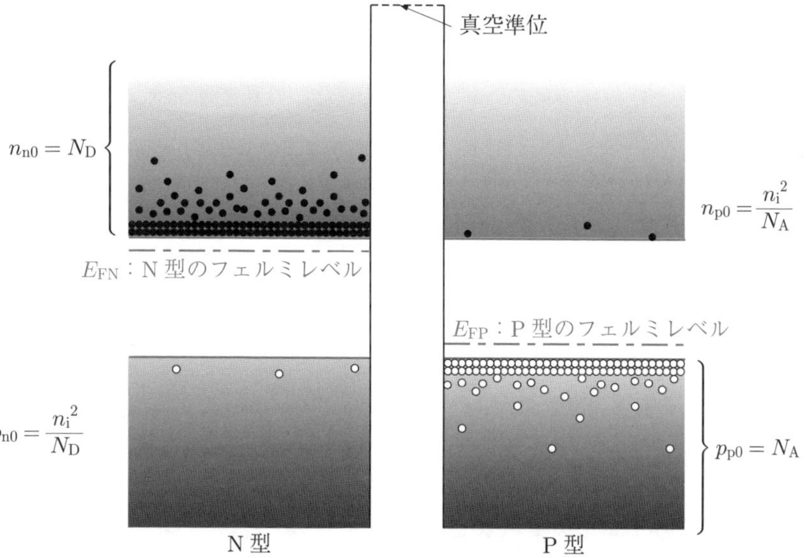

図 3.8　相互作用のない N 型半導体と P 型半導体のエネルギーバンド図．両者の真空準位は一致している．

摘しておきたい．

初学者はしばしば以下のような重大な間違いをする．それは「N 型半導体は，自由に動ける電子を多数持っているので全体として負に帯電しており，一方 P 型半導体はプラスのホールを多数持っているため正に帯電している．従って，両者を近づけるとクーロン引力で互いに引き寄せ合う」というものである．これはとんでもない間違いである．N 型も P 型もそれ自体は，電気的に中性であることをよく認識すべきである．N 型で電子がキャリアとして現れるのは，ドナー原子がもともと持っていた最外殻の 5 個の電子の一つが外れて自由に動き回るようになったためである．1 個の電子を失ったドナー原子は +1 の電荷を持つ正イオンとなるので，プラスとマイナスは正確に打ち消し合って N 型半導体は電気的に中性である．はるかに多くの電子を持っている金属が電気的に中性であるのと事情は全く同じである．P 型ではホールを 1 個放出したアクセプタは，−1 の電荷を持った負イオンとなり，これもホールの正電荷と正確に打ち消し合って電気的に中性となっている．第 1 章の 1.2 節で述べた「電荷中性の原理」は，あらゆる局面で厳密に成り立っているのである．

さて，図 3.8 を見てみよう．真空準位とは結晶中に閉じ込められている電子が結晶を離れて自由になるためには，この準位よりも高いエネルギーを持たねばならないという，その基準を示すエネルギー準位である．そもそも物質中の電子が外に漏れ出さないのはその表面にエネルギー障壁があるからで，真空準位はその障壁の高さを表している．伝導体の底のレベルから計ったこの真空準位までのエネルギー障壁の高さを**電子親和力**（χ_s）と呼ぶ．Si では，$\chi_s = 4.05\,\mathrm{eV}$ である．ちなみにフェルミレベルから計った真空準位の高さは**仕事関数**と呼ばれる（図 2.9 で述べたように，金属ではこの仕事関数が重要な意味を持つ）．いま N 型中の一つの電子にエネルギーを与え，その真空準位まで持ち上げたとしよう．するとその電子は結晶から出てきて自由に動けるようになるが，もしこのとき P 型の真空準位が下にずれていたとすると，この電子は P 型に向かって移動することになる（もし上にずれていたら押し戻される）．しかしこんなことが起こってはならない．なぜなら N 型も P 型も電気的に中性であり両者の間に電位差は無いからである．従って両者の真空準位は一致しなければならない．

3.2.2　熱平衡状態にある PN 接合

図 3.8 の離れた状態にある N 型と P 型を，ある瞬間に図 3.9(a) のようにピッタリと接合させたとする．その意味は，接合界面にはいかなる異常もなく原子レベルで理想的につなぐことができたとする．実際にこんなことはできないが，こう考えた方が現象を理解しやすい．理想的な接合の形成はもっと別のやり方で実現できるが結果に変わりはない．

このように N 型と P 型がつながると，両者の伝導体の電子濃度には大きな差があるため，電子は N 型から P 型に向かって流れていく．一つ一つの電子の動く方向はランダムであるが，濃度の高い N 型から P 型へ向かう電子の数の方が，濃度の低い P 型から N 型へ向かう電子の数より大きいので，結果として N 型から P 型への電子の移動が起こるのである．このような電子の移動を**拡散**という（全く同じ現象が P 型中の多数キャリアであるホールについても起こる．つまりホールは拡散によって P 型から N 型に向かって流れていく．以下電子についてだけ説明を行うが，全く同様の振る舞いがホールについても言える）．

それでは拡散による電子の移動はどこまで続くのだろうか．両者の濃度が等しくなるまでだろうか？　いやそうではない．N 型から電子が出て行ってその数が減少すると，N 型は正に帯電する．なぜなら正のドナーイオンは結晶格子に固定されていて動くことができないため，N 型では正電荷が過剰となるからである．正に帯電するということは電子を引き付ける力が現れることを意味し，電子に対してはエネルギーが下った状態となる．つまりエネルギーバンド全体が下向きに移動する．逆

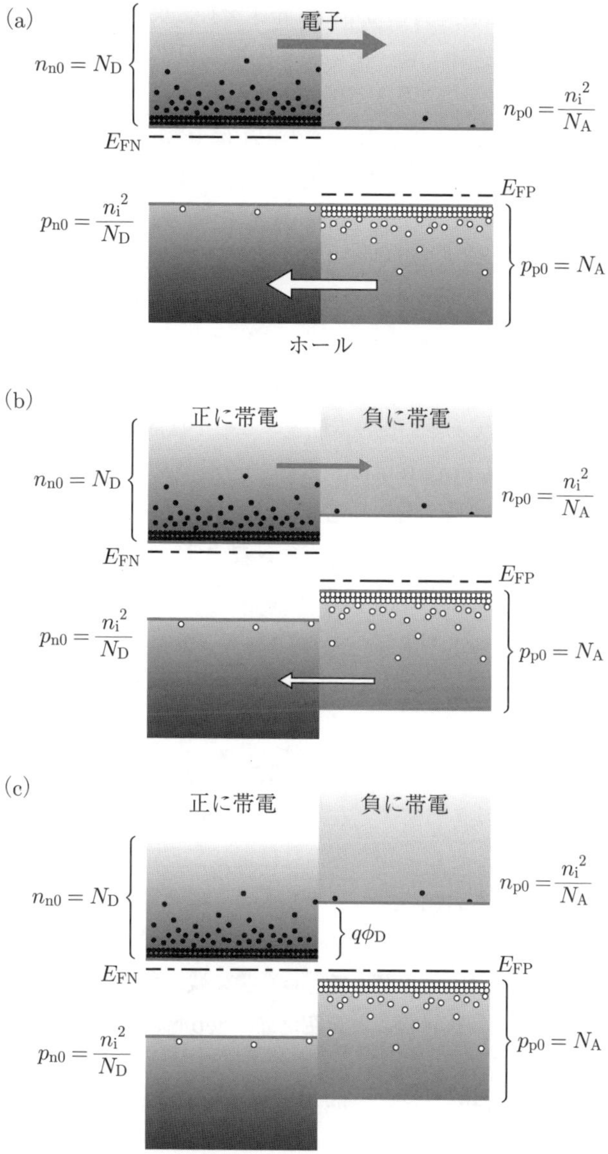

図 3.9　(a) 図 3.8 の N 型と P 型を理想的に接合させた瞬間の様子．大きな濃度差のため，電子とホールは相手の領域に拡散で侵入する．(b) キャリアの移動により P 型は負に，N 型は正に帯電する．(c) N 型と P 型のフェルミレベルが一致したところでバランスする（熱平衡状態）．このとき N 型と P 型の間には ϕ_D の電位差（$q\phi_D$ のエネルギー段差）が生じる．

にP型は負電荷過剰となって負に帯電し，電子を押し戻す力が現れる．つまりエネルギーバンドは全体が持ち上がる．その結果，NとPの間にはエネルギーの段差が生じる．この状態を示したのが図3.9(b)である．こうなると，N型からP型へ向かう電子の数は減少する．なぜなら，N型中の電子はP型のバンドギャップの中へ入っていけないからである（図2.7の説明を思い出してほしい）．N型の電子がP型の中に入っていくためには，この段差を乗り越えていかねばならない．そして，最終的に図3.9(c)の状態となったところで丁度バランスして，N型からP型への正味の電子の流れはゼロとなる．これがNとPを接合して得られる**熱平衡状態**である．この熱平衡状態とは，N型とP型のフェルミレベルが一致した状態である．

ここでよく理解してほしいのは，熱平衡状態においてN型とP型の間には電位差が生じているという事実である．この電位差のことを**拡散電位**（diffusion potential）あるいは**内蔵電位**（built-in potential）と呼び，その大きさを ϕ_D〔V〕と表す．これがN型とP型の接合界面に現れる電子に対するエネルギー障壁の高さ $q\phi_D$ を決める．$q\phi_D$ の大きさは，図3.9(a)におけるN型とP型のフェルミレベルの差に等しい．つまり，

$$q\phi_D = E_{FN} - E_{FP} \tag{3.6}$$

となる．SiのPN接合では，その値は大体0.7〜0.9 eVといった値をとる（以下の問題3.3を参照のこと）．

さて図3.9(a)〜(c)では，N型とP型の間のエネルギーバンドの段差を急峻なステップとして描いたが，実際はもっとなだらかに変化している．その様子を示したのが図3.10である．N型とP型の接合界面には電気二重層ができており，この電荷によって電界が生じてPN接合間の電位差が生じる．この電気二重層のプラスの層は電子が拡散によって出て行った後に残ったドナーの正イオンによりN型側にできたものであり，マイナスの層はホールが出て行った後に残った負のアクセプタイオンによるものである．この電気二重層のことを**空乏層**（depletion layer）と呼ぶ．キャリアがいなくなった層という意味である．この空乏層における電位変化の様子は簡単な電磁気学の知識で求められるので，興味ある読者は以下の補足3.2を参照のこと．

〈補足3.2〉　図3.10(b)のバンド図のなめらかな変化を示す電位の表式を求めてみよう．これは典型的な電磁気学の演習問題である．こういう問題はガウスの法則の積分形を用いると簡単に解ける（図3.11）．ガウスの法則は

$$\oint_S \boldsymbol{E}\cdot\boldsymbol{n}\,ds = \frac{Q}{\varepsilon}$$

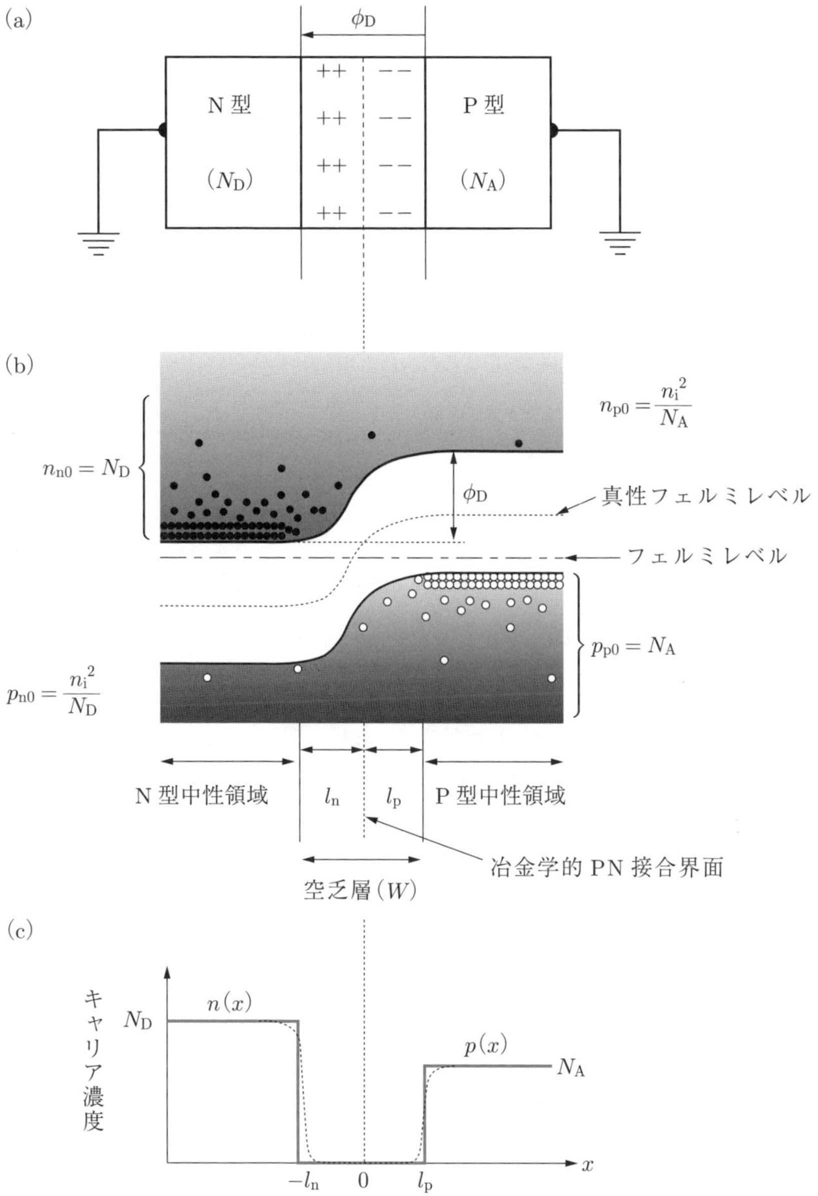

図 3.10　(a) 両端をショートした PN 接合．(b) 熱平衡状態にある PN 接合のエネルギーバンド図．(c) キャリアの濃度分布．青色の実線は空乏層近似の分布．実際の変化は少しなだらかになっているので，点線はその様子を強調して描いたもの．

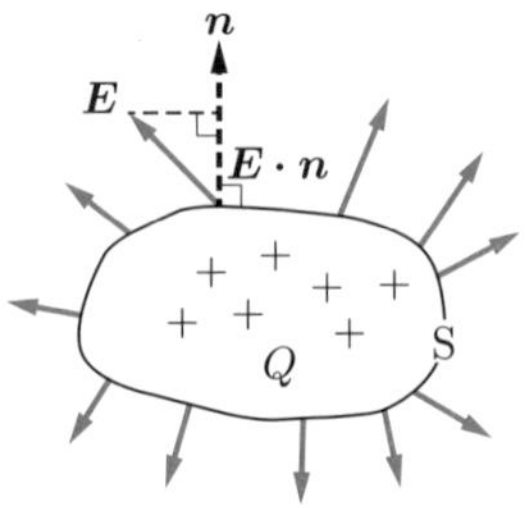

図 3.11　ガウスの法則の積分形を用いて電界を計算する．

で与えられ，閉曲面 S 上において面に垂直な電界の成分を面積分すると，その値は閉曲面 S で囲まれた内部の電荷の総和を誘電率で割ったものに等しいというものである．これを N 型中の空乏層に適用したのが図 3.12(a) である．閉曲面 S を図中の青色の点線で囲った四角形にとると，表面に垂直な電界成分が 0 でないのは空乏層内の $E(x)$ だけである．従って簡単に

$$E(x) = \frac{qN_{\mathrm{D}}(l_{\mathrm{n}} + x)}{K_{\mathrm{S}}\varepsilon_0}$$

と求まる（$-l_{\mathrm{n}} \leqq x \leqq 0$）．ここで ε_0 は真空の誘電率，K_{S} は半導体の比誘電率，つまり $\varepsilon = K_{\mathrm{S}}\varepsilon_0$ である．同様に $0 \leqq x \leqq l_{\mathrm{p}}$ の範囲では

$$-E(x) = -\frac{qN_{\mathrm{A}}(l_{\mathrm{p}} - x)}{K_{\mathrm{S}}\varepsilon_0}$$

と求まり，電界の変化は図 3.12(c) に示した三角形となる．この三角形の面積が電位差 ϕ_{D} である．$-E(x)$ を積分したものが図 3.12(d) の電位 $\phi(x)$ であり，x の二次関数となる．電位 ϕ は，+1 クーロンの電荷に対するポテンシャルエネルギーなので，電子のエネルギーバンドを表すには電子の電荷 $-q$（-1.602×10^{-9} クーロン）をかけた $-q\phi$ を採用する必要がある．従ってバンドの形状（図 3.10(b)）は，ϕ の図を上下にひっくり返した形となっていることに注意が必要．また N 型と P 型に伸びた空乏層内の電荷の絶対値は等しいので $N_{\mathrm{D}}l_{\mathrm{n}} = N_{\mathrm{A}}l_{\mathrm{p}}$ が成り立つ．(本補足では電界を $E(x)$ と表したが，本文中のエネルギー E とは別ものなので，混同しないよう注意が必要である．)

さて，熱平衡状態のバンド図（図 3.9(c)）を見てみよう．N 型の伝導体中の電子濃度は $n_{\mathrm{n0}} = N_{\mathrm{D}}$ であるが，この中で P 型の伝導体に入っていくことができるのは，N 型と P 型の間にできたエネルギー障壁 $q\phi_{\mathrm{D}}$ より大きなエネルギーを持った電子である．その割合はボルツマン因子 $\exp\left(-\frac{E}{kT}\right)$ で与えられるので，

$$[\text{N 型伝導体中で } E > q\phi_{\mathrm{D}} \text{ のエネルギーを持つ電子の濃度}]$$
$$= n_{\mathrm{n0}} \exp\left(-\frac{q\phi_{\mathrm{D}}}{kT}\right) \qquad (3.7)$$

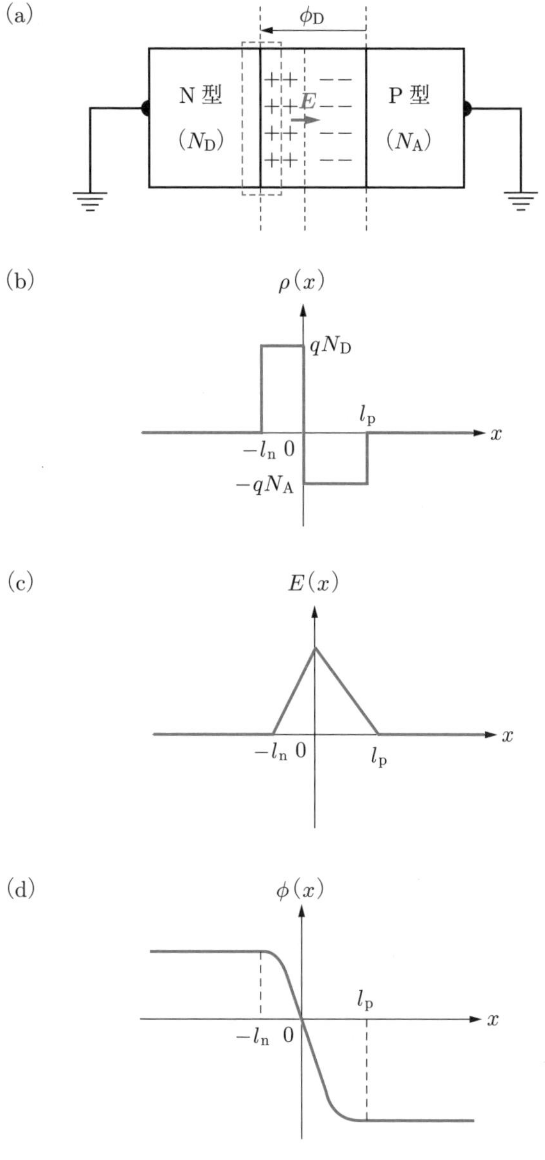

図 3.12　(a) ガウスの法則を適用する閉曲面を長方形に採ると，左の面で電界は 0，上下の面では電界の垂直成分が 0，右面上でのみ $E(x) \neq 0$ となって残る．(b) 空乏層電荷の分布．(c) 電界 $E(x)$ の変化．(d) 電位 $\phi(x)$ の変化．

となる．これがP型中の伝導体の電子濃度 n_{p0}（$=\frac{n_{\mathrm{i}}^2}{N_{\mathrm{A}}}$）と丁度等しくなってバランスした状態が熱平衡状態と考えられる．従って次の等式が成り立つ．

$$n_{\mathrm{n0}}\exp\left(-\frac{q\phi_{\mathrm{D}}}{kT}\right)=n_{\mathrm{p0}} \tag{3.8}$$

上の式に，$n_{\mathrm{n0}}=N_{\mathrm{D}}, n_{\mathrm{p0}}=\frac{n_{\mathrm{i}}^2}{N_{\mathrm{A}}}$ を入れると内蔵電位 ϕ_{D} の表式が以下のように求まる．

$$\phi_{\mathrm{D}}=\frac{kT}{q}\ln\frac{N_{\mathrm{D}}N_{\mathrm{A}}}{{n_{\mathrm{i}}}^2}\quad\text{（これはよく使う大事な式である）} \tag{3.9}$$

上の式 (3.8) は，熱平衡状態にあるN型とP型のキャリア濃度の関係をボルツマン因子を用いて表したものであるが，同じ関係を熱平衡状態にあるN型と真性半導体の間に適用してみよう．このとき障壁の高さは $E_{\mathrm{FN}}-E_{\mathrm{i}}$ となる．ここで E_{i} は真性半導体のフェルミレベル，即ちバンドギャップの真ん中のエネルギーレベルである．そこで式 (3.8) の $q\phi_{\mathrm{D}}$ を $E_{\mathrm{FN}}-E_{\mathrm{i}}$ に置き換えて

$$n_{\mathrm{n0}}\exp\left(-\frac{E_{\mathrm{FN}}-E_{\mathrm{i}}}{kT}\right)=n_{\mathrm{i}} \tag{3.10}$$

を得る．これから

$$n_{\mathrm{n0}}=n_{\mathrm{i}}\exp\left(\frac{E_{\mathrm{FN}}-E_{\mathrm{i}}}{kT}\right) \tag{3.11}$$

また，$n_{\mathrm{n0}}p_{\mathrm{n0}}={n_{\mathrm{i}}}^2$ の関係から

$$p_{\mathrm{n0}}=n_{\mathrm{i}}\exp\left(\frac{E_{\mathrm{i}}-E_{\mathrm{FN}}}{kT}\right) \tag{3.12}$$

が得られる．これらの式は，N型中の多数キャリアと少数キャリアの熱平衡濃度を，フェルミレベルとバンドギャップの真ん中のレベル（E_{i}）との差の関数として表したものとなっている．この関係はP型でも全く同様に成り立つので，上式でN型を表すn, N等の下付きの添え字を取り除くと，N型，P型のどちらに対しても成り立つ式を得る．電子の熱平衡濃度を n_0，ホールの熱平衡濃度を p_0 とすると，

$$n_0=n_{\mathrm{i}}\exp\left(\frac{E_{\mathrm{F}}-E_{\mathrm{i}}}{kT}\right) \tag{3.13}$$

$$p_0=n_{\mathrm{i}}\exp\left(\frac{E_{\mathrm{i}}-E_{\mathrm{F}}}{kT}\right) \tag{3.14}$$

の関係が成り立つ．

ここで E_F, E_i は電子のエネルギーであるが，これをデバイスの解析に便利なように電位 ϕ の表示に変えておこう．その変換の関係は，

$$E = (-q)\phi \tag{3.15}$$

である[4]．その結果，

$$n_0 = n_\mathrm{i} \exp \frac{q(\phi_\mathrm{i} - \phi_\mathrm{F})}{kT} \tag{3.16}$$

$$p_0 = n_\mathrm{i} \exp \frac{q(\phi_\mathrm{F} - \phi_\mathrm{i})}{kT} \tag{3.17}$$

を得る．これらの式は，フェルミレベルの位置とキャリア濃度の関係を表す重要な式で，半導体デバイスの解析等でよく用いられる．ここで ϕ_i は，バンドギャップの真中の位置を電位で表したものである．

〈問題 3.3〉　$N_\mathrm{D} = 10^{18}\,\mathrm{cm}^{-3}$, $N_\mathrm{A} = 10^{15}\,\mathrm{cm}^{-3}$ である PN 接合の内蔵電位（拡散電位）の値を求めよ．ここで，$\frac{kT}{q} = 0.026\,\mathrm{V}$, $\ln 10 = 2.3$ を用いよ．

〈補足 3.3〉　ボルツマン因子について

電子のエネルギー分布は図 3.3 のフェルミ–ディラックの分布関数で与えられるが，図 3.9(c) の状況では $E - E_\mathrm{F} \gg kT$ なので古典的なボルツマン分布で近似できる．また，電子の状態密度も E によらず一定であると近似すると，エネルギーが E と $E + \Delta E$ の間にある電子数は $\exp(-\frac{E}{kT})\Delta E$ に比例する．従ってある電子の集団において，取りうるエネルギーの最低値を 0 としたときの所定のエネルギー E 以上を持つ電子の割合は以下のように求められる．

$$[\text{全体の中でエネルギー } E \text{ 以上を持つ電子の割合}] = \frac{\int_E^\infty e^{-\frac{E}{kT}}\,dE}{\int_0^\infty e^{-\frac{E}{kT}}\,dE} = e^{-\frac{E}{kT}}$$

これがボルツマン因子である．

3.2.3　熱平衡状態で生じる電位差の意味

図 3.13 を見てほしい．熱平衡状態にある PN 接合が描いてあり，N 型，P 型のそれぞれから導線が引き出してある．前節では，N と P の間には熱平衡状態で電位差ができることを詳しく説明した．つまり N 型は P 型に対して，0.7〜0.9 V くらい高い電位にある．そうすると，引き出してある二本の端子間に抵抗 R をつなぐとどうなるだろうか？　これを考えてほしい．オームの法則によると，$I = \frac{0.7}{R} \sim \frac{0.9}{R}$ の電

---

4) 言うまでもないことだが，ポテンシャルエネルギーを表す E も，電位 ϕ も，原点はどこにとってもよいという自由度がある．従って差だけが物理的な意味を持っている．

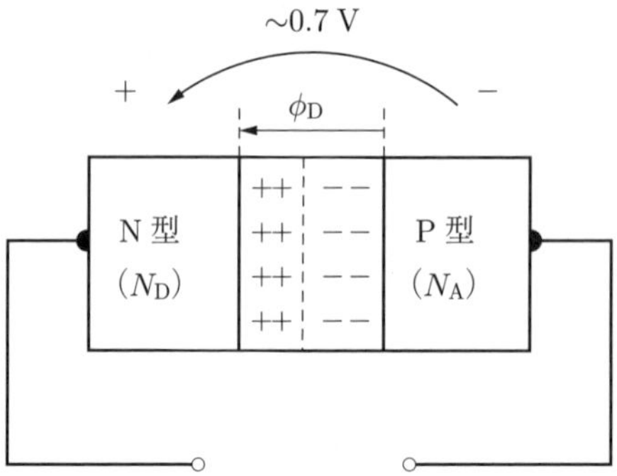

図 3.13　シリコンの PN 接合間には，熱平衡状態で ~0.7 V の電位差がある．ここに抵抗をつなぐと電流が流れるか？　熱平衡状態で電流が流れることはあり得ない．電位差があるのに電流が流れないのはどうしてか？　その理由を考えよ．

流が流れるはずである．しかし，熱平衡状態で電流が流れることは断じてあってはならない．電位差があるのに電流が流れない！　これはどうしてか？　これについて考えてほしい．

また，もし流れないとしたら，前節で述べた拡散電位（内臓電位）とはいったい何なのか？　これは本当にあるのか？　もしあるとすれば，その存在を実験的に検証する方法はあるのか？

〈問題 3.4〉　上記の疑問に対して，解答を考えよ．

3.3　PN 接合ダイオード

疑問への解説は，問題の解答に委ねることにするが，図 3.13 の二つの端子間に現れる電位差は 0 であり，ここに内蔵電位が現れることは無い．そこでこの二端子間に直流電源をつないで外部から電圧をかけることを考える．この形のデバイスを **PN 接合ダイオード**と呼ぶ．二つ（接頭辞 di-）の電極（electrode）を持つという意味でダイオード（diode）である．

先ず図 3.14(a) のように N 型に対して P 型に小さな正の電圧 V を加えることを考える．このときのエネルギーバンド図を図 3.14(b) に示す．熱平衡状態の N 型と P 型の間にあった電位障壁は V だけ低くなり，

$$\text{障壁の高さ} = q(\phi_{\mathrm{D}} - V)$$

となる（ここで V を小さな正の電圧と断ったのは，ϕ_{D} を超えるような値の電圧は，

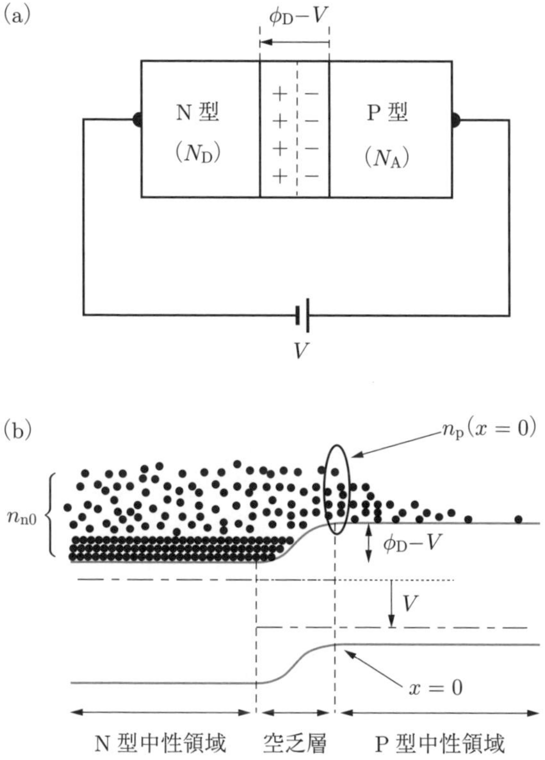

図 3.14　順方向バイアスを印加した PN 接合 (a) とそのエネルギーバンド図 (b).

大電流が流れて加えることができないからである）．その結果，N 型から障壁を乗り越えて P 型へ侵入できる電子の濃度は，式 (3.7) のボルツマン因子が大きくなることによってこれに比例して増加し，

$$[\text{N} \Rightarrow \text{P} \text{への電子の流れ}] \propto n_{n0} \exp\left(-\frac{q(\phi_D - V)}{kT}\right) \tag{3.18}$$

となる．一方，P 型から N 型へ流れ込む電子の濃度には変化が無いから

$$[\text{P} \Rightarrow \text{N} \text{への電子の流れ}] \propto n_{p0} \tag{3.19}$$

である．結局

$$[\text{N} \Rightarrow \text{P} \text{への正味の電子の流れ}] \propto n_{n0} \exp\left(-\frac{q(\phi_D - V)}{kT}\right) - n_{p0} \tag{3.20}$$

となる．この式は，n_{p0} に式 (3.8) の関係を用いて

$$[\mathrm{N} \Rightarrow \mathrm{P}\ \text{への正味の電子の流れ}] \propto n_{\mathrm{p0}}\left[\exp\left(\frac{qV}{kT}\right)-1\right] \tag{3.21}$$

の形にまとめられる．同様の考察から，

$$[\mathrm{P} \Rightarrow \mathrm{N}\ \text{への正味のホールの流れ}] \propto p_{\mathrm{n0}}\left[\exp\left(\frac{qV}{kT}\right)-1\right] \tag{3.22}$$

と表される．電子とホールの流れる方向は逆だが，電流の流れは同じでいずれも P ⇒ N の方向へ流れる．これらの二つの成分を加算することで結局ダイオードには

$$I = I_{\mathrm{S}}\left[\exp\left(\frac{qV}{kT}\right)-1\right] \tag{3.23}$$

の形の電流が流れることになる．これをダイオードの**順方向電流**と呼ぶ．

次に図 3.15(a) のように逆方向のバイアス電圧（$V < 0$）を印加すると，上の式の指数関数の項は小さくなって消えてしまい，

$$I = -I_{\mathrm{S}}$$

となる．これをダイオードの**逆方向電流**と呼び，通常大変小さな値をとる．つまり通常逆方向には電流が流れないと考えてよい．このように僅かな電流しか流れないのは，図 3.15(b) に示したエネルギーバンド図を見ても明らかだろう．このダイオードの電流電圧特性の概略を図 3.16(a)～(c) に示す．

本書では，PN 接合ダイオードのこれ以上の詳しい説明は行わないが，動作の本質の理解はこれで十分である．もっと詳細に興味のある読者は，是非参考文献 [3] の第 5 章を参照されたい．

3.4 MOS トランジスタ

さてそれでは，本章の主題である半導体デバイスの構造とその動作原理について述べよう．半導体デバイスとしては，情報処理システムの根幹を担っているその主役，MOS トランジスタを取り上げる．MOS トランジスタについては，第 1 章で簡単にその機能と応用について述べた．図 1.2(a) に示したのは MOS トランジスタの断面構造であるが，ここで最も重要なのは，半導体中に作られた NPN の構造である．この NPN 構造が，どのようにトランジスタ動作につながっていくのかを次に見ていこう．

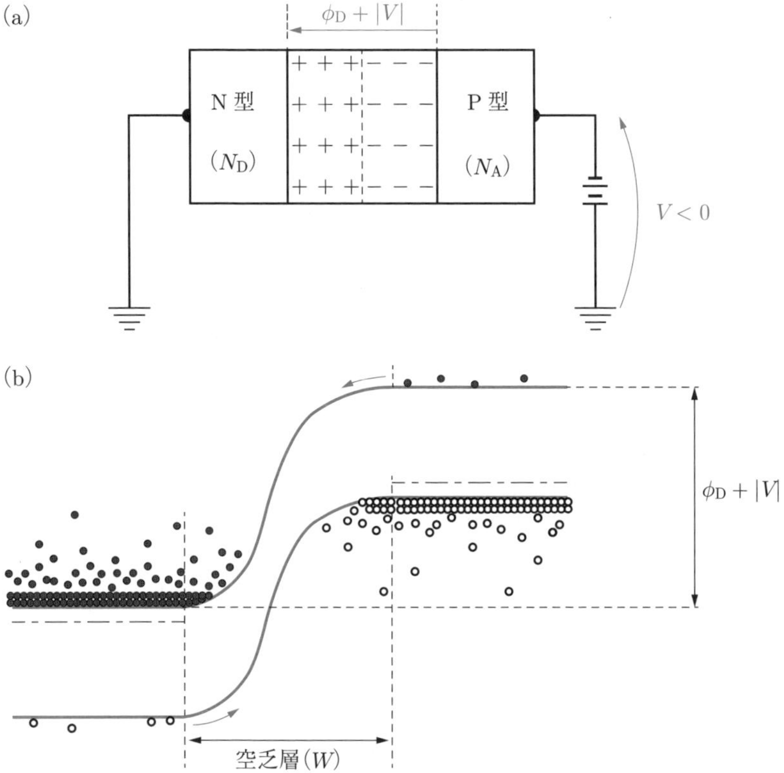

図 3.15　逆方向バイアスを印加した PN 接合 (a) とそのエネルギーバンド図 (b).

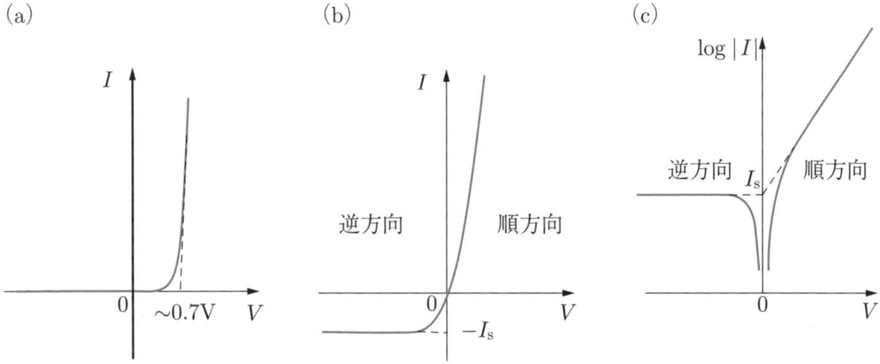

図 3.16　PN 接合ダイオードの電流電圧特性：(a) 十分大きな電流レンジで計測した場合. (b) 逆方向電流が観測できる微小な電流レンジ（$\sim 10^{-10}$ A）で計測した場合. (c) 電流を対数で表示した特性.

3.4.1 MOS トランジスタの動作原理

先ず図 3.17(a) に示した NPN 構造について点線に沿ったエネルギーバンド図を描いてみよう．このとき，各領域は全て接地されており互いに熱平衡状態に保たれているとする．結果を図 3.17(b) に示す．前節で詳しく説明したように，PN 接合間には熱平衡状態で電位障壁が形成されている．その結果，N 型領域の二つの電子の池は，その間を P 型の台地によってさえぎられた形になっており，電子は相互に往き来できない状態になっている．これがトランジスタにおいて「スイッチオフ」の状態を作り出している．実はこれがデバイスの動作原理で最も重要なところである．このことを強調したいため，前節では内蔵電位の発生について詳しく説明を行った．

次に右側の N 型に 0 V（アース）ではなく，正の電圧を加えてみたときのバンド

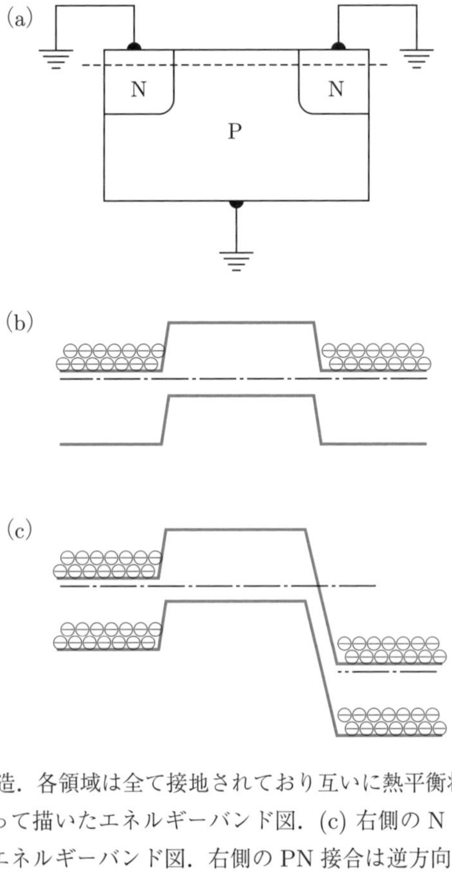

図 3.17　(a) NPN 構造．各領域は全て接地されており互いに熱平衡状態にある．(b) 図 (a) の点線に沿って描いたエネルギーバンド図．(c) 右側の N 型領域に正の電圧を加えたときのエネルギーバンド図．右側の PN 接合は逆方向バイアスされた状態となっている．

図を図 3.17(c) に示す．このN型領域のエネルギーレベルは低くなるが，左側のN型から電子が流れ込むことは無い．なぜなら，電子を閉じ込めている電位障壁の高さに変化が無いからである．従ってこの状態では，左右のN型間に電流の流れることはない．また右側のPN接合ダイオードは逆方向バイアスの状態にあり，ダイオードとしての電流も流れない．

尚，図 3.17(b), (c) のエネルギーバンド図は，同図 (a) の点線に沿って描いたものであるが，左右のN領域を結ぶどのような経路に沿っても同様の形状となることをここに注意しておきたい．

それでは左右のN型の間で電流が流れるようにするにはいったいどうすればよいのか．それは，二つのN型領域を隔てている電位障壁の高さを低くすればよいのである．一つのやり方は，図 3.17(c) の状態（右のN型に正の電圧を加えた状態）で，P型領域に 0 V（アース）ではなく，正の電圧を加えることである．しかしこれはあまりうまく行かない．なぜなら左側のPN接合ダイオードが順方向バイアスされた状態となり，このダイオードに大きな順方向電流が流れるからである．そしてこのとき，左のN型から出た電子はP型に付けた正の電源の方にも流れ，右のN型領域の方へ十分に流れ込んでくれないからである（実は，右のN型領域に有効に流れ込む構造にして働かせるのがバイポーラトランジスタである．この件に関しては，是非本章最後の部分にある補足 3.6 の説明を読んで頂きたい）．そこで図 3.18(a) に示した構造のMOSトランジスタが作られたのである．

P型領域に何等かの手段で正の電圧を加え，二つのN型領域の間にある電位障壁を下げるという考えは同じであるが，直接電圧を加えるのではなく絶縁膜を間に挟んで間接的に正の電圧を加えるのである．この電圧を加える電極のことを**ゲート**（gate）**電極**と呼ぶ．ゲート電極には金属のような良導体が用いられ，絶縁膜には高い絶縁性を持った SiO_2 等の薄膜が用いられる．SiO_2 薄膜は基板の Si を直接酸化して高品質な膜が容易に得られるので，古くからよく使われている．この metal-oxide-semiconductor（金属–酸化物–半導体）の三層構造が重要であり，その頭文字をとって **MOS トランジスタ**と名付けられた．図 3.18(b) は，ゲート電極に十分大きな正の電圧を加えることにより，P型の表面で二つのN型領域の間にある電位障壁が押し下げられた状態を示す．この状態で右側のN型領域に正の電圧を加え，左から右へ電子の流れが生じる状態を描いたのが図 3.18(c) である．

図 3.18(a) の MOS トランジスタで電子の流れ出すN型領域を**ソース**（source），流れ込むN型領域を**ドレイン**（drain）と呼ぶ．それぞれ，水源池，排水溝を意味する．ソースからドレインへの電子の流れを制御するゲート（gate）は，まさしく水

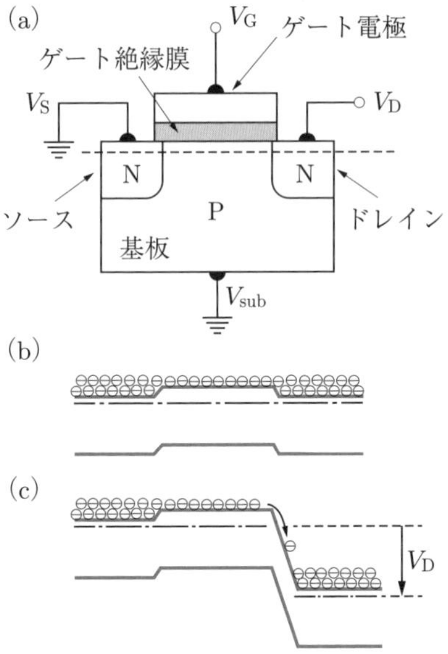

図 3.18 (a) MOS トランジスタの構造図（断面）．(b) ゲート電極に十分大きな正の電圧（$V_G > 0$）を加えたときの半導体表面のエネルギーバンド図（図の点線に沿ったもの）．またこのとき $V_D = 0$ である．(c) 右側の N 型領域（ドレイン）に正の電圧（$V_D > 0$）を加えたときのエネルギーバンド図．電圧の表記は下向きに正である．電子の電荷が負なので，電位が正の方向，つまり下向きに電子のエネルギーが下がる．

門の意味である．つまり，ダムの機能を模してトランジスタの機能が着想されたことを物語っている．通常ソースと P 型基板の電圧は 0 V として動作させる（$V_S = 0$, $V_{sub} = 0$）．またドレインには正の電圧（$V_D > 0$）を加え，ソースから流れ出した電子を引き込むようにする（図 3.18(c)）．

3.4.2 コンデンサの原理で P 型の表面を N 型化する

さて V_G として正の電圧を加え，P 型半導体表面のエネルギーバンドを押し下げ，図 3.18(b) のような形にするための条件を見つけよう．先ず，$V_D = 0$ として考える．このとき，$V_S = V_D = V_{sub} = 0$ なので，半導体中の各領域は熱平衡状態にあり，そのフェルミレベルは全て一致している．図 3.18(b) の状態を見ると，P 型の表面ではその伝導帯はフェルミレベルに近づいており，これは丁度 N 型のバンドの形をしている（N 型とは,「フェルミレベルがバンドギャップの真中より上側にある」半導体であったことを思い出そう）．つまり電界の効果で，P 型の表面が N 型化されたことを示している．これを**反転**（inversion）と呼ぶ．また表面に現れた電子の層のことを**反転層**（inversion layer）と呼ぶ．電界の効果で反転するのはその表面だけであり，P 型基板の内部は P 型のままである．このことを示したのが図 3.19 である．ここには，表面 a-a′ と内部 b-b′ でのバンド図が描かれている．それでは今度は，表面から内部に向かってエネルギーバンドがどのように変化しているのかを見てみよう．c-c′ に沿った変化の様子を図 3.20 に示す．図には，$V_{\mathrm{G}} = 0$ と $V_{\mathrm{G}} > 0$ の両方が描いてある（ここでは簡単のため，後で述べるフラットバンド電圧は，$V_{\mathrm{FB}} = 0$ であるとしている）．

それでは，V_{G} に正の電圧を加えてバンドが曲がっていく様子を解析するために，ゲート電極，$\mathrm{SiO_2}$ 膜，半導体基板，この三者を含むエネルギーバンド図を次に描いてみよう．それを図 3.21(a), (b) に示す．同図 (b) は，$V_{\mathrm{G}} > 0$ の様子を示したものであるが，未だ反転層が形成されていない状態，つまり表面が十分に曲がり切っていない中間的な状態を示している．同図 (c) には，金属電極と半導体側に現れる電荷の様子を図示してある．半導体の表面では，ゲートに加えた正の電圧の影響でホールが遠ざけられ，空乏層が内部に広がっている様子が描かれている．$Q_{\mathrm{G}}, Q_{\mathrm{S}}$ は，それぞれゲート電極上の電荷と空乏層内の電荷の単位面積当たりの電荷密度を表しており，電荷中性の原理より，

$$Q_{\mathrm{G}} = |Q_{\mathrm{S}}| \tag{3.24}$$

である．また，

$$|Q_{\mathrm{S}}| = qN_{\mathrm{A}}W \tag{3.25}$$

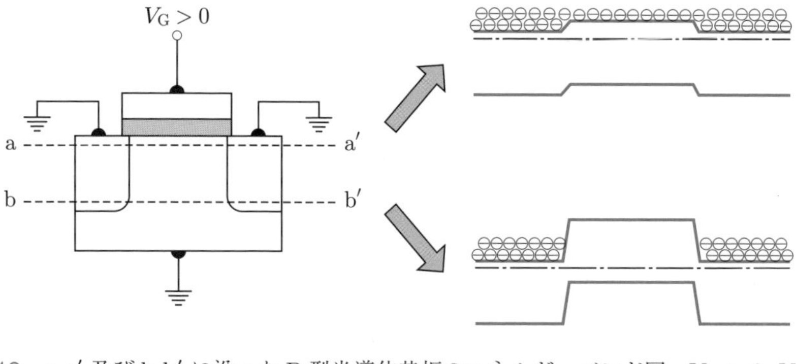

図 3.19　a-a′ 及び b-b′ に沿った P 型半導体基板のエネルギーバンド図．$V_{\mathrm{G}} > 0, V_{\mathrm{D}} = 0$ である．

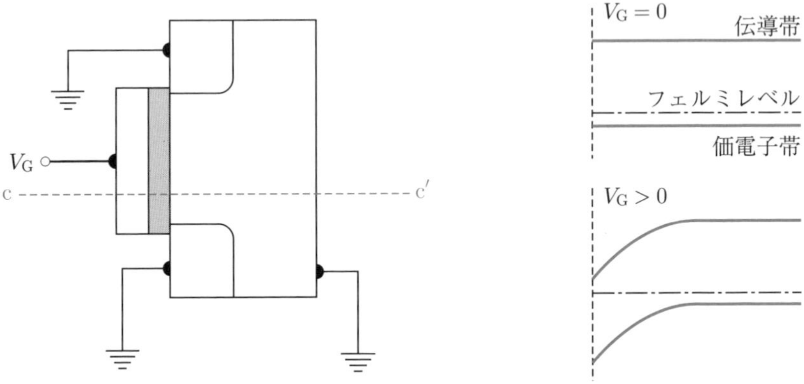

図 3.20　c-c′ に沿った P 型半導体基板のエネルギーバンド図．$V_D = 0$ で，$V_G = 0$ と $V_G > 0$ の両方の場合について示す．

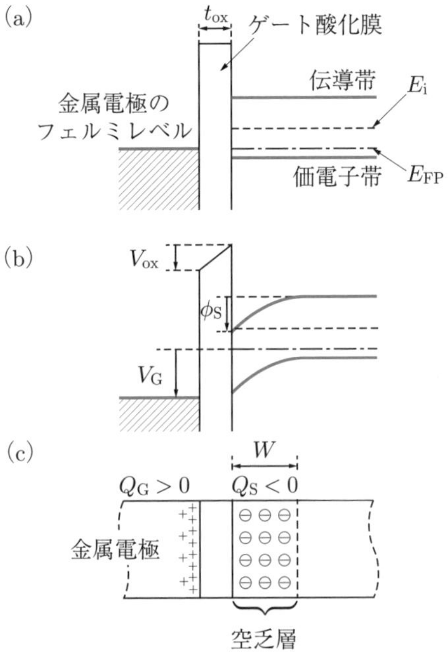

図 3.21　MOS 構造のエネルギーバンド図．(a) $V_G = 0$（フラットバンド）の状態．(b) $V_G > 0$ の状態．(c) 金属電極と半導体側に現れる電荷．

である．ここで W は空乏層の幅，N_{A} は P 型基盤のアクセプタ濃度である．この空乏層の電荷分布から表面のバンドの曲がり ϕ_{S}（半導体表面と中性の半導体基板の間の電位差）は，次のように容易に求めることができる．

$$\phi_{\mathrm{S}} = \frac{qN_{\mathrm{A}}W^2}{2K_{\mathrm{S}}\varepsilon_0} \tag{3.26}$$

ここで K_{S} は半導体の比誘電率，ε_0 は真空の誘電率である．この半導体表面のバンドの曲がりを表す ϕ_{S} は，MOS トランジスタの動作を記述する上で大変重要な意味を持つパラメタである．

〈問題 3.5〉 式 (3.26) を導出せよ．(ヒント：積分形のガウスの法則を適用すれば簡単に求まる．電界の垂直成分を積分する閉曲面 S は長方形とし，その左側の面を空乏層内に，右側の面を半導体内に持ってくる．半導体内では $E = 0$ となる．図 3.12(a) とその説明を参照のこと．)

ここで電位差 $V_{\mathrm{G}}, V_{\mathrm{OX}}, \phi_{\mathrm{S}}$ 等の図での表示について一言コメントしておく．エネルギーバンド図では，電圧は下向きに正である．つまり下に行くほど電位は高くなる．それは電子が負の電荷を持つからで，電位が高いほど電子のエネルギーは低くなる（式 (3.15) を見よ）．

さて，ゲートに印加した電圧 V_{G} は，ゲート酸化膜と半導体に分割されてかかる．即ち，

$$V_{\mathrm{G}} = V_{\mathrm{OX}} + \phi_{\mathrm{S}} \tag{3.27}$$

である．

ここでコンデンサの原理を持ち込もう．コンデンサの原理とは，容量 C の両端に電圧 V を加えると，$Q = CV$ の大きさの電荷が電極上に現れるというものである．正電極には Q が，負電極には $-Q$ の電荷が現れる．図 3.21(c) は，MOS 構造のコンデンサに電荷が蓄えられている状態を示しており，その単位面積当たりの容量は，

$$C_{\mathrm{OX}} = \frac{K_{\mathrm{OX}}\varepsilon_0}{t_{\mathrm{OX}}} \tag{3.28}$$

と表される．ここで K_{OX} はゲート酸化膜の誘電率，t_{OX} はその膜厚である．これに，式 (3.24), (3.25) の電荷が蓄えられている．またこのコンデンサの両電極間に加えられている電圧（= ゲート酸化膜にかかる電圧）は V_{OX} である．従って，

$$C_{\mathrm{OX}}V_{\mathrm{OX}} = qN_{\mathrm{A}}W \tag{3.29}$$

となる．ここで，式 (3.26) より，W を $\phi_{\rm S}$ で表すと

$$W = \sqrt{\frac{2K_{\rm S}\varepsilon_0\phi_{\rm S}}{q_{N_{\rm A}}}} \tag{3.30}$$

となる．そしてこれを式 (3.29) に入れると $V_{\rm OX}$ が $\phi_{\rm S}$ の関数として表すことができ

$$V_{\rm OX} = \frac{1}{C_{\rm OX}}\sqrt{2K_{\rm S}\varepsilon_0 qN_{\rm A}\phi_{\rm S}} \tag{3.31}$$

となる．そして，式 (3.27) より，

$$V_{\rm G} = \phi_{\rm S} + \frac{1}{C_{\rm OX}}\sqrt{2K_{\rm S}\varepsilon_0 qN_{\rm A}\phi_{\rm S}} \tag{3.32}$$

の関係が導かれる．これはゲート電圧 $V_{\rm G}$ と半導体表面のバンドの曲がり $\phi_{\rm S}$ を関係付ける重要な式である．

さて，P 型の表面が N 型に反転する条件を定義しよう．いま P 型基板のアクセプタ濃度を $N_{\rm A}$ とすると，そのホール濃度は $p_0 = N_{\rm A}$ である．反転とは，それと同じ電子濃度の N 型の層が表面に現れる状態と考える．つまり，基板が P 型であるのと同程度に表面が N 型になる条件であると設定する．この状態をエネルギーバンド図で表したのが図 3.22 である．この図では，$|E_{\rm i} - E_{\rm F}|$ の値が表面と半導体基板で等しくなるように描いてある．表面では $E_{\rm F}$ は伝導体に近く N 型になっており，基板では価電子帯に近いため P 型である．つまり，式 (3.13) と (3.14) から，上記の条件が満たされていることが分かる．$\frac{|E_{\rm i}-E_{\rm F}|}{q} = \phi_{\rm F}$ と表すと，このときの表面のバンドの曲がり $\phi_{\rm S}$ は，$2\phi_{\rm F}$ となる．即ち，反転となる条件は，

$$\phi_{\rm S} = 2\phi_{\rm F} \tag{3.33}$$

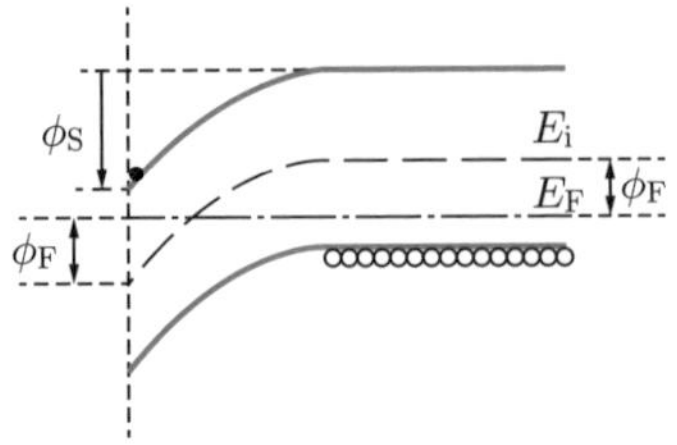

図 3.22　P 型半導体基板の表面がちょうど N 型に反転したときのエネルギーバンド図．$E_{\rm F}$ と $E_{\rm i}$ の差が，表面と基板で等しくなっている．このときのゲート電圧を閾値（threshold voltage）と定義する（$V_{\rm G} = V_{\rm TH}$）．

である．これを式 (3.32) に入れると，P 型表面を丁度 N 型に反転させるのに必要なゲート電圧 V_{TH} が以下のように求まる．

$$V_{\mathrm{TH}} = V_{\mathrm{FB}} + 2\phi_{\mathrm{F}} + \frac{1}{C_{\mathrm{OX}}}\sqrt{2K_{\mathrm{S}}\varepsilon_0 q N_{\mathrm{A}} 2\phi_{\mathrm{F}}} \tag{3.34}$$

この V_{TH} ことを**閾値電圧**（threshold voltage）と呼ぶ．これは MOS トランジスタが丁度オンするゲート電圧を表している．

式 (3.34) には V_{FB} という新たな項が加わっている．これは**フラットバンド電圧**（flat band voltage）と呼ばれ，$V_{\mathrm{G}} = V_{\mathrm{FB}}$ で図 3.21(a) のように半導体表面のバンドの曲がりがなくなり，表面までフラットとなる電圧である．一般にゲートの金属材料と半導体基板の仕事関数（フェルミレベルから見た真空準位の高さ）は一致しないので，そのままくっ付けて MOS 構造にするとフェルミレベルに差が生じる．その結果，$V_{\mathrm{G}} = 0$，即ち両者を熱平衡状態（フェルミレベルが一致した状態）に持って行くと両者の間には電位差が生じる．これを打ち消すための電圧が V_{FB} である．詳しく知りたい読者は，以下の補足 3.4 を参照のこと．

〈補足 3.4〉　図 3.23(a) は，ゲートの金属材料，ゲート絶縁膜 SiO_2，P 型シリコン基板が互いに相互作用のない状態にあるときのエネルギーバンド図であり，それぞれの真空準位が一致している．PN 接合を作ったときの図 3.8 の議論を思い出してほしい．ここで ϕ_{M}, ϕ_{S} は，それぞれ金属と半導体の仕事関数であるが，この位置関係はあくまでも一例であり，金属の種類によって変わる．これをこのままくっつけた状態（図 3.23(b)）は，熱平衡状態ではない．そこで，ゲート電極と半導体基板を両方ともアース（0 V）に落として熱平衡状態としてやると，同図 (c) のようになってフェルミレベルが一致する．このとき，ゲート電極は半導体基板に対して，$\phi_{\mathrm{S}} - \phi_{\mathrm{M}}$ だけ電位が高くなっている．これは熱平衡の PN 接合で内蔵電位が現れるのと同じ原理である．その結果，半導体表面のバンドが曲がる．これを同図 (b) のフラットバンドの状態にするためには，逆の電圧を加えてやらねばならない．これがフラットバンド電圧 V_{FB} である．従って，

$$V_{\mathrm{FB}} = -(\phi_{\mathrm{S}} - \phi_{\mathrm{M}}) = \phi_{\mathrm{M}} - \phi_{\mathrm{S}} \equiv \phi_{\mathrm{MS}}$$

となる．この ϕ_{MS} のことを，**仕事関数差**（work function difference）と呼ぶ．

これ以外に，Si と SiO_2 の界面に固定電荷 Q_{SS} があるときは，ゲートにこれを打ち消す電圧を加える必要がある．それは

$$V_{\mathrm{G}} = -\frac{Q_{\mathrm{SS}}}{C_{\mathrm{OX}}}$$

となる．従って一般的に V_{FB} は

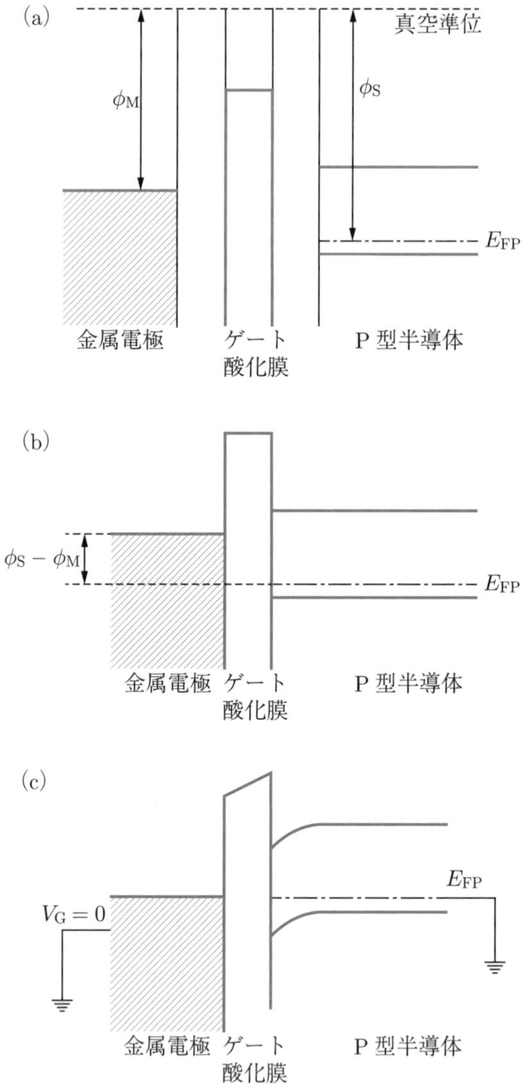

図 3.23　MOS 構造のエネルギーバンド図．ゲートの金属と P 型半導体基板の仕事関数が異なる一般的な場合．(a) ゲートの金属，ゲート絶縁膜 SiO_2，P 型シリコン基板が互いに相互作用のない状態で真空準位が一致している．(b) そのままくっ付けた状態．ゲート電極と半導体基板間の電位差はゼロだが，これは熱平衡状態では無い．(c) 熱平衡状態にすると，ゲート電極は半導体基板に対して $\phi_S - \phi_M$ だけ電位が高くなり，その結果バンドが曲がる．

$$V_{\mathrm{FB}} = \phi_{\mathrm{MS}} - \frac{Q_{\mathrm{SS}}}{C_{\mathrm{OX}}}$$

と表される．

3.4.3　反転層の電子濃度

$V_{\mathrm{G}} = V_{\mathrm{TH}}$ は，P 型表面が N 型に反転するゲート電圧である．それでは，$V_{\mathrm{G}} > V_{\mathrm{TH}}$ として V_{G} の値を大きくしていけばどうなるだろうか．当然のことながら式 (3.27) の関係：$V_{\mathrm{G}} = V_{\mathrm{OX}} + \phi_{\mathrm{S}}$ に従って，V_{OX} も ϕ_{S} 大きくなる．しかし $V_{\mathrm{G}} > V_{\mathrm{TH}}$ では，大きくなるのは V_{OX} だけで ϕ_{S} はほとんど増加しない．このことを理解するためには，半導体表面の N 型反転層領域はアースされた N 型のソース（及びドレイン）と図 3.18(b) のような状態でつながっていることに着目する必要がある．

さてこの図を見ると，ソースの伝導帯と N 型反転層の伝導帯の間には僅かだがポテンシャル障壁があり，この障壁の高さ分だけボルツマンファクタによって N 型反転層の電子濃度は N 型ソースの電子濃度より低くなっている．もし，$V_{\mathrm{G}} > V_{\mathrm{TH}}$ で，ϕ_{S} が式 (3.32) の関係で増加したとすると，このポテンシャル障壁の高さは ϕ_{S} の増加分 $\varDelta\phi_{\mathrm{S}}$ だけ低くなり，反転層の電子濃度 N_{I} は指数関数的に増加する．つまり，

$$\varDelta N_{\mathrm{I}} \propto \exp\left(\frac{q\varDelta\phi_{\mathrm{S}}}{kT}\right) \tag{3.35}$$

のように急激に増加する．半導体側に現れる電荷の総量 $|Q_{\mathrm{S}}|$ は，コンデンサの原理によって精々V_{G} に比例して増加するだけなので，このような指数関数的な増加は決して許されない．従って，$V_{\mathrm{G}} > V_{\mathrm{TH}}$ では空乏層は伸びずに，表面のバンドの曲がりは，ほぼ $\phi_{\mathrm{S}} = 2\phi_{\mathrm{F}}$ の一定値に固定された状態にあると考えるのは，理にかなった近似である．そこで，$V_{\mathrm{G}} > V_{\mathrm{TH}}$ では

$$\phi_{\mathrm{S}} = 2\phi_{\mathrm{F}} \tag{3.33}$$

$$W = W_{\mathrm{MAX}} = \sqrt{\frac{2K_{\mathrm{S}}\varepsilon_0 2\phi_{\mathrm{F}}}{q_{N_{\mathrm{A}}}}} \tag{3.36}$$

であると近似する．このとき $\varDelta V_{\mathrm{G}} = \varDelta V_{\mathrm{OX}}$ となるので，反転層の電子濃度は $\varDelta V_{\mathrm{G}}$ に比例し，

$$qN_{\mathrm{I}} = C_{\mathrm{OX}}(V_{\mathrm{G}} - V_{\mathrm{TH}}) \tag{3.37}$$

という関係が得られる．

3.4.4 MOS トランジスタの電流電圧特性

V_G に V_{TH} より大きな電圧を加えたとき，ソース・ドレイン間に流れる電流の大きさを求めよう．V_D を正の電圧とする，表面のエネルギーバンド図は，図 3.18(c) のようになって，ソースからドレインに向かって電子が流れる．これがドレイン電流 I_D となる（電流はドレインからソースに向かって流れる）．

先ず V_D が十分に小さい状態，つまり $V_D \fallingdotseq 0$（> 0）の場合を考えてみる．この様子を描いたのが図 3.24(a) である．半導体表面には反転層がほぼ一様に形成され，ソースとドレインの間をつないでいる．この反転層のことを**チャネル**と呼ぶ．ソースとドレインをつなぐ水路（channel）を意味する．これは N 型のチャネルなので **N チャネル**と呼び，図 3.18(a) のトランジスタを **N チャネル MOS トランジスタ**，略して **NMOS** と呼ぶ．V_D は十分小さいことを仮定しているので，チャネル電子の濃度はソース・ドレイン間でほぼ一定であり，その値は式 (3.37) で与えられる．

電子の電流密度（J_n）は電子の電荷密度（qN_I）に電子の走行速度（v）を掛けることで求まる．走行速度 v は電界に比例し，その比例定数を電子の**移動度**（mobility）と呼び μ_n と表記する．電界はドレイン電圧 V_D がソース・ドレイン間に一様にかかっているとすると 電界 $= \frac{V_D}{L}$ となるから，

$$J_n = \frac{qN_I\mu_n V_D}{L} \tag{3.38}$$

となる． 式 (3.37) の qN_I を入れ，電子の流れるチャネルの幅を W とすると

$$I_D = \frac{W}{L}\mu_n C_{OX}(V_G - V_{TH})V_D \tag{3.39}$$

としてドレイン電流の表式が得られる．これは近似式であるが，V_D が小さいときの MOS トランジスタの特性を正しく記述する．図 3.25 に NMOS の I_D-V_G 特性を 3 種類示したが，その中で $V_D \fallingdotseq 0$（> 0）の特性である同図 (a) と比較すると，$V_G = V_{TH}$ 付近で電流が直線状に立ち上がる様子をよく表している．実際，実測値にフィットさせた直線の傾きから移動度の μ_n の値が求まる．またこの直線が横軸と交わる点から V_{TH} の値が求められる．V_G が大きいところでは実測値は直線から外れるが，これは μ_n の値が小さくなるためである（大きなゲート電界の効果）．

次に，ドレイン電圧 V_D が大きくなった場合を考察しよう．この場合の様子を図 3.24(b) に示す．この場合は，チャネルの電位は一定ではなくなり，ソース端（$x = 0$）での電位を 0 V とすると，ドレイン端（$x = L$）では V_D となる．式 (3.37) によると，チャネルの電荷は，ゲート電極とチャネルの間の電位差から V_{TH} を差し引いた

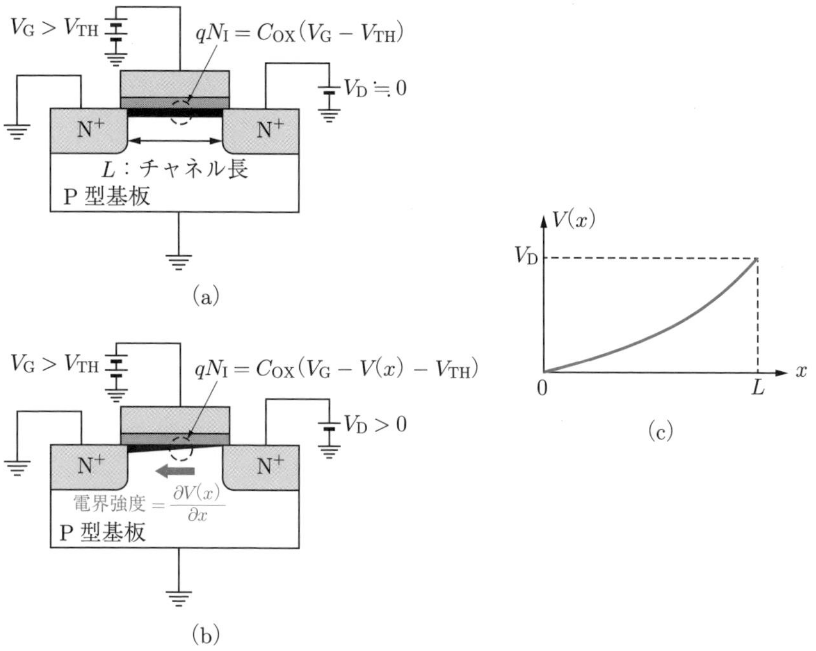

図 3.24　MOS トランジスタの断面図．(a) $V_G > V_{TH}$ で $V_D \fallingdotseq 0$（$V_D > 0$）のとき．ソース・ドレイン間に電子のチャネルが一様に形成されている．(b) $V_G > V_{TH}$ で $V_D > 0$（ただし，$V_D < V_G - V_{TH}$）のとき．ソースからドレインに向かってチャネルの電子濃度が減少する．(c) ソース・ドレイン間におけるチャネル電位の変化．

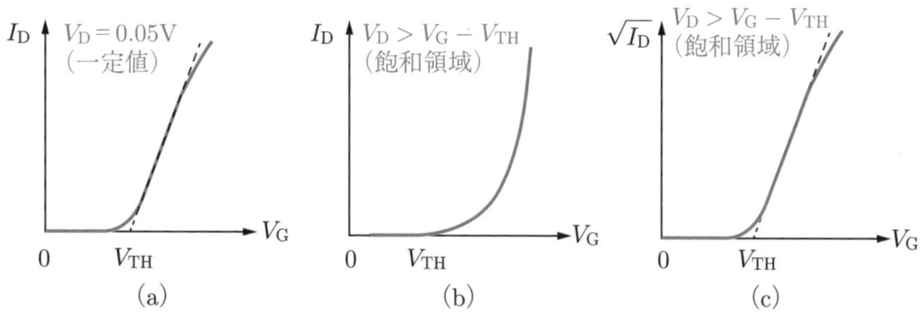

図 3.25　N チャネル MOS トランジスタの I_D-V_G 特性．(a) $V_D \fallingdotseq 0$（$V_D > 0$）の線形領域での特性．(b) $V_D > V_G - V_{TH}$ の飽和領域での特性．(c) 飽和領域での特性で縦軸を $\sqrt{I_D}$ 表示としたもの．

残りの電圧に比例して決まるかたちとなっているので，チャネルの電位が上がると，それだけチャネルの電子濃度は減少する．つまり，電子濃度はソース・ドレイン間で一定とはならず，ソースからドレインに近づくに従ってその値は減少する．チャネルの電位 $V(x)$ が図 3.24(c) のように変化したとすると，位置 x での電子濃度は

$$qN_{\mathrm{I}}(x) = C_{\mathrm{OX}}(V_{\mathrm{G}} - V(x) - V_{\mathrm{TH}}) \tag{3.40}$$

と表せる．チャネルの位置 x における電界強度は $\frac{dV(x)}{dx}$ で与えられるので，電流密度 J_{n} は

$$J_{\mathrm{n}} = C_{\mathrm{OX}}(V_{\mathrm{G}} - V(x) - V_{\mathrm{TH}}) \times \mu_{\mathrm{n}} \frac{dV(x)}{dx}$$

となる．J_{n} = 一定であることを考慮してこの式の両辺を $x = 0 \sim L$ の間で積分すると

$$J_{\mathrm{n}}L = \mu_{\mathrm{n}} C_{\mathrm{OX}} \left\{ (V_{\mathrm{G}} - V_{\mathrm{TH}})V_{\mathrm{D}} - \frac{1}{2}\, V_{\mathrm{D}}^2 \right\}$$

が得られる．ここで，J_{n} にチャネル幅 W を掛けるとドレイン電流 I_{D} の値が求まり，それは以下のようになる．

$$I_{\mathrm{D}} = \frac{W}{L}\, \mu_{\mathrm{n}} C_{\mathrm{OX}} \left\{ (V_{\mathrm{G}} - V_{\mathrm{TH}})V_{\mathrm{D}} - \frac{1}{2}\, V_{\mathrm{D}}^2 \right\} \tag{3.41}$$

これは**サー（Sah）の式**としてよく知られたもので，回路解析等でよく用いられる．

次にゲート電圧 V_{G} を一定とした状態で，ドレイン電圧をもっと大きくしていくとどうなるかを考える．$V_{\mathrm{D}} = V_{\mathrm{G}} - V_{\mathrm{TH}}$ とすると，ドレイン端でのチャネル電位 $V(x = L)$ は，$V(L) = V_{\mathrm{G}} - V_{\mathrm{TH}}$ となり，式 (3.40) より $qN_{\mathrm{I}}(x = L) = 0$ となる．つまりこの時点でチャネルの電荷はドレイン端で消失し，チャネルが切れてしまった状態となる．この後，それ以上ドレイン電圧を大きくしても電流は増加せず，一定値となる．その理由は，ドレイン電圧の増加分は切れたチャネル端とドレインの間にかかるだけで，チャネルの両端にかかる電圧は $V_{\mathrm{G}} - V_{\mathrm{TH}}$ で一定のままとなるからである．このときのドレイン電流の値は，$V_{\mathrm{D}} = V_{\mathrm{G}} - V_{\mathrm{TH}}$ を式 (3.41) に入れ，

$$I_{\mathrm{D}} = \frac{1}{2}\, \frac{W}{L} \mu_{\mathrm{n}} C_{\mathrm{OX}} (V_{\mathrm{G}} - V_{\mathrm{TH}})^2 \tag{3.42}$$

となる．

以上の結果をまとめると，図 3.26 に示したようになる．これから分かるように，ゲー

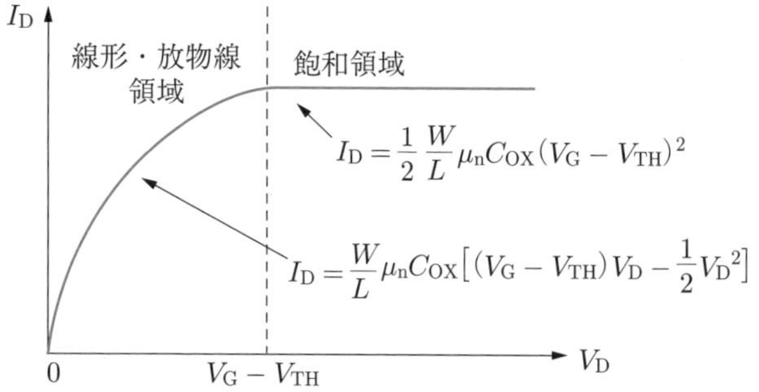

図 3.26　V_G を一定としたときの N チャネル MOS トランジスタの I_D-V_{DS} 特性を簡単な近似式で表現する．

ト電圧一定の条件下でのドレイン電流とドレイン電圧の関係は，V_D が小さいときには線形に電流が増加し，V_D が大きくなるに従って増加は緩やかになり，$V_D = V_G - V_{TH}$ で頭打ちとなって電流が飽和する．この $0 < V_D < V_G - V_{TH}$ での動作を**線形・放物線領域**（linear-parabolic region）と呼ぶ．形をそのまま表現した呼び名である．そして，$V_D > V_G - V_{TH}$ で，V_D の増加に対して電流が一定値をとる動作を**飽和領域**（saturation region）と呼ぶ．

以上の NMOS の電流電圧特性をまとめると以下のようになる．以下の式では，$V_D = V_{DS}$, $V_G = V_{GS}$ と表記した．ソースの電位を外部から加える電圧のリファレンスとしたことを明示するためである．

- $V_{GS} - V_{TH} > V_{DS} > 0$（線形・放物線領域）

$$I_D = \frac{W}{L}\mu_n C_{OX}\left\{(V_{GS} - V_{TH})V_{DS} - \frac{1}{2}{V_{DS}}^2\right\} \tag{3.43}$$

- $V_{DS} > V_{GS} - V_{TH}$（飽和領域）

$$I_D = \frac{1}{2}\frac{W}{L}\mu_n C_{OX}(V_{GS} - V_{TH})^2 \tag{3.44}$$

NMOS トランジスタの実際の電流電圧特性の例を図 3.27 に示す．同図 (a) のように，V_{GS} をパラメタとして色々変えたときの I_D-V_{DS} 特性を示したものを，**静特性**と呼ぶ．回路設計の際に重要となる特性図である（第 4 章を参照）．なお，この静特性の実測結果では，飽和領域で I_D が V_{DS} の増加とともに少し増加しているが，これは V_{DS} の増加とともにチャネルの切れた点が少しずつソース側に移動するため，チャネルの抵抗が減少するからである．これは**チャネル長変調効果**と呼ばれる．こ

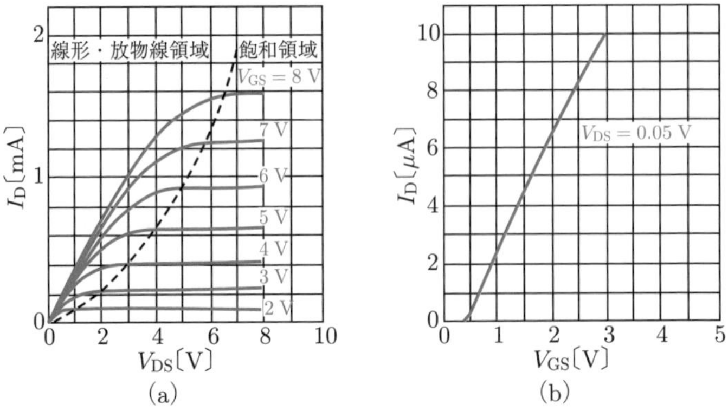

図 3.27　N チャネル MOS トランジスタの電流電圧特性．チャネル長 L の大きなトランジスタでの実測値の例．(a) V_{GS} をパラメタとして変化させ I_D-V_{DS} 特性を表示したもの．これを静特性と呼び，回路の設計等でよく用いる．(b) $V_{DS} \fallingdotseq 0$（$V_{DS} > 0$）の線形領域での I_D-V_{GS} 特性．

の効果は，チャネル長の短いトランジスタではもっと顕著に現れる．

以上に示した MOS トランジスタ電流電圧特性の導出は，動作原理を簡略化して説明したものであり，いろいろ細かな物理現象が無視されている．従って，式 (3.43), (3.44) は，実際の特性とは数値的に一致しない．しかし，定性的な MOS トランジスタの振る舞いを簡便に記述することができるので，回路解析等で広く利用されている．もっと詳しいトランジスタの動作に興味のある読者は，是非参考文献 [3] を参照して頂きたい．

〈補足 3.5〉　ここで求めた MOS トランジスタの電流電圧特性の式 (3.43), (3.44) は，ドレイン電圧 V_{DS} が十分小さい場合を除いて実測値との一致が良くない．その理由は，導出の過程で重要なことがらを無視したためである．チャネルの電位 $V(x)$ が，ソースからドレインに向かって 0 から V_D に変化するとしたが，そのとき半導体表面の空乏層の幅は一定で変化しないとしたことである．$V(x)$ が 0 から V_D に増加するということは，表面のバンドの曲がり ϕ_S も，ソース端での値 $2\phi_F$ から増加して，ドレイン端では $2\phi_F + V_D$ と増加している．その結果，式 (3.30) に従って空乏層幅も増加している．

一方，$V(x)$ が増加するということは酸化膜にかかる電圧 V_{OX} が減少することであり，その結果，半導体側に現れる負の電荷の総量 Q_S は，$|Q_S| = C_{OX}V_{OX}$ なので減る．実は，式 (3.40) は，この減少が qN_I にだけ起こると仮定した式となっている．しかし実際は，半導体側の電荷の総量は，$|Q_S| = qN_I + qN_AW$ であり，これはチャネルの電荷と空乏層電荷の和となっている．この中で，空乏層電荷が $V(x)$ の上昇とともに増加することを考えると，

qN_{I} はもっと減少するのである．つまり，空乏層効果を無視した式 (3.40) は，qN_{I} の値を実際より大きく見積もっていることになる．その結果，式 (3.43), (3.44) の式は実際の測定値よりも，ずっと大きな電流値を与えることになる．

このことから，これらの式は正しくないのであるが，MOS トランジスタの特性を定性的によく表す式となっており，回路解析等で重宝されている．詳しい議論は，参考文献 [3] の 8.3 節，8.4 節を参照のこと．

〈補足 3.6〉　図 3.17 に関連して「NPN 構造の P 型領域に直接正の電圧を加え，P 型領域のバリアを下げて電流を流す方式のデバイス」について述べたが，こうして働かせるのは**バイポーラトランジスタ**である．バイポーラトランジスタでは，左の N 型領域から P 型領域に入ってきた電子を効率よく右側の N 型領域に取り込めるよう，P 型領域は二つの N 型領域の間に挟まれた幅の狭い領域として作られる．こうすれば，左から入った電子はほとんどそのまま右側の N 領域に吸い込まれる．これらの NPN の各領域を左からそれぞれ，**エミッタ**，**ベース**，**コレクタ**と呼ぶ．ベースに正の電圧を加えてそのエネルギーバリアを下げ，エミッタからベースに電子を入れるが，これは図 3.14 の PN 接合ダイオードの順方向バイアスと同じである．P ベースに入った電子はほとんどそのまま逆バイアスされた N 型コレクタに流れ込む．しかし，そのとき説明したように，P ベースの多数キャリアであるホールもエミッタ側に入ってくる．その結果ベースの端子に電流が流れる．通常ベースに流れる電流は，エミッタに流れる電流全体の $\frac{1}{100}$ くらいの小さな値になるようにデバイスを設計する．しかし，信号入力端子となるベース電極に，例え $\frac{1}{100}$ という小さな値であっても直流電流が流れるため，回路設計の手法は MOS トランジスタと異なる．信号入力端子となるゲート電極には直流電流が全く流れない MOS の方が回路設計はずっとやり易い．一方 MOS では，入力電圧に対して精々その 2 乗に比例する電流しか流れないが，バイポーラでは指数関数で増加する電流が流れる．従って，大電流駆動を必要とする応用には大きなメリットである．省電力が最も重要な要請である VLSI では，MOS トランジスタを用いて作られている．

〈補足 3.7〉　図 3.18(a) の N 型と P 型を全てひっくり返した MOS トランジスタがあり，これを **P チャネル MOS トランジスタ**，略して **PMOS** と呼ぶ．ソース電圧を 0 V とすると，$V_{\mathrm{D}}, V_{\mathrm{G}}$ は全て負である．電流の向きも逆である．電流電圧の式は，式 (3.43), (3.44) と同じである．これは NMOS と組み合わせて，図 1.14 のように用いられる．これは CMOS インバータと呼ばれる．ここで C は相補的（complementary）を意味する．一方がオンしているときは，他方がオフすることで常時直流電流が流れることを防いでおり，これが相補的な動作の意味である．現在の VLSI では，省電力のため全てこの回路形式が用いられている．正電圧の V_{DD} につながっているのが PMOS のソースであり，この回路構成では $V_{\mathrm{DS}} < 0, V_{\mathrm{GS}} < 0$ の条件がそのまま満たされている．

第4章　トランジスタで電子回路を作る

前章では，エレクトロニクスのキーデバイスであるMOSトランジスタに関して，その動作原理と特性について述べた．本章では，このMOSトランジスタを用いて構成される電子回路について述べる．電子回路とは，デバイスと他の素子を組み合わせて有用な機能を作り出すシステムである．本章では，その電子回路構成の基本的な考え方とその解析方法について述べる．

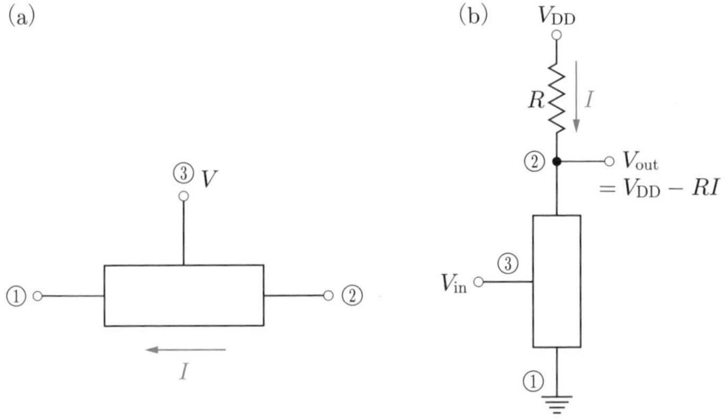

図4.1　(a) 3端子デバイスの概念：端子①②間に流れる電流の大きさ I が，端子③に加える電圧 V によって決まる．(b) 3端子デバイスを用いて構成した信号増幅器．V_{in} を変化させると V_{out} が変化するが，その振れの大きさは外付け抵抗 R の値で決まる．

デバイスの機能として最も重要な概念は，図4.1に示した**3端子デバイス**（three-terminal device）という考え方である．デバイスには三つの端子があり，第一と第二の端子間に流れる電流の大きさを，第三の端子に加える電気信号によって制御できるという機能を持っている．これが電子回路の様々な有用な機能を生み出す．図3.14，15のPN接合ダイオードは，端子が二つしかないので**2端子デバイス**（two-terminal device）と呼ばれる．2端子間に流れる電流の大きさが，その2端子間の電圧で決まる（図3.16）．単純な抵抗素子に比べて一方向にしか電流が流れないという大きな非線形特性を持つが，応用としては整流器といった限られた用途しかない．

それでは，3端子デバイスを用いてどのように有用な機能が作り出されるのか，それをこれから見ていこう．

4.1 信号を増幅する回路

図 4.1(b) に 3 端子デバイスを用いた信号増幅の概念を示す．3 端子デバイスの電流の流れる端子②に抵抗をつないで正の電源電圧（V_{DD}）に接続する．端子②を増幅回路の出力端子とすると，その電圧は，$V_{out} = V_{DD} - RI$ で与えられる．ここで電流 I の大きさは，デバイスの制御入力端子③に加える電圧 V_{in} で決まるので，入力電圧 V_{in} を変化させたときの出力電圧 V_{out} の変化の大きさ，つまり増幅率は外付け抵抗 R の値で決めることができる．

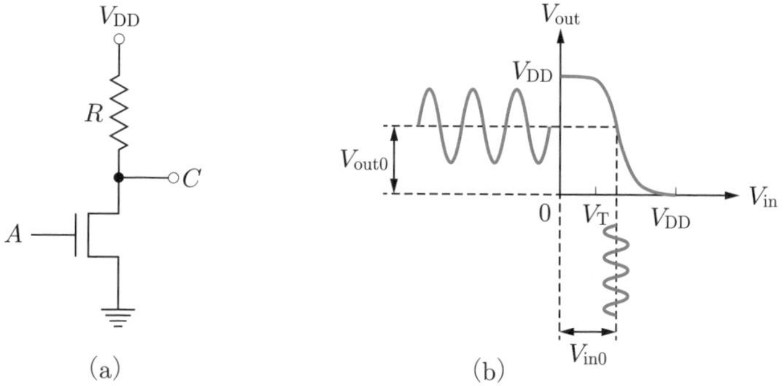

(a)　(b)

図 4.2　(a) MOS トランジスタを用いた増幅回路の構成．(b) 入力と出力の関係．

3 端子デバイスとして MOS トランジスタを用いた増幅回路の構成を図 4.2(a) に示す．これは第 1 章の図 1.4(a) に示したインバータ回路と同じ構成である．図 1.4(a) のインバータ回路では，入力信号と出力信号はいずれも 0 V～V_{DD} の間で大きく変化し，0 または 1 のディジタル信号を表した．このような回路を**ディジタル回路**と呼び，“大振幅動作” がその特徴である．つまり電圧としては，0 V か V_{DD} のどちらかに振り切った状態が意味を持ち，中間的な電圧値は信号としての意味を持たなかった．これに対して増幅器は，中間的な電圧値自身が信号としての意味を持つ．このような回路を**アナログ回路**と呼ぶ．本章ではアナログ電子回路について述べる．

アナログ回路の動作の特徴は，“**小振幅動作**” である．つまり，扱う信号は 0 V～V_{DD} の間のごく限られた範囲でしか変化しないような小振幅の信号を取り扱う．デバイスにおける電流と電圧の関係は，基本的に非線形，つまり電圧と電流の関係が曲線であり，直線的な比例関係にはない．従ってこれをそのまま使うと増幅された信号に歪が生じる．これを避けるため，電流と電圧の関係が十分線形とみなせる範囲に限定して動作させるのである．これが“小振幅動作”の意味である．

さて，図 4.2(a) の増幅回路の入出力特性，つまり V_{in} と V_{out} の関係を図 4.2(b) に示す．この特性を求める方法については後ほど 4.3 節にて説明する．ここで横軸の入力 V_{in} には，微小な交流電圧信号 $\Delta V_{\mathrm{in}}(t)$ を与えるわけであるが，このとき直流電圧 V_{in0} だけ下駄をはかせて入力する．つまり

$$V_{\mathrm{in}}(t) = V_{\mathrm{in0}} + \Delta V_{\mathrm{in}}(t)$$

とするのである．この直流電圧 V_{in0} のことを**バイアス電圧**と呼ぶ．これに対応して出力端子 V_{out} には

$$V_{\mathrm{out}}(t) = V_{\mathrm{out0}} + \Delta V_{\mathrm{out}}(t)$$

の電圧出力が現れる．このときの交流信号成分 $\Delta V_{\mathrm{out}}(t)$ の振幅は，入力 $\Delta V_{\mathrm{in}}(t)$ の振幅より大きくなっている．即ち信号が増幅されているのである．これは，直流バイアス点における入出力特性の傾きの絶対値が 1 より大きいからである．$\Delta V_{\mathrm{in}}(t)$ の振幅が大きくなり入出力特性の直線領域から外れると，出力信号は頭打ちになって歪が生じる．歪が生じないようにするには，直流バイアスの値を注意深く設定するとともに，線形動作が成り立つように $\Delta V_{\mathrm{in}}(t)$ の振幅は十分小さくとらねばならない．これが**小信号動作**（小振幅動作）を行う理由である．

さてここで，アナログ電子回路の解析で用いる特別な表記法を導入しよう．これは，微小信号成分をローマ字の小文字で表すというものである．即ち

$$\Delta V_{\mathrm{in}}(t) \equiv v_{\mathrm{in}} \tag{4.1}$$

$$\Delta V_{\mathrm{out}}(t) \equiv v_{\mathrm{out}} \tag{4.2}$$

と表す．Δ の記号が省略されているので混乱しないよう注意が必要である．

4.2　MOS トランジスタの微小信号等価回路

それでは MOS トランジスタについて，微小信号に対する応答の解析をしてみよう．図 4.3 の左辺に示したように，ゲート電圧 $V_{\mathrm{GS}}(t)$，ドレイン電圧 $V_{\mathrm{DS}}(t)$，ドレイン電流 $I_{\mathrm{D}}(t)$ をそれぞれ直流成分と微小交流成分に分けて記述する．そして図 4.3 の右辺のように，この時間変化する MOS トランジスタの動作を，直流電圧に応答する素子と，交流信号に応答する素子の二つに分けて考える．実際のトランジスタ

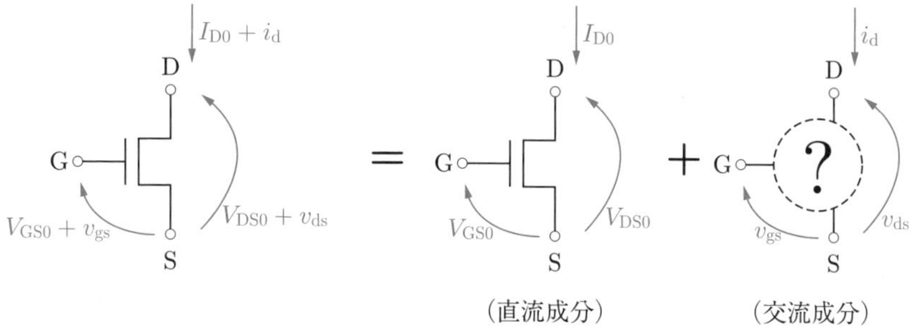

図 4.3　MOS トランジスタの電流電圧特性を直流成分と交流成分に分けて記述する．

の応答はこれら二つの応答の加算によって求められる．ここでは，電子回路の表記に従い

$$\mathit{\Delta} V_{\rm GS}(t) \equiv v_{\rm gs} \tag{4.3}$$

$$\mathit{\Delta} V_{\rm DS}(t) \equiv v_{\rm ds} \tag{4.4}$$

$$\mathit{\Delta} I_{\rm D}(t) \equiv i_{\rm d} \tag{4.5}$$

と表した．

ドレイン電流は，$I_{\rm D}(t)=I_{\rm D}(V_{\rm GS}(t), V_{\rm DS}(t))$ のように $V_{\rm GS}(t)$ と $V_{\rm DS}(t)$ の関数として与えられるが，これを直流バイアス点の周りでテーラー展開して微小信号に対して 1 次の項だけを残すと

$$\begin{aligned} I_{\rm D}(t) &= I_{\rm D}(V_{\rm GS}(t),\ V_{\rm DS}(t)) = I_{\rm D}(V_{\rm GS0}+\mathit{\Delta} V_{\rm GS}(t),\ V_{\rm DS0}+\mathit{\Delta} V_{\rm DS}(t)) \\ &= I_{\rm D}(V_{\rm GS0},\ V_{\rm DS0}) + \frac{\partial I_{\rm D}}{\partial V_{\rm GS}}\mathit{\Delta} V_{\rm GS} + \frac{\partial I_{\rm D}}{\partial V_{\rm DS}}\mathit{\Delta} V_{\rm DS} \end{aligned} \tag{4.6}$$

となる．この式で，第一項が図 4.3 の直流成分，第二項，第三項が図 4.3 の交流電流成分を表す．ここで

$$\frac{\partial I_{\rm D}}{\partial V_{\rm GS}} = g_{\rm m} \tag{4.7}$$

$$\frac{\partial I_{\rm D}}{\partial V_{\rm DS}} = \frac{1}{r_{\rm d}} \tag{4.8}$$

と表し，$g_{\rm m}$ を**相互コンダクタンス**，$r_{\rm d}$ を**ドレイン抵抗**と呼ぶ．いずれもトランジスタ特性の実測結果より求められるパラメタである．

ここで直流の電流成分 $I_{\rm D0}=I_{\rm D}(V_{\rm GS0}, V_{\rm DS0})$ については，トランジスタの特性を

表す式 (3.43), 式 (3.44) や，実測した電流電圧特性から容易に求められる．交流成分については，式 (4.3)～(4.5) の表記，及び式 (4.7), (4.8) を用いて

$$\Delta I_{\mathrm{D}}(t) \equiv i_{\mathrm{d}} = g_{\mathrm{m}} v_{\mathrm{gs}} + \frac{v_{\mathrm{ds}}}{r_{\mathrm{d}}} \tag{4.9}$$

と表せる．この電流の表式は，図 4.4 の回路に流れる電流のものと全く同じである．これは**キルヒホフ**（Kirchhoff）**の電流則**（ノード D から流出する電流の総和 = 0）から容易に導かれる．つまりソース（S）・ドレイン（D）・ゲート（G）の三つの端子から見たトランジスタの応答は，図 4.4 の回路と同じであり，これをトランジスタの**小信号等価回路**と呼ぶ．従って，微小振幅の交流信号に対する回路の解析を行う際には，MOS トランジスタは図 4.4 の線形回路に置き換えて解析すればよい．トランジスタの非線形な特性や，その背後にある動作の物理は一切忘れて，純粋に線形回路の問題として解けばよいことになる．この等価回路の考え方は，工学の知恵であり大変有用なものである．

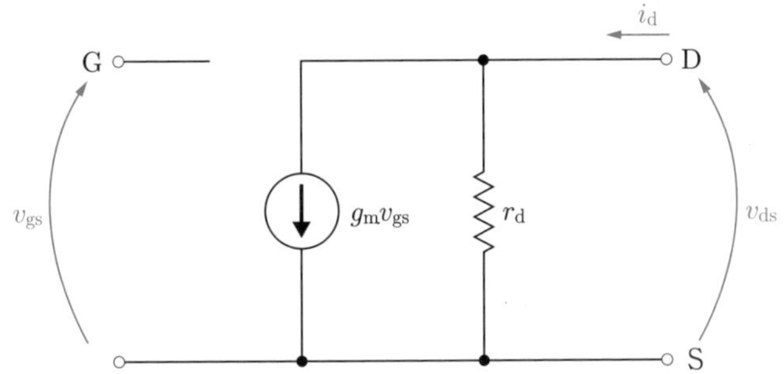

図 4.4　MOS トランジスタの微小交流信号に対する等価回路．ゲート端子（G）から出た線はどこにもつながっていないが，これは交流信号電圧 v_{gs} だけがデバイスに伝達されて電流の流入は無いことを意味している．そしてその電圧に g_{m} を掛けた値の電流が電流源によってドレイン端子に流れる．キルヒホフの法則から i_{d} の値は式 (4.9) と同じになる．図 4.3 の点線の丸の中にはこの回路を入れればよい．

4.3　増幅回路の解析

4.3.1　重ね合わせの原理

ここで増幅回路解析の元となる “重ね合わせの原理” について説明する．図 4.5 を見てほしい．抵抗 R に二つの直流電源 E_1, E_2 を積み重ねてつないだときに流れる

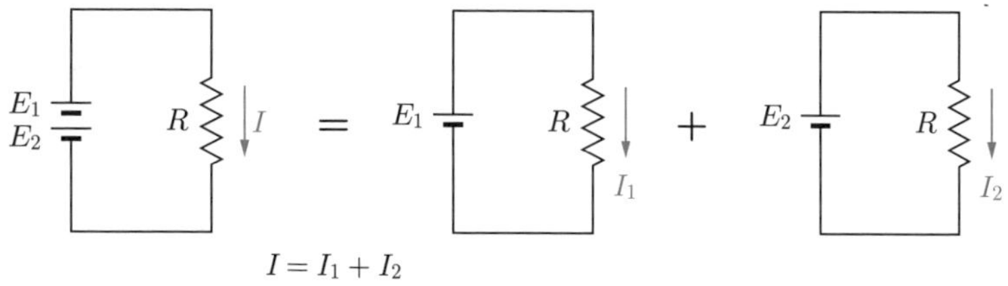

図 4.5　重ね合わせの原理．各電源による電流を足し合わせることで全体の電流が求まる．この原理は，もっと複雑な回路網の中に様々な電源（電圧源，電流源）がバラバラに散らばって存在していても同様に成り立つ．

電流を求める問題である．オームの法則から簡単に，$I = \frac{E_1 + E_2}{R}$ となるが，これは E_1, E_2 という電源をそれぞれ独立につないだときの電流 I_1, I_2 を求め，それを加え合わせたものと同じになる．これが**重ね合わせの原理**である．これはもっと複雑な回路網の中に様々な電源（電圧源，電流源）がバラバラに散らばって存在していても同様に成り立つ．各電源によって流れる電流をそれぞれ独立に求め，後で全部足し合わせてやれば正しい答えが得られる．これは線形回路についてのみ成り立つ原理であるが，電子回路の解析で大変重要な役割を果たす．

さて，図 4.6 は，図 4.2(a) の増幅回路にこの重ね合わせの原理を適用したものである．電子回路はトランジスタが非線形特性を持つため，この原理は適用できないが，小信号応答の解析には近似的に用いることができる．入力端子には，直流電源 V_{in0} と交流信号電源 v_{in} が同時に加えられているが，これを直流電源だけの場合と交流電源だけの場合の重ね合わせとして表現するのである．ここで注目すべきこと

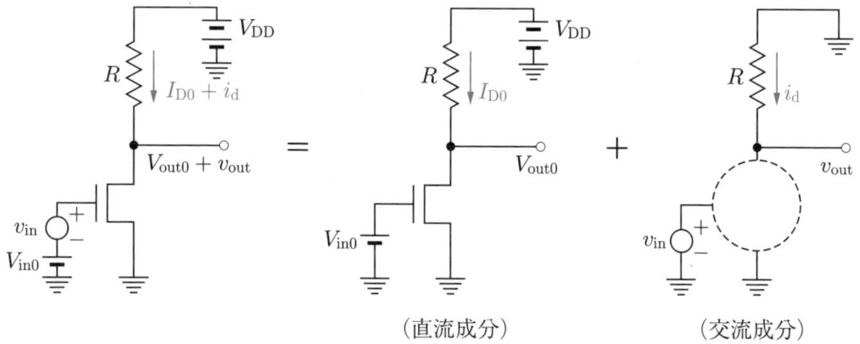

図 4.6　ソース接地増幅器の解析を，直流成分と交流成分の回路に分離して行う．交流成分の回路では，直流電源 V_{DD} が接地されて無くなっていることに注意．

は，交流成分に対する回路では電源電圧 V_{DD} がなくなって，対応する端子がアースに落ちていることである．これは，直流電源 V_{DD} の効果は V_{in0} と一緒に直流成分の回路で既に考慮されているからである．従って，交流成分の回路では考慮する必要がないのである．さてここで，交流成分の回路で MOS トランジスタに相当する部分は何も描かれていないがどうすればよいのか？ 実はここに，図 4.4 の小信号等価回路を挿入するのである．

本来重ね合わせの原理は，線形回路にしか適用できないため，トランジスタを用いた回路に適用するのは間違いである．しかし直流バイアス点を固定し，その直流バイアス点の近傍での微小信号応答を線形近似して解析する限りにおいて，近似的に正しい方法である．これによって，複雑な電子回路の解析が大変簡単に実行できるようになる．これこそ工学の知恵と呼ぶべきものである．

4.3.2 直流成分の解析

図 4.6 の直流成分の回路（直流バイアス回路）を解析してみよう．つまり，V_{in0} を入力に与えたとき V_{out0} の値がどうなるかを求めたい．これには MOS トランジスタの特性データが必要になる．例えば，図 4.7 のような MOS トランジスタの静特性が与えられているとしよう．静特性とは，ゲート電圧（V_{GS}）を一定としたときのドレイン電流（I_D）とドレイン電圧（V_{DS}）の関係を，様々なゲート電圧に対してプロットしたものである．

ここで先ず重要なことは，この回路の出力電圧 V_{out} とトランジスタに流れる電流 I との関係は，トランジスタの特性とは無関係に外付けの抵抗 R によって決まると

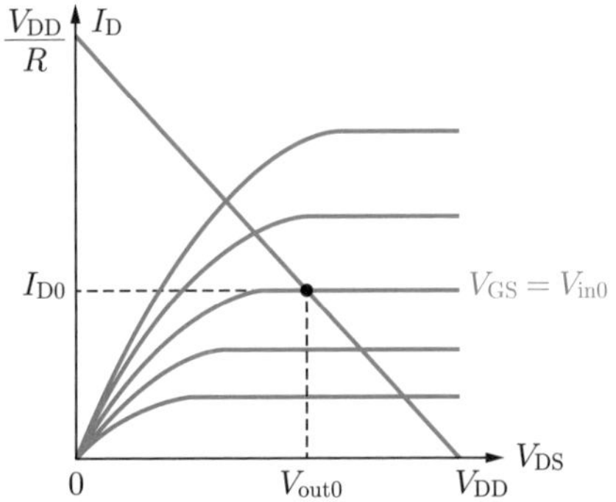

図 4.7 MOS トランジスタの静特性の一例．図には抵抗 R の負荷直線も描かれている．トランジスタのドレイン電圧 V_{DS}（= 回路の出力電圧 V_{out}）はこの直線上でのみ変化する．

いうことである．なぜなら

$$V_{\mathrm{out}} = V_{\mathrm{DD}} - RI_{\mathrm{D}}$$

となるからである．ここで，$V_{\mathrm{out}} = V_{\mathrm{DS}}$ であるから

$$I_{\mathrm{D}} = \frac{V_{\mathrm{DD}} - V_{\mathrm{DS}}}{R} \tag{4.10}$$

が成り立つ．この関係を図 4.7 の静特性上に直線で示したが，トランジスタに流れる電流は，この直線上でのみ変化することができる．この直線のことを**負荷直線**と呼ぶ．負荷直線と $V_{\mathrm{GS}} = V_{\mathrm{in0}}$ に対する I_{D}-V_{DS} 特性との交点から直流バイアス点が求まる．

4.3.3 交流成分の解析

それでは次に交流成分の増幅特性を求めよう．図 4.6 の交流成分のトランジスタ部分に，図 4.4 の等価回路を挿入したものを図 4.8 に示す．この回路で v_{out} の値を求めるわけであるが，キルヒホフの電流則を用いて解くのが簡単である．つまりノード D の電位が v_{out} であり，このノードから流れ出す電流の総和 $= 0$ と置けばよいのである（図 4.8(b)）．

$i_1 + i_2 + i_3 = 0$ より

$$g_{\mathrm{m}} v_{\mathrm{gs}} + \frac{v_{\mathrm{out}}}{r_{\mathrm{d}}} + \frac{v_{\mathrm{out}}}{R} = 0$$

ここで $v_{\mathrm{gs}} = v_{\mathrm{in}}$ であるから

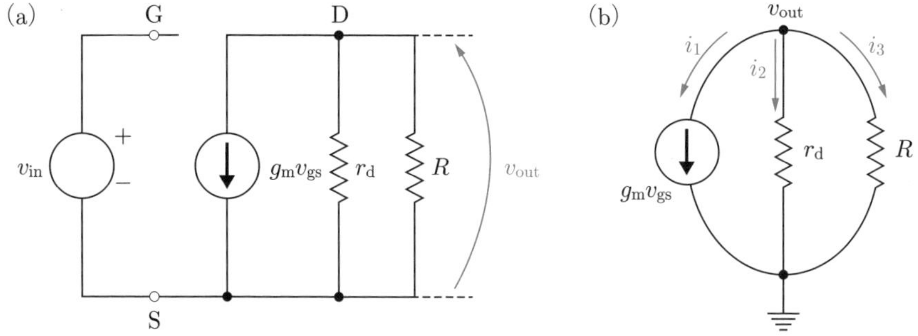

図 4.8　(a) ソース接地増幅器の小信号等価回路．(b) ノード D から流れ出す電流の総和は 0 となる（キルヒホフの電流則）．

$$K_v \equiv \frac{v_{\rm out}}{v_{\rm in}} = -\frac{g_{\rm m}}{\frac{1}{r_{\rm d}} + \frac{1}{R}} = -g_{\rm m}(r_{\rm d} \parallel R) \tag{4.11}$$

となる．ここで K_v は交流信号の電圧振幅が何倍されるかを表しており，この増幅器の**電圧増幅率**（**電圧利得，電圧ゲイン**）と呼ぶ．また $(r_{\rm d} \parallel R)$ は，$r_{\rm d}$ と R を並列接続したときの合成抵抗の値を表す．つまり

$$r_{\rm d} \parallel R = \left(\frac{1}{r_{\rm d}} + \frac{1}{R}\right)^{-1} \tag{4.12}$$

である．

図 4.2(a) の増幅回路は，**ソース接地の増幅器**と呼ばれる．なぜなら MOS トランジスタのソース端子をアースにつないで構成されているからである．別の言い方をすれば，ソースの電位を基準（リファレンス）にとり，これに対する電位差の変化として入力信号が加えられる形式となっている．しかし増幅器の構成は何もこの形式に限ることは無い．MOS トランジスタには三つの端子，ソース，ドレイン，ゲートがあるので，どの端子を入力信号のリファレンスにとってもよい．これによって三つの異なる形式の増幅器が構成できる．同じ MOS トランジスタを用いた増幅器であっても，これら三つの構成によってその特性は大いに異なる．どのような目的で増幅器を設計したいのか，それぞれの用途に従って適切な形式を選ぶことが重要である．次節では，この三つの構成についてそれぞれの特性を解析して比べてみる．

4.4 接地方式で異なる増幅器の特性

4.4.1 増幅器の一般的な表現

図 4.9 に，増幅器の概念を一般的に表現したものを示す．増幅器は，入力用と出力用にそれぞれ二つの端子を持っているが，いずれも一方はリファレンスとして接地（アース）されているとする．入力側には，交流電圧源 $v_{\rm s}$ と信号源の持つインピーダンス $Z_{\rm s}$ を直列接続したものがつながれ，出力側には負荷インピーダンス[1] $Z_{\rm L}$ が接続されている．

この状態で動作させたときの入力端子間の電圧を $v_{\rm in}$，出力端子間の電圧を $v_{\rm out}$，

---

1) インピーダンスとは，交流信号に対する受動素子の応答の大きさを表したもので，直流での抵抗 R に対応する．R と違って，交流の周波数（ω）によってその値が変化する．C（コンデンサ），L（コイル），R（抵抗）の組み合わせで表現されるが，インピーダンスの詳しい説明は第 5 章を参照のこと．）

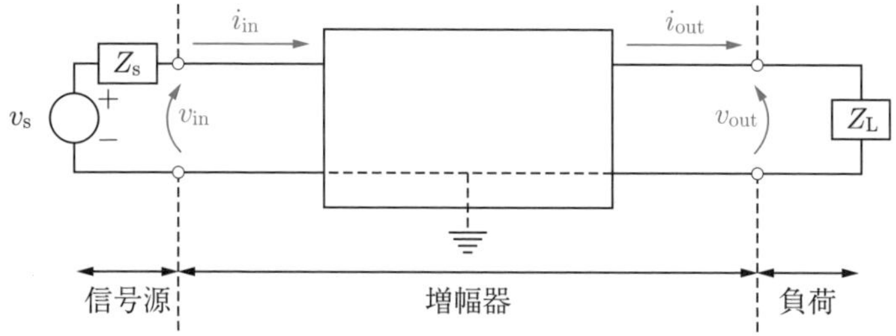

図 4.9　増幅器の一般的な表現.

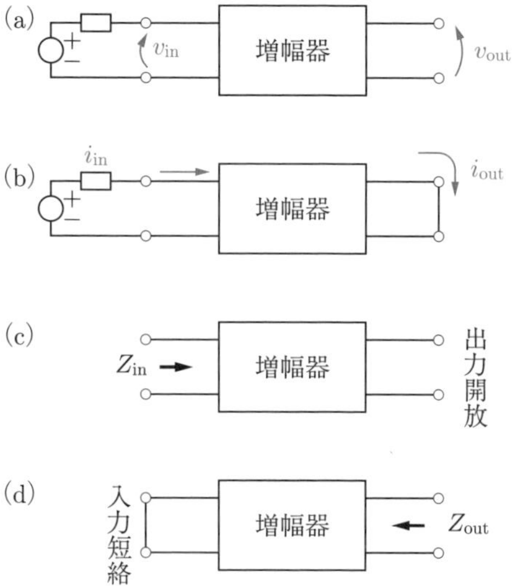

図 4.10　電圧ゲイン（利得）K_v，電流ゲイン（利得）K_i，入力インピーダンス $Z_{\rm in}$，出力インピーダンス $Z_{\rm out}$ の定義.

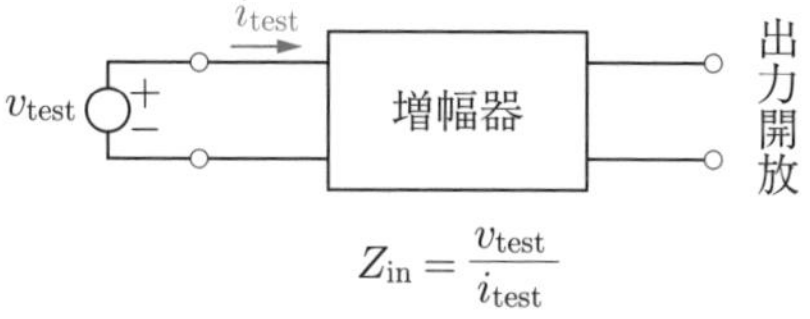

図 4.11　入力インピーダンス $Z_{\rm in}$ の求め方．出力を開放した状態で入力端子間にテスト電源 $v_{\rm test}$ を接続し，このとき流れる入力電流 $i_{\rm test}$ を求めて $Z_{\rm in} = \frac{v_{\rm test}}{i_{\rm test}}$ として計算する.

入力端子に流れ込む電流を $i_{\rm in}$，出力端子から流れ出す電流を $i_{\rm out}$ と定義する．ここで電流・電圧の表記は全て電子回路の約束に従った交流信号の表記となっている.

次に，この増幅器の性能を表す 4 つのパラメタ，**電圧ゲイン**，**電流ゲイン**，**入力インピーダンス**，**出力インピーダンス**の定義を，図 4.10(a)～(d) に示す．ここで，入力インピーダンスとは，増幅器の出力を開放した状態で，入力側から見たインピーダンスを意味するが，これはどのように求めるのかを図 4.11 に示す．そのやり方は，入力端子間にテスト電源 $v_{\rm test}$ を接続し，このとき流れる入力電流 $i_{\rm test}$ を求め，

$$Z = \frac{v_{\mathrm{test}}}{i_{\mathrm{test}}}$$

として計算すればよいのである．出力インピーダンスは，入力を短絡した状態で出力側から見たインピーダンスであるが，これについても同様に求められる．つまり出力端子間にテスト電源 v_{test} を接続し，このとき回路に流れ込む i_{test} を評価すればよい．

ここで，図 4.9 の回路が増幅器として機能するためには，単に $v_{\mathrm{out}} > v_{\mathrm{in}}$ となるだけではダメである．単に電圧の振幅を大きくするだけなら，図 4.12 のようなトランスでも可能である．1 次側と 2 次側のコイルの巻き数の比を $1 : n$ とすれば，$v_{\mathrm{out}} = nv_{\mathrm{in}}$ と n 倍に大きくできる．しかし取り出せる電流は $\frac{1}{n}$ となって，$v_{\mathrm{out}}\, i_{\mathrm{out}}$ で表される信号のエネルギーは全く増えていない．実際にはロスがあるので，$v_{\mathrm{in}}\, i_{\mathrm{in}} > v_{\mathrm{out}}\, i_{\mathrm{out}}$ となり信号エネルギーは減衰する．増幅器が増幅機能を持つためには，$v_{\mathrm{in}}\, i_{\mathrm{in}} < v_{\mathrm{out}}\, i_{\mathrm{out}}$ となって，信号の持つエネルギーそのものを増やさねばならない．このエネルギーの増加分はいったいどこからくるのか．それは増幅器に接続されている直流電源（図 4.2 の V_{DD}）からである．増幅器とは，直流電源からエネルギーを取り出し，これを微小交流信号のエネルギー増強用に変換する装置であるといえる．これを可能にするのが，3 端子デバイスの持つ機能なのである．

増幅率（ゲイン）は，出力信号が入力信号の何倍になったかの比で表す．電圧の比の場合を**電圧利得**（voltage gain），電流の比の場合を**電流利得**（current gain）と呼び，それぞれ K_v, K_i で表す．電力の比，即ち $p_{\mathrm{out}} = v_{\mathrm{out}} \times i_{\mathrm{out}}$ と $p_{\mathrm{in}} = v_{\mathrm{in}} \times i_{\mathrm{in}}$ の比をとったものを**電力利得**（power gain）と呼び，K_p で表す．これらの数値には通常**デシベル表示**を用いる．デシベル表示は，常用対数の 10 倍，または 20 倍で表し，以下のように定義される．

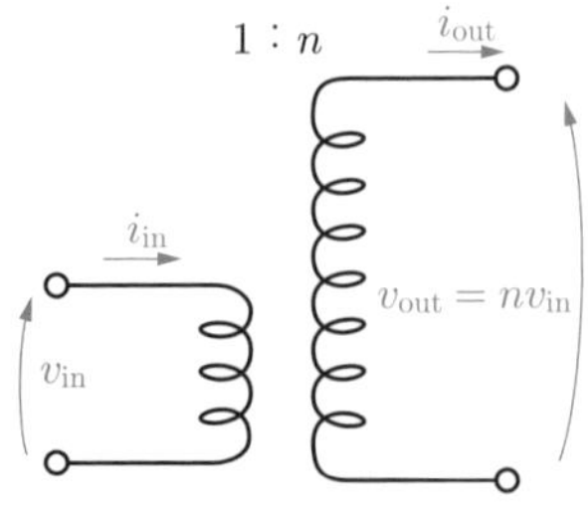

図 4.12　コイルの巻き数比が $1 : n$ のトランス．出力電圧は n 倍になるがこれは増幅ではない．

$$（電圧利得）\quad K_v = 20\log\left|\frac{v_{\rm out}}{v_{\rm in}}\right|$$

$$（電流利得）\quad K_i = 20\log\left|\frac{i_{\rm out}}{i_{\rm in}}\right|$$

$$（電力利得）\quad K_p = 10\log\left|\frac{p_{\rm out}}{p_{\rm in}}\right|$$

K_v, K_i が常用対数の 20 倍となっているのは，比を 2 乗してから対数をとったからである．こうして，いずれも電力の比の形となっている．電圧が 2 倍になったときは 6 dB（$\log_{10} 2 = 0.3010$），10 倍となったときは 20 dB である．もし電圧が $\frac{1}{\sqrt{2}}$ に減ったとすると，これは -3 dB（3 dB ダウン）である．

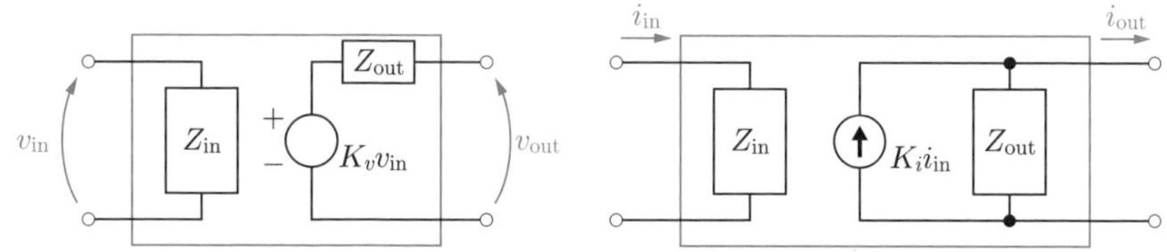

(a)　　(b)

図 4.13　増幅器の等価回路による表現：(a) 電圧増幅器．(b) 電流増幅器．

ここで定義した増幅器のパラメタを用いると，増幅器は一般的に図 4.13 のように表現できる．理想的な電圧増幅器とは，K_v ができるだけ大きく，且つ $Z_{\rm in} = \infty$, $Z_{\rm out} = 0$ となるものである．また理想的な電流増幅器では，K_i が大きく，且つ $Z_{\rm in} = 0$, $Z_{\rm out} = \infty$ であることが求められる．

〈問題 4.1〉　どうして理想的な電圧増幅器には，$Z_{\rm in} = \infty$, $Z_{\rm out} = 0$ の条件が求められるのか説明せよ．また理想的な電流増幅器の条件についても説明せよ．

4.4.2　ソース接地増幅器

ソース接地増幅器の小信号等価回路（交流信号解析用の回路のこと）は図 4.8 に示した通りであり，電圧ゲインは，式 (4.11) で与えられる．ここで $r_{\rm d}$ は MOS トランジスタの飽和領域における $I_{\rm D}$–$V_{\rm DS}$ 特性の傾きの逆数であり，大変大きな値を持っている．従って通常 $r_{\rm d} \gg R$ と考えてよい（このことは，図 4.7 の負荷直線の傾きと比べてみれば明らかである）．従って，

$$K_v \fallingdotseq -g_{\rm m}R, \quad Z_{\rm out} \fallingdotseq R$$

となる．図 4.8 では，ゲート電極端子 G はどこにもつながっていないため，$i_{\mathrm{in}} = 0$ であり，電流利得 $K_i = \infty$, 入力インピーダンス $Z_{\mathrm{in}} = \infty$ となる．実際にはゲート酸化膜の容量があるためこれを考慮しなければならない．この容量を C_0 とするとそのインピーダンスの大きさ（絶対値）は $\frac{1}{\omega C_0}$ であり，信号周波数 ω の増加とともに小さくなって i_{in} は 0 でなくなる．これに関しては，4.4.5 項でコメントする．

4.4.3　ドレイン接地増幅器（ソースフォロワー）

図 4.14(a) にドレイン接地増幅器の構成を示す．ソース接地増幅器における MOS トランジスタと抵抗の位置を，上下で入れ替えた形になっている．ここでドレイン端子は電源電圧 V_{DD} につながっているのにどうして“ドレイン接地”と呼ぶのか？それは，交流の微小信号等価回路においてドレインが接地されているからである．つまり交流入力信号のリファレンスとしてドレイン端子の電位をとること，これを**ドレイン接地**と呼ぶのである．

先ずこの回路の動作を定性的に考えてみよう．回路に電流が流れるためには，トランジスタがオンしていなければならない．従って，$V_{\mathrm{GS}} = V_{\mathrm{in}} - V_{\mathrm{out}} > V_{\mathrm{TH}}$ (= トランジスタの閾値）となっている．いま，V_{in} を少し上げたとするとトランジスタに流れる電流が増加し，その分抵抗 R における電圧降下が増加して V_{out} は上昇する．逆に V_{in} を下げると，その分電流が減少して抵抗 R における電圧降下が小さくなって V_{out} は下がる．R が十分大きな値を持っているとすると，V_{out} は V_{in} に追従してほぼ同じ変化をする．そのためこの回路は**ソースフォロワー**と呼ばれる．こ

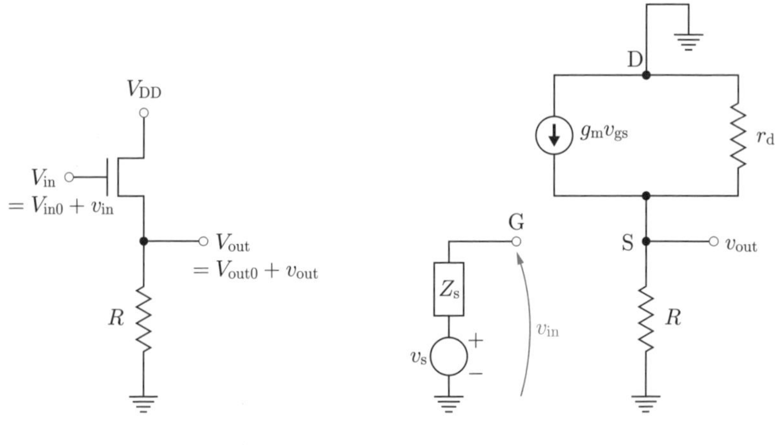

(a)　　(b)

図 4.14　(a) ドレイン接地増幅器の構成．(b) ドレイン接地増幅器の小信号等価回路．

のことを図 4.15 を用いてもう少し詳しく見てみよう．

図 4.14(a) の回路においては $V_{\rm DS} > V_{\rm GS}$ なので，このトランジスタは常に飽和領域で動作している（飽和動作の条件は，$V_{\rm DS} > V_{\rm GS} - V_{\rm TH}$ である）．従って

$$I_{\rm D} = \frac{\beta}{2}(V_{\rm GS} - V_{\rm TH})^2$$

と表される．これを図 4.15(a) に示した．一方，抵抗 R に流れる電流は $I = \frac{V_{\rm out}}{R}$ であり，$V_{\rm out} = V_{\rm in} - V_{\rm GS}$ だから，

$$I_{\rm D} = \frac{V_{\rm in} - V_{\rm GS}}{R}$$

となる．これを図 4.15(a) 上に直線で示したが，これとトランジスタ特性との交点が $V_{\rm GS}$ の値，即ち $V_{\rm in} - V_{\rm out}$ の値を与える．交点の横軸の値を $V_{\rm TH} + \varDelta$ とすると

$$V_{\rm out} = V_{\rm in} - V_{\rm GS} = V_{\rm in} - (V_{\rm TH} + \varDelta)$$

となる．ここで，R を十分大きな値にとると $\varDelta \fallingdotseq 0$ となり，

$$V_{\rm out} \fallingdotseq V_{\rm in} - V_{\rm TH} \tag{4.13}$$

と近似できる．つまり，入力電圧から閾値分だけ下がった電圧が出力端子に現れる．これを示したのが図 4.15(b) であるが，R が有限の値を持つときは $V_{\rm in}$ の増加とともに出力電圧は式 (4.13) の値より小さくなる．

それでは，ドレイン接地増幅器の交流信号解析を行おう．小信号等価回路は，

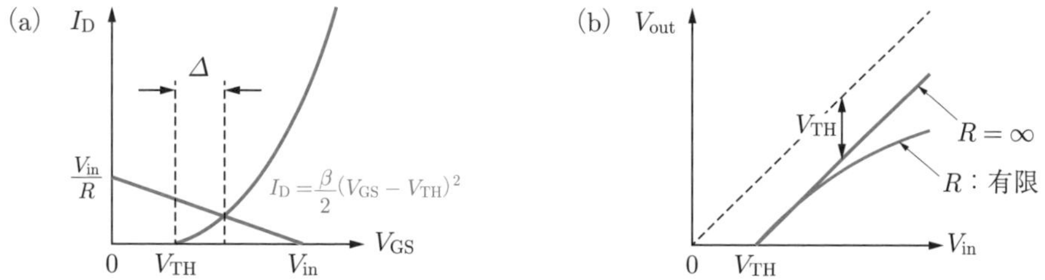

図 4.15　(a) MOS トランジスタの飽和領域での $I_{\rm D}$-$V_{\rm GS}$ 特性．直線は図 4.14(a) の $V_{\rm in}$ を固定して，$V_{\rm GS}$ を 0 から $V_{\rm in}$ まで変化させたときに R に流れる電流．$V_{\rm GS} = 0$ なら抵抗の両端の電圧は $V_{\rm in}$ となり，$\frac{V_{\rm in}}{R}$ の電流が流れる．一方 $V_{\rm GS} = V_{\rm in}$ なら抵抗両端の電圧は 0 となる．交点がこの回路の $V_{\rm GS}$ の値，即ち出力が入力よりどれだけ低くなるかを表す．(b) 図 4.14(a) の回路の入出力特性．$R = \infty$ なら，入力からトランジスタの閾値 $V_{\rm TH}$ だけ落ちた電圧が出力される．

図 4.14(b) に示したものである．当然のことながら，ドレイン端子は接地されている．図 4.14(b) を，**節方程式**（nodal equation）を適用しやすい形に変形したのが図 4.16(a) である．電位が $V_{\rm out}$ であるノード S から流れ出す電流の総和 $= 0$（キルヒホフの電流則）より以下の式が得られる．

$$-g_{\rm m}v_{\rm gs} + \frac{v_{\rm out}}{r_{\rm d}} + \frac{v_{\rm out}}{R} = 0 \tag{4.14}$$

ここで，$v_{\rm gs} = v_{\rm in} - v_{\rm out}$ だからこれを入れて

$$K_v = \frac{g_{\rm m}}{\frac{1}{R} + \frac{1}{r_{\rm d}} + g_{\rm m}} \approx \frac{g_{\rm m}}{g_{\rm m}} = 1 \tag{4.15}$$

として電圧ゲインの表式を得る．ここでは，$g_{\rm m} \gg r_{\rm d}^{-1}, R^{-1}$ であることを考慮した．

次に出力インピーダンスを求めよう．そのために入力端子をショートし，出力端子にテスト電源 $v_{\rm test}$ を加える．その回路図を図 4.16(b) に示す．図 4.16(a) の場合と同様にノード S から流れ出す電流の総和 $= 0$ より，

$$-g_{\rm m}v_{\rm gs} + \frac{v_{\rm test}}{r_{\rm d}} + \frac{v_{\rm test}}{R} - i_{\rm test} = 0$$

となり，今度は，$v_{\rm gs} = 0 - v_{\rm test}$ となるのでこれを入れて

$$Z_{\rm out} = \frac{1}{\frac{1}{R} + \frac{1}{r_{\rm d}} + g_{\rm m}} \approx \frac{1}{g_{\rm m}} \tag{4.16}$$

を得る．

式 (4.15) 及び (4.16) より，ドレイン接地増幅器は，電圧ゲイン（K_v）がほぼ 1，つまり出力信号電圧は入力信号電圧とほとんど同じであり，且つ出力インピーダンスが大変小さな値を持つことが分かる．これがドレイン接地の特徴である．この特

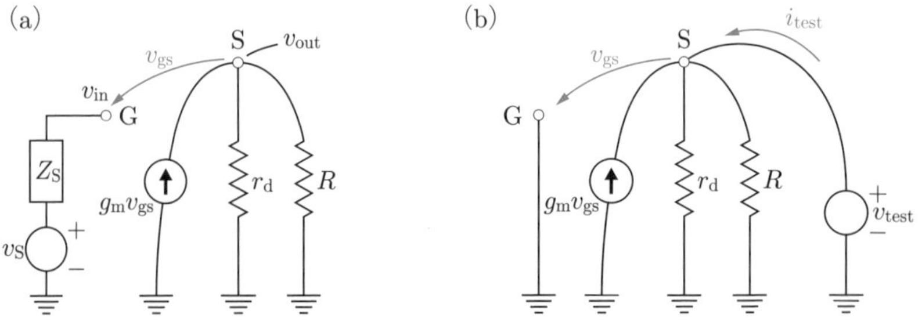

図 4.16　(a) ドレイン接地増幅器の電圧ゲインを節方程式で求める回路図．(b) 出力インピーダンス（$Z_{\rm out}$）を求める回路図．

徴は，信号源の**インピーダンス変換**に応用できる．つまり，出力抵抗の大きな信号源があった場合，その出力をドレイン接地増幅器に通すことで，出力抵抗の小さな信号源に変換できる．実用的な信号源は，できるだけ出力抵抗の小さいことが求められるので，これは大変有用な機能であると言える．

〈問題 4.2〉　信号源の出力抵抗は 0 であることが理想である．その理由を簡単に説明せよ．

4.4.4　ゲート接地増幅器

ゲート接地増幅回路の構成図を図 4.17(a) に示す．図 4.17(b) は，その交流微小信号解析用の回路図である．

この増幅器は，ゲートに正の電圧を加えて導通状態にした MOS トランジスタのソース端子に信号を入力し，ドレイン端子から出力信号を取り出す構成になっている．両端子に流れる電流は同じだから，電流利得（K_i）はその定義（図 4.10(b)）より 1 となる．ドレイン端子に流れる電流変化は負荷抵抗 R によって電圧信号に変換される．ゲート電圧を一定としてソース電圧を変化させることは，トランジスタの V_{GS} を変えることであり，大きな電流変化がソース端で観察される．これは，小さな入力インピーダンスを持つことを意味する．

それでは，交流信号の解析をしてみよう．電位が v_{out} である ノード D から流れ出す電流の総和 $= 0$ より以下の式が得られる．

$$\frac{v_{\mathrm{out}}}{R} + g_{\mathrm{m}} v_{\mathrm{gs}} + \frac{v_{\mathrm{out}} - v_{\mathrm{in}}}{r_{\mathrm{d}}} = 0 \tag{4.17}$$

ここで，$v_{\mathrm{gs}} = 0 - v_{\mathrm{in}}$ だからこれを入れると，電圧ゲイン K_v が以下のように求まる．

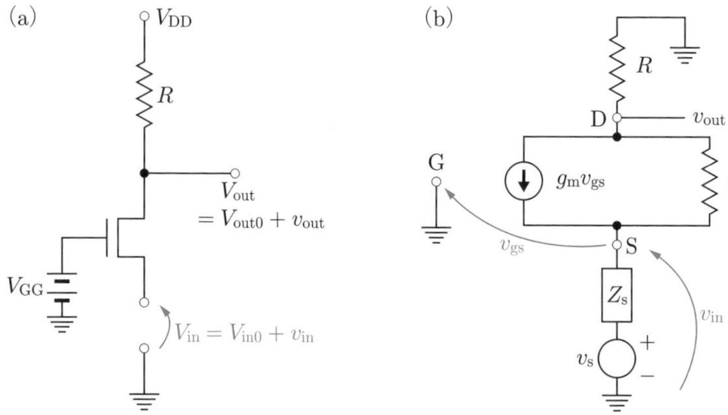

図 4.17　ゲート接地増幅回路の構成 (a) とその小信号等価回路 (b).

$$K_v = \frac{g_{\mathrm{m}} + \frac{1}{r_{\mathrm{d}}}}{\frac{1}{R} + \frac{1}{r_{\mathrm{d}}}} \approx g_{\mathrm{m}} R \tag{4.18}$$

ここで，$g_{\mathrm{m}} \gg r_{\mathrm{d}}^{-1}$ であることを考慮し，且つ $r_{\mathrm{d}} \gg R$ とした．

この回路の電流利得，入力インピーダンス，出力インピーダンスは，以下の式で与えられる．

$$K_i = 1 \tag{4.19}$$

$$Z_{\mathrm{in}} \fallingdotseq \frac{1}{g_{\mathrm{m}}} \tag{4.20}$$

$$Z_{\mathrm{out}} = (r_{\mathrm{d}} \parallel R)^{-1} = \frac{1}{r_{\mathrm{d}}} + \frac{1}{R} \fallingdotseq R \tag{4.21}$$

入力インピーダンスは，トランジスタ動作による大きな相互コンダクタンスそのものが抵抗として見えるため大変小さい．ゲート接地増幅器は，入力抵抗が小さく電流利得が 1 であるので，その入力に性能のあまり良くない電流源（並列抵抗が小さく，外部に取り出せる電流が減少する）をつなぐと，内部抵抗の十分大きい高性能な電流源に変換できる．

〈問題 4.3〉 ゲート接地増幅器の入力インピーダンス，出力インピーダンスがそれぞれ式 (4.20), (4.21) で与えられることを導け．

4.4.5 信号周波数を高くしたときの特性

図 4.18(a) に示したように，ソース接地増幅器の出力にコンデンサが負荷として接続された場合を考える．これは現実によく起こるケースである．例えば同図 (b) のように，この増幅器の出力を次段の増幅回路に入力する場合を考えると，そのトランジスタのゲート容量が容量負荷としてつながる．これ以外に接続に用いる配線の持つ容量も見えてくる．これ以外のものも全て合算して C_0 と表そう．

この場合の小信号等価回路を図 4.19 に示す．C_0 のインピーダンスは $\frac{1}{j\omega C_0}$ となるから，この回路の電圧利得 K_v' は次のようになる．

$$K_v' = \frac{-g_{\mathrm{m}}}{\frac{1}{R} + j\omega C_0} = \frac{-g_{\mathrm{m}} R}{1 + j\omega R C_0}$$

容量負荷がないときの利得は，$r_{\mathrm{d}} \gg R$ として $K_v = -g_{\mathrm{m}} R$ で与えられるので，

$$K_v' = \frac{K_v}{1 + j\left(\frac{\omega}{\omega_{\mathrm{C}}}\right)} \tag{4.22}$$

と表せる．ここで $\omega_{\mathrm{c}} = \frac{1}{RC_0}$ である．K_v' の絶対値をとると，

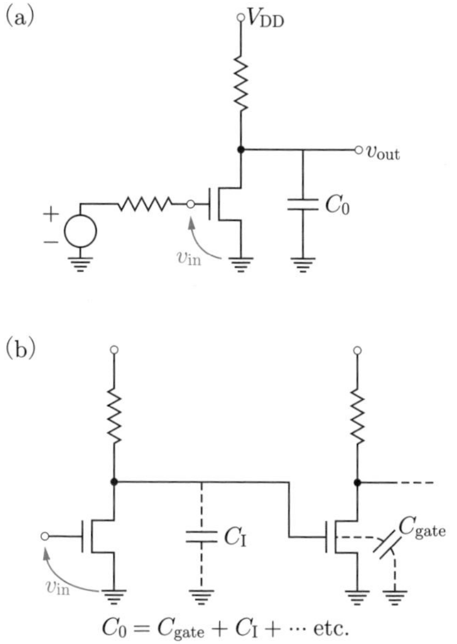

図 4.18　(a) ソース接地増幅器の出力に容量（コンデンサ）を負荷として接続. (b) 代表的な容量負荷は次段の MOS トランジスタのゲート電極の C_{gate}，配線の C_{I} であるが，これ以外のものもすべて含めて C_0 と表す.

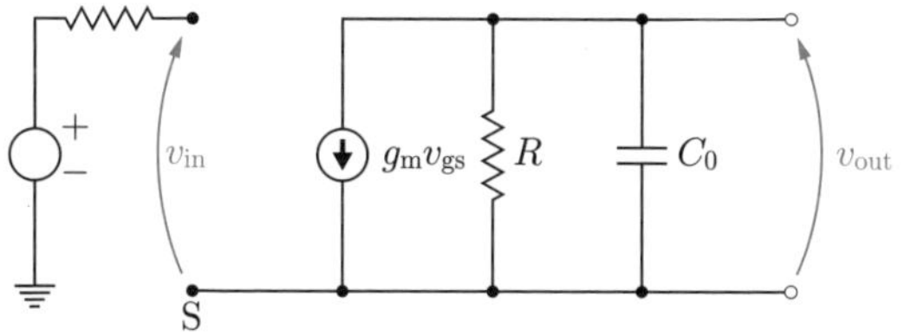

図 4.19　容量負荷を持つソース接地増幅回路の小信号等価回路.

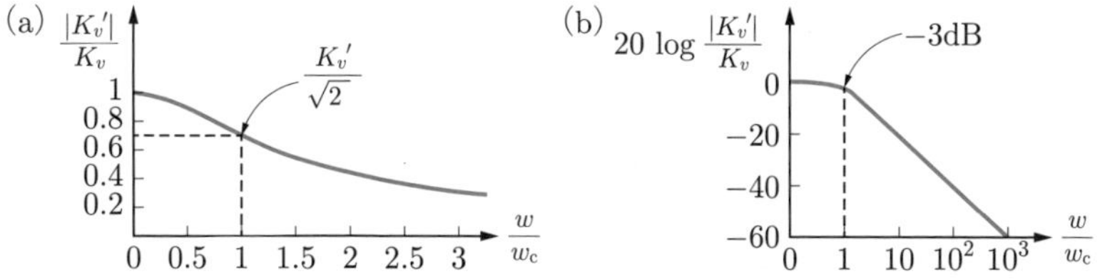

図 4.20　出力端子に容量負荷を持ったソース接地増幅回路における電圧ゲインの信号周波数に対する応答（周波数特性）.

$$|K'_v| = \frac{|K_v|}{\sqrt{1+(\frac{\omega}{\omega_C})^2}} \tag{4.23}$$

となる．$\omega \ll \omega_c$ の低周波信号に対しては $K_v = K'_v$ であるが，$\omega \gg \omega_c$ の高周波信号に対しては ω に反比例して小さくなっていく．この様子を図 4.20 に示した．$\omega = \omega_c$ のとき，$|K'_v|$ の値が $|K_v|$ の $\frac{1}{\sqrt{2}}$ となるが，この ω_c のことを**遮断周波数**（cut-off frequency）と呼ぶ．これは，図 4.18(a) の回路が動作する上限の周波数の目安として用いられる．遮断周波数は，利得がデシベル表示で $-3\,\mathrm{dB}$（$3\,\mathrm{dB}$ ダウン）となる周波数として定義される．

この例で示したように，実際の増幅器の設計に当たっては，周波数に対する応答を十分に解析することが重要となる．

4.4.6　直流バイアスを与える回路

もう一度ソース接地の増幅器の構成図，図 4.6 を見てみよう．この回路を働かせるには，先ず回路全体に電力を供給する直流電源 V_{DD} が必要である．この電源は抵抗 R を介してドレイン端子につながっており，ドレイン（drain）の D を付けて V_{DD} と表記される．これ以外にもう一つ，ゲート電極に直流電圧を供給する電源が必要である．これは，直流バイアス電圧 V_{in0} を与える電源であり V_{GG} と表す．またソースに直流バイアス電圧を加える場合もありこれを V_{SS} と表す．このことを明示したのが図 4.21(a) である．このように，一つの回路の中に様々に電圧の異なった直流電源を複数個用意することは実用的ではない．実際は V_{DD} を一つだけ用意し，これを抵抗分割することで必要な直流電圧をいくつも作り出している．その原理を図 4.21(b) に示すが，抵抗の値を適宜選ぶことで任意の電圧を作り出すことができるので大変便利である．

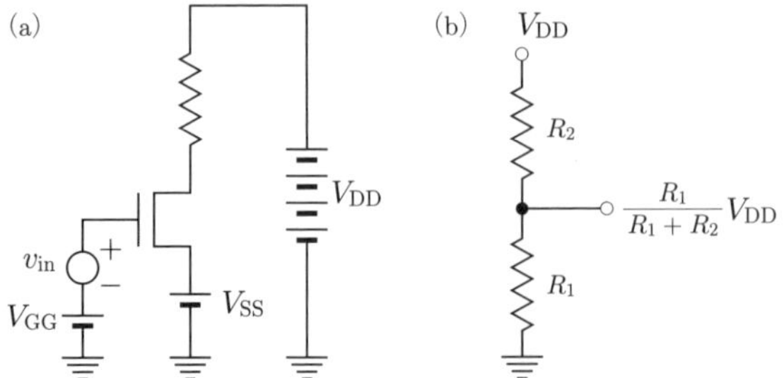

図 4.21　(a) ソース接地増幅回路における直流バイアス．(b) 任意の直流バイアス電圧を抵抗分圧で発生させる．

この原理を応用したソース接地増幅器の一例を図 4.22(a) に示す．ここで注目すべきは，随所に挿入してある容量 C である．**容量**，あるいは**コンデンサ**とも呼ぶが，これは 2 枚の金属電極の間に薄い絶縁層をサンドウィッチ状に挟んだ素子で，絶縁層があるため直流電流は流れない．つまり直流から見れば C の両端の配線は切り離されている．しかしコンデンサは電荷をためることができる素子なので，充放電のための電流は流れる．つまり交流信号は通過できる．そのインピーダンスの絶対値は $\frac{1}{\omega C}$ である．そこでこの回路では C の値として十分大きなものを採用し，この回路で扱う周波数 ω では $\omega C \fallingdotseq \infty$，つまり $\frac{1}{\omega C} = 0$ と見なしてよいように設定する．つまり図 4.22(a) の回路図において，C は直流ではオープン（絶縁），交流ではショート（短絡）とみなしてよい．このことを考慮して図 4.22(a) の回路を，直流成分と交流成分に分けて示したのが図 4.22(b) 及び 4.22(c) である．

直流成分の回路図を見ると，

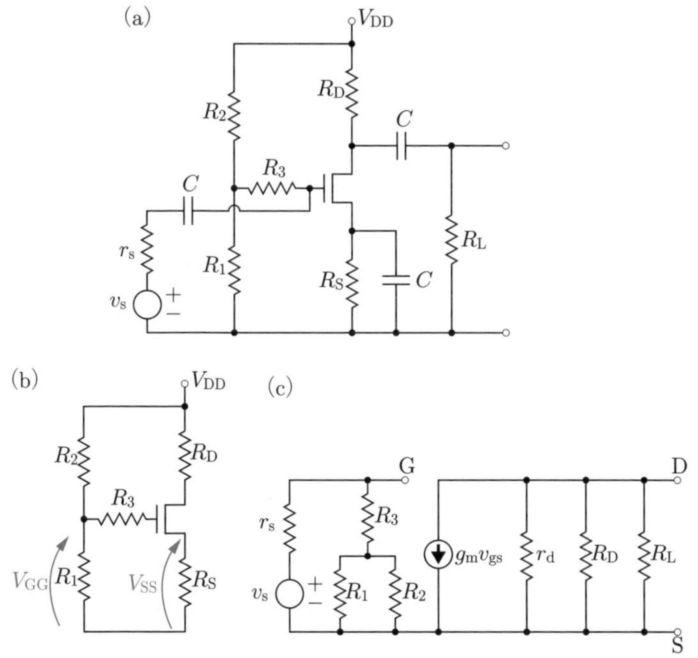

図 4.22　(a) 抵抗分圧でバイアス電圧（V_{GG}, V_{SS}）を発生させたソース接地増幅器の一例．(b) 直流に対する等価回路：C は全て開放（オープン）となる．(c) 交流信号に対する小信号等価回路：C は全てショート（短絡）として扱う．

$$V_{GG} = \frac{R_1}{R_1 + R_2} V_{DD}$$

となる．またこの回路ではソースとアースの間に抵抗 R_S が挿入されており，この抵抗における電圧降下で V_{SS} を作っている．この V_{SS} の値は，トランジスタの特性図を用いて設計することができる（例えば図 4.15(a) で述べたような方法で）．

交流成分解析用の回路図を見ると，入力インピーダンスが $R_3 + (R_1 \parallel R_2)$ となっており，R_3 を大きな値に選ぶことで十分大きな値とすることができる．従って V_{GG} を決める R_1, R_2 の値は，その目的に特化して最適の値を選べばよい．R_L はこの増幅器の電圧利得を決める負荷抵抗であり，$R_L \ll R_D$ とすれば R_L だけで決まるようになっている．ここで R_L を取り除き，ドレインのバイアスポイントを決める R_D をそのまま負荷抵抗として用いてもよい．要するに，個々の設計の事情に従って適切な構成を採用すればよいのである．

4.5　差動増幅器

これまで述べてきた増幅器は，信号入力端子をただ一つ持つものである．直流バイアス電圧をリファレンスとし，これに対する入力電圧の変動分だけを信号として取り出して増幅するものである．このリファレンスの電圧を MOS トランジスタの三つの端子のどれに設定するかで，ソース接地，ドレイン接地，ゲート接地と三つの異なる方式の増幅器が構成できた．本節では，入力端子を二つ持つ増幅器について述べる．これは，二つの入力端子間に加えられる電位差を直流成分も含めてそのまま増幅するもので，**差動増幅器**と呼ばれる．

一入力の増幅器では，信号源と増幅器のアースの間にノイズが入って両者に電位差が生じると，ノイズも一緒に増幅されてしまう．しかし差動増幅器では，一方の端子に信号源のリファレンス電位を直接入力してやれば，正確にリファレンスとの差信号だけが増幅される．また差動増幅器は，次節で述べる演算増幅器を構成する最も重要な基本回路でもある．**演算増幅器**は非常にゲインの大きな作動増幅器で，**オペアンプ**（operational amplifier, 略して Op-Amp.）とも呼ばれ，様々な機能を簡単に作り出すことできる大変便利な増幅器である．これについては次節で述べる．

差動増幅器の基本構成を図 4.23(a) に示す．V_{i1}, V_{i2} が入力，V_{o1}, V_{o2} が出力であり，これらは直流成分と交流成分の両方を含んだ電圧である．この回路の直流バイアス点は，$V_{i1} = V_{i2}$ と両入力を等しくした状態で，R_L, R_S, V_{SS}, V_{DD} の値を適宜選んで決める．

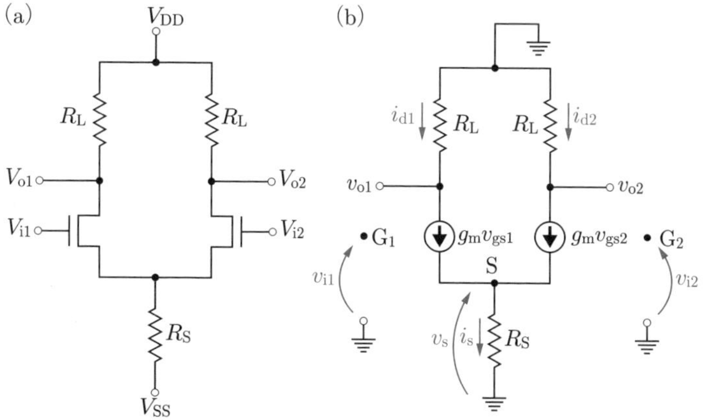

図 4.23　(a) 差動増幅器の基本的な構成．(b) 小信号等価回路．

この差動増幅器の小信号等価回路を図 4.23(b) に示す．ここで，トランジスタのドレイン抵抗 r_d は十分大きいとして省略した．v_{i1}, v_{i2}, v_{o1}, v_{o2} 等の表示は，交流信号成分を表している．ここで**差動入力** v_d と**同相入力** v_a を次のように定義する．

$$（差動入力）\quad v_d = v_{i2} - v_{i1} \tag{4.24}$$

$$（同相入力）\quad v_a = \frac{v_{i2} + v_{i1}}{2} \tag{4.25}$$

v_d は二つの入力の差であり，v_a は二つの入力の平均値である．**出力電圧**は，v_d, v_a を用いて次の形に表せる．

$$v_{o1} = K_d v_d - K_a v_a \tag{4.26}$$

$$v_{o2} = -K_d v_d - K_a v_a \tag{4.27}$$

ここで K_d を**差動モードゲイン**，K_a を**同相モードゲイン**と呼ぶ．差動増幅器に求められるのは，差動入力だけを増幅することなので，K_d はできるだけ大きく，$K_a \fallingdotseq 0$ であることが望ましい．そのため，次式で定義される**同相分除去比**（CMRR：common mode rejection ratio）

$$\mathrm{CMRR} = \frac{K_d}{K_a} \tag{4.28}$$

をできるだけ大きくする設計が望まれる．

それでは，図 4.23(b) について，K_d, K_a の表式を求めてみよう．式 (4.24), (4.25) より，二つの入力 v_{i1}, v_{i2} は

$$v_{i1} = v_a - \frac{v_d}{2} \tag{4.29}$$

$$v_{i2} = v_a + \frac{v_d}{2} \tag{4.30}$$

と表せる．ここで，二端子への入力が v_a だけの場合と，$\pm\frac{v_d}{2}$ だけの場合の出力をそれぞれ別々に求め，それらの結果を加算することで式 (4.26), (4.27) に対応する式を求める．つまり重ね合わせの原理を用いるのである．

入力が同相入力 v_a だけの場合は，図 4.23(b) で $v_{i1} = v_{i2} = v_a$ となり，回路は全く左右対称となって左右のパスに流れる電流は等しくなる．そこで，$i_{d1} = i_{d2} = i_d$ とすると，

$$v_{o1} = v_{o2} = -R_L i_d \tag{4.31}$$

となる．また，$i_s = 2i_d$ となり，

$$v_s = R_S \times 2i_d \tag{4.32}$$

$$i_d = g_m v_{gs1} = g_m(v_a - v_s) \tag{4.33}$$

となる．式 (4.32) 及び式 (4.33) より i_d を求め，式 (4.31) に入れると，

$$v_{o1} = v_{o2} = -\frac{g_m R_L}{1 + 2g_m R_S}\, v_a \fallingdotseq -\frac{R_L}{2R_S}\, v_a$$

となり，これより同相モードゲインが

$$K_a = \frac{R_L}{2R_S} \tag{4.34}$$

として求まる．ここで $g_m R_S \gg 1$ とした．

$K_a \ll 1$ とするには，$R_S \gg R_L$ とすればよいが，直流バイアス点の設定を考えると R_S をむやみに大きくすることはできない．そこで図 4.24(a) のように，抵抗の代わりに定電流源を用いる．こうすれば，同相入力に対して左右のトランジスタに流れる電流は同じで $\frac{I_S}{2}$ となる．これは電流源の電流値で決まるので v_a の値によらない．つまり $K_a = 0$ となる．定電流源を実現するには，例えば図 4.24(b) のように，ゲートに一定の電圧を加えた MOS トランジスタを用いればよい．このトランジスタを飽和領域で動作させれば，ドレイン電流はドレイン電圧によらずほぼ一定なので，定電流源とみなすことができる．あるいは MOS の小信号等価回路において r_d は大きな値を持つので，十分大きな R_S を付けたのと等価であると考えてもよい．

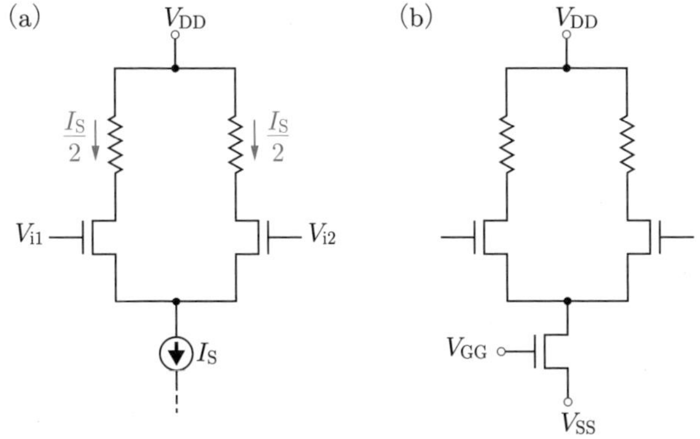

図 4.24　(a) 図 4.23 の R_S を定電流源で置き換えると同相モードゲインは $K_\mathrm{a}=0$ となる．(b) ゲートに一定電圧を加えた MOS トランジスタを近似的な定電流源として用いる．

それでは次に，差動入力だけを加えた場合について考えてみよう．つまり，図 4.23(b) において $v_\mathrm{i1}=-\frac{v_\mathrm{d}}{2}$, $v_\mathrm{i2}=\frac{v_\mathrm{d}}{2}$ とした場合である．この回路の対称性から考えて，左右のトランジスタに流れるのは，大きさが同じで方向が逆向きの電流である．即ち $i_\mathrm{d1}=-i_\mathrm{d2}$ であり，$i_\mathrm{s}=0$ となる．そして $v_\mathrm{s}=R_\mathrm{S}\times i_\mathrm{s}=0$ となる．従って，

$$v_\mathrm{o1}=-R_\mathrm{L}\,g_\mathrm{m}\,v_\mathrm{gs1}=-R_\mathrm{L}\,g_\mathrm{m}\left(-\frac{v_\mathrm{d}}{2}\right)=R_\mathrm{L}\,g_\mathrm{m}\frac{v_\mathrm{d}}{2}$$

が得られる．その結果，式 (4.26) より差動ゲインは

$$K_\mathrm{d}=\frac{R_\mathrm{L}\,g_\mathrm{m}}{2} \tag{4.35}$$

となる．そして同相分除去比は

$$\mathrm{CMRR}=R_\mathrm{S}\,g_\mathrm{m}$$

となる．

4.6　演算増幅器

演算増幅器は，**オペアンプ**とも呼ぶ．オペアンプは，一言で行ってしまえばゲインが ∞ の差動増幅器である．さらに入力抵抗 R_i が ∞，出力抵抗 R_o が 0 と，理想的な増幅器の要件を満たしている．何故このような増幅器が作られたかというと，そ

の入出力端子に R や C といった受動素子を接続することで，様々な機能を簡単に作り出すことができるからである．しかもその回路の特性は外付けの素子特性だけで決まるので，トランジスタを用いた回路のようにトランジスタの非線形特性に注意を払う必要が無い．それでは，どうしてこのようなことが可能になるのかを次に見ていこう．

4.6.1　演算増幅器の特性

図 4.25(a) は，オペアンプの機能を等価回路で表したものである．入力端子は二つあり，図で（+）と表記した非反転入力端子と,（−）と表記した反転入力端子である．それぞれへの入力電圧を v^+, v^- と表す（これらは，直流成分と交流成分の両方を含んだ値を表している）．ここで差動入力 v_d を，$v_\mathrm{d} \equiv v^+ - v^-$ と定義する．

出力 v_o は，作動増幅器の式 (4.26) に従えば

$$v_\mathrm{o} = K_\mathrm{d} v_\mathrm{d} - K_\mathrm{a} \frac{v^+ + v^-}{2} \tag{4.36}$$

と表現されるが，$K_\mathrm{d} \fallingdotseq \infty$, $K_\mathrm{a} \fallingdotseq 0$ である．従って，図には $K_\mathrm{d}\, v_\mathrm{d}$ の電圧源だけを示してある．さらに，$R_\mathrm{i} \fallingdotseq \infty$, $R_\mathrm{o} \fallingdotseq 0$ である（実際これらの典型的な値は，$K_\mathrm{d} = 100,000$（100 dB), $K_\mathrm{a} = 1$（0 dB), $R_\mathrm{i} = 100\,\mathrm{k\Omega}$, $R_\mathrm{o} = 100\,\Omega$ 等であり，このように近似して差し支えない）．

さてここで大変重要なことを指摘しよう．$|v_\mathrm{o}| = K_\mathrm{d}\,|v_\mathrm{d}|$ より $|v_\mathrm{d}| = \frac{|v_\mathrm{o}|}{K_\mathrm{d}}$ となる．このとき $|v_\mathrm{o}|$ が有限の値を持っているとすると，$K_\mathrm{d} \to \infty$ ということは $|v_\mathrm{d}| = 0$ を意味する．つまり，$v^+ = v^-$ が成り立つということである．このことを議論する前に図 4.25 の回路の特性について，もう少し考察を進めよう．

オペアンプは，通常非反転入力端子をリファレンスにとり，反転入力端子に信号

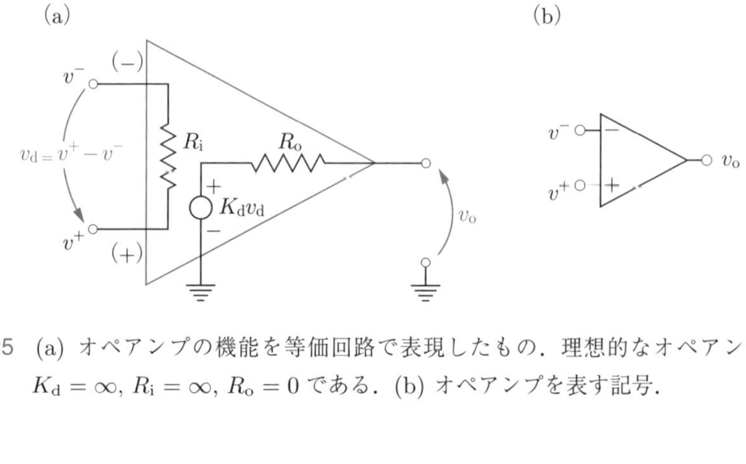

図 4.25　(a) オペアンプの機能を等価回路で表現したもの．理想的なオペアンプでは，$K_\mathrm{d} = \infty$, $R_\mathrm{i} = \infty$, $R_\mathrm{o} = 0$ である．(b) オペアンプを表す記号．

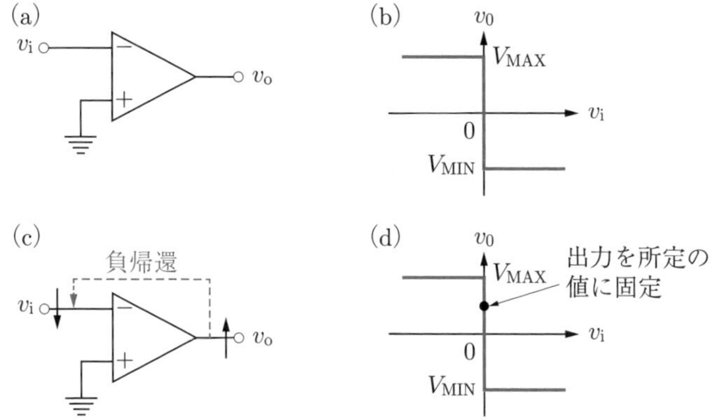

図 4.26　(a) オペアンプの非反転入力端子を接地して反転入力端子を「入力」としたもの．(b) その入出力特性．(c) 負帰還（negative feedback）をかける．(d) 負帰還により出力 v_o を $V_{MIN} < v_o < V_{MAX}$ の一定値に保つ．

を入力して用いる．例えば，図 4.26(a) のように入力と出力をとると，その関係は図 4.26(b) のようになる．つまり入力値の正負に対応して，V_{MIN} あるいは V_{MAX} の二値を出力するステップ関数となる．ここで，V_{MIN}, V_{MAX} はオペアンプに供給される外部電源で決まる電圧である．また，$K_d = \infty$ が意味するのは，$v_i = 0$ での遷移が垂直であるということである．この回路において $v_i = 0$，即ち，$v^+ = v^-$ が成り立つためには，出力 v_o が最大値あるいは最小値に振り切れてしまうことなく，その中間の値に安定に保たれている必要がある．つまり，$V_{MIN} < v_o < V_{MAX}$ としなければならない．このために出力を一部入力に戻すことを行う（同図 (c)）．これを**負帰還**（negative feedback）と呼ぶ．例えば v_o が増加した場合，その信号の一部を v_i に戻すと，それは反転増幅されて v_o を下げるように働く．逆に v_o が減少した場合には，v_o を上げるように働く．その結果，v_o は所定の値に固定されることになる（同図 (d)）．この所定の値を決めるのが，オペアンプの外部端子に接続される R や C 等の素子なのである．それでは具体的な回路構成を例に挙げてこのことを見てみよう．

4.6.2　反転増幅器

オペアンプを用いて構成した反転増幅器の回路を図 4.27(a) に示す．この回路では，オペアンプの出力と反転入力端子は抵抗 R_2 を介して結ばれており，これによって負帰還がかかるようになっている．その結果オペアンプの二つの入力端子の電位は等しくなり，A 点の電位 (v_A) は，$v_A = 0$ に固定される．これを明示したのが

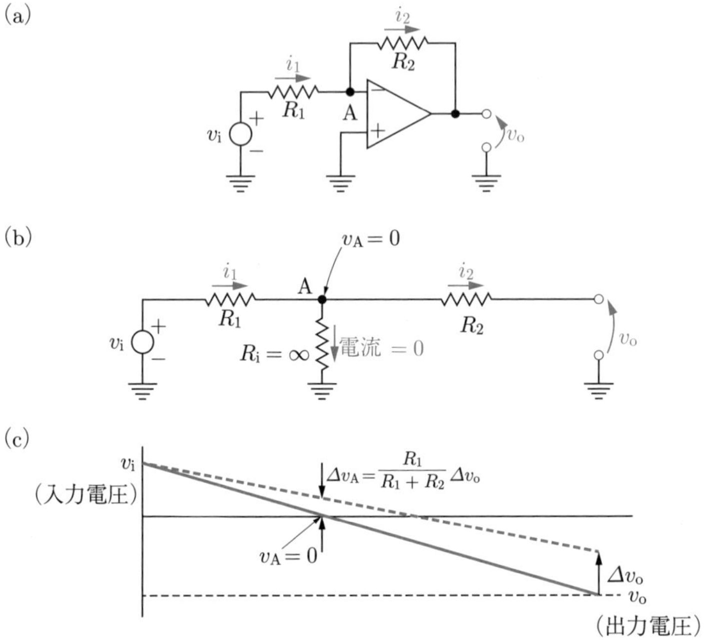

図 4.27　(a) オペアンプを用いて構成した反転増幅器の回路図．(b) 出力を決める回路図：オペアンプの負帰還作用により A 点の電位は $v_A = 0$ に固定されている．(c) 入力電圧，出力電圧と仮想接地の関係．

図 4.27(b) である．A 点は，電位的には接地（アース）された状態になっているが，ここからアースに電流が流れ出すことはない．それは，オペアンプの入力抵抗 R_i が ∞ だからである．つまり，R_1 を通って流れ込む電流 i_1 は，そっくりそのまま R_2 の方に流れていく．即ち，$i_2 = i_1$ であり，

$$v_o = 0 - R_2 i_2 = -\frac{R_2}{R_1} v_i \tag{4.37}$$

となる．そしてこの反転増幅器の電圧ゲインは

$$K_v = -\frac{R_2}{R_1} \tag{4.38}$$

と求まる．

A 点は，電流の流れ込むことのない見かけ上の接地点であり，“**仮想接地**”と呼ばれる．この仮想接地の考え方を用いると，オペアンプで構成された回路の解析を大変簡単に行うことができる．仮想接地から，この反転増幅器の入力インピーダンス

は R_1 となることが容易に分かる．

さてここで，負帰還がどのように働くのかについて，図 4.27(b), (c) を用いて考察してみよう．いま，v_{i} と v_{o} が式 (4.37) の関係を満たして一定の値を保っているとする．このとき $v_{\mathrm{A}} = 0$ となっている．ここで v_{o} をある瞬間に Δv_{o}（> 0）だけ変化させたとする．そうすると v_{A} は，$\frac{R_1}{R_1+R_2}\Delta v_{\mathrm{o}}$ だけ増加する．するとオペアンプはこの変化を大きなゲインで反転増幅して出力をもとの値に戻してしまう．これが負帰還のメカニズムである．

次にこの増幅回路の小信号に対する出力インピーダンスを見てみよう．図 4.10(d) の定義に従って $v_{\mathrm{i}} = 0$ とし，出力端子に v_{test} を加えそのとき流れる i_{test} を求めることになる．この場合も上で述べた負帰還効果によって，僅かな v_{test} の値の変化に対して大きな i_{test} が流れて $v_{\mathrm{test}} \fallingdotseq 0$ となるため次のようになることが分かる．

$$Z_{\mathrm{out}} = \frac{v_{\mathrm{test}}}{i_{\mathrm{test}}} \fallingdotseq 0$$

〈補足 4.1〉　上で述べた負帰還動作を解析的に示すため，出力インピーダンスを実際に導出してみよう．図 4.28 は，そのための回路図である．この回路図には，オペアンプのコンポーネントが一緒に描かれている．また R_{i} に流れる僅かな電流も考慮して $v_{\mathrm{A}} \neq 0$ とする．ノード A に節方程式（ノード A から流れ出す電流の総和 $= 0$）を適用して，

$$\frac{v_{\mathrm{A}}}{R_1} + \frac{v_{\mathrm{A}}}{R_{\mathrm{i}}} + \frac{v_{\mathrm{A}} - v_{\mathrm{test}}}{R_2} = 0 \tag{4.39}$$

ノード B に適用して，

$$\frac{v_{\mathrm{test}} - (-K_{\mathrm{d}} v_{\mathrm{A}})}{R_{\mathrm{o}}} + \frac{v_{\mathrm{test}} - v_{\mathrm{A}}}{R_2} - i_{\mathrm{test}} = 0 \tag{4.40}$$

式 (4.39) より

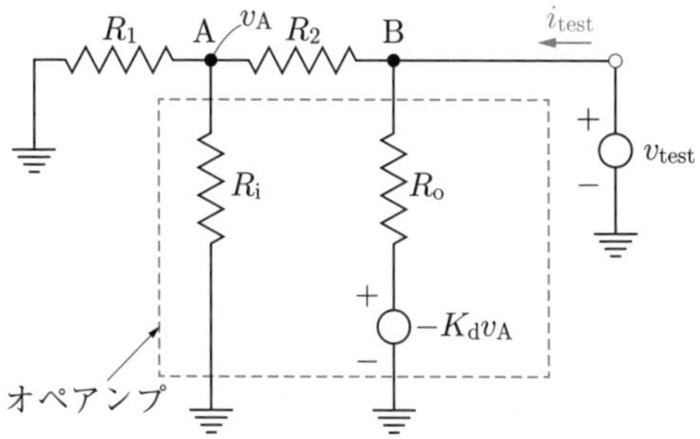

図 4.28　オペアンプを用いた反転増幅器の出力インピーダンスを求めるための等価回路．

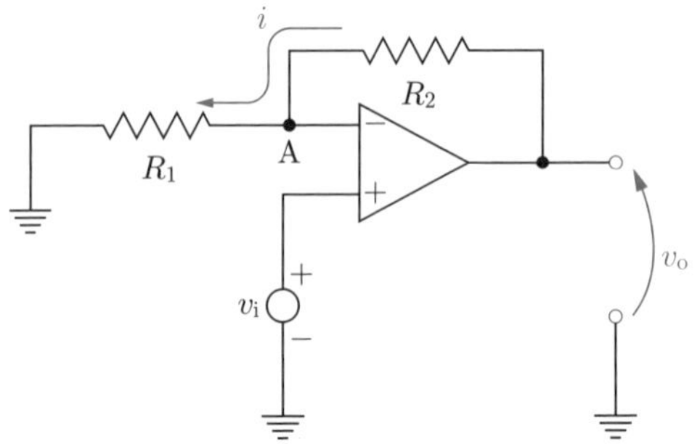

図 4.29　オペアンプを用いて構成した非反転増幅器.

$$v_{\rm A} = \frac{\frac{v_{\rm test}}{R_2}}{\frac{1}{R_1} + \frac{1}{R_2} + \frac{1}{R_{\rm i}}} \fallingdotseq \frac{v_{\rm test}}{1 + \frac{R_2}{R_1}}$$

これを式 (4.40) に入れて

$$Z_{\rm out} = \frac{v_{\rm test}}{i_{\rm test}} \fallingdotseq \frac{R_{\rm o}(1 + \frac{R_2}{R_1})}{K_{\rm d}} \fallingdotseq 0$$

が導かれる．ここで，$R_{\rm i} \gg R_1, R_2$ 及び $K_{\rm d} \gg 1$ の関係を用いた.

4.6.3　非反転増幅器

図 4.29 は，オペアンプを用いて構成した非反転増幅器の回路図である．A 点の電位は $v_{\rm i}$ と等しくなるので，R_1 に流れる電流 i は

$$i = \frac{v_{\rm i}}{R_1}$$

となる．この電流はそのまま R_2 に流れるので,

$$v_{\rm o} = v_{\rm i} + R_2 \times \frac{v_{\rm i}}{R_1} = \left(1 + \frac{R_2}{R_1}\right) v_{\rm i}$$

となり，その結果電圧利得は次のように求められる.

$$K_v = 1 + \frac{R_2}{R_1} \tag{4.41}$$

4.6.4　差動増幅器

オペアンプを用いて差動増幅器を構成することもできる．図 4.30 にその回路図を示す．$v_{\rm a}$ と $v_{\rm b}$ は

$$v_{\rm a} = \frac{R_2}{R_1 + R_2} v_{\rm i1}, \quad v_{\rm b} = \frac{R_4 v_{\rm i2} + R_3 v_{\rm o}}{R_3 + R_4}$$

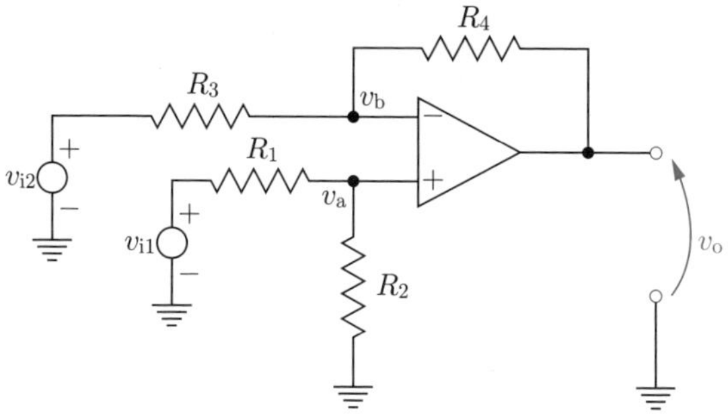

図 4.30　オペアンプを用いて構成した差動増幅器.

となるが，ここで $v_a = v_b$ と置き，$\frac{R_2}{R_1} = \frac{R_4}{R_3}$ としてやると

$$v_o = \frac{R_2}{R_1}(v_1 - v_2)$$

の関係が得られる．その結果，差動利得が

$$K_d = \frac{R_2}{R_1} \tag{4.42}$$

である作動増幅器が得られることになる．

4.6.5 加　算　器

図 4.31 は加算器の回路図である．仮想接地の考え方を用いると，

$$i_1 = \frac{v_{i1}}{R_1}, \quad i_2 = \frac{v_{i2}}{R_2}, \quad i_3 = \frac{v_{i3}}{R_3}$$

となる．その結果

$$v_o = -R_0(i_1 + i_2 + i_3) = -\left(\frac{R_0}{R_1}v_{i1} + \frac{R_0}{R_2}v_{i2} + \frac{R_0}{R_3}v_{i3}\right)$$

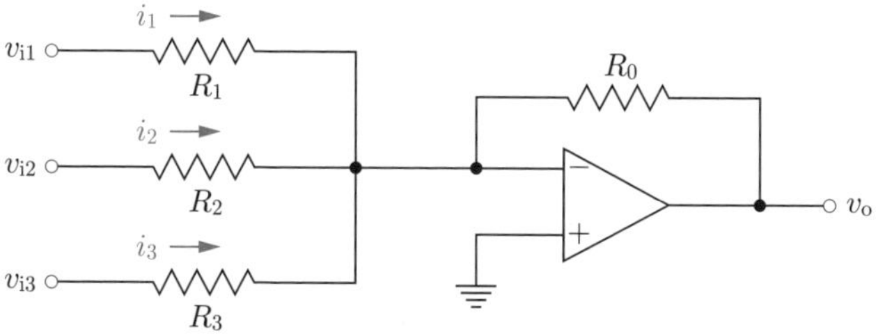

図 4.31　オペアンプを用いて構成した加算器.

となる．抵抗の値を適宜選ぶことにより，入力値の重み付き線形加算値を求めることができる．また，$R_1 = R_2 = R_3 = R_0$ とすれば，次のようになる．

$$v_{\mathrm{o}} = -(v_{\mathrm{i1}} + v_{\mathrm{i2}} + v_{\mathrm{i3}}) \tag{4.43}$$

4.6.6 積分回路

これまでに示したオペアンプの回路応用では，出力を入力側にフィードバックする負帰還素子として抵抗を用いた．しかしフィードバック素子は何も抵抗に限ることはない．図 4.32 に示したように，フィードバック素子から見れば，オペアンプは電流 $i = \frac{v_{\mathrm{i}}}{R}$ を供給する電流源である．そこで図 4.33 のように，負帰還素子としてコンデンサ C を用いた回路を考える．コンデンサに蓄えられる電荷を $Q(t)$ とすると，その両端の電圧 v_{C} は，

$$v_{\mathrm{C}} = \frac{Q(t)}{C} = \frac{1}{C}\int_0^t i(t)\ dt$$

となる．仮想接地の原理で A 点での電位は 0 であるから，

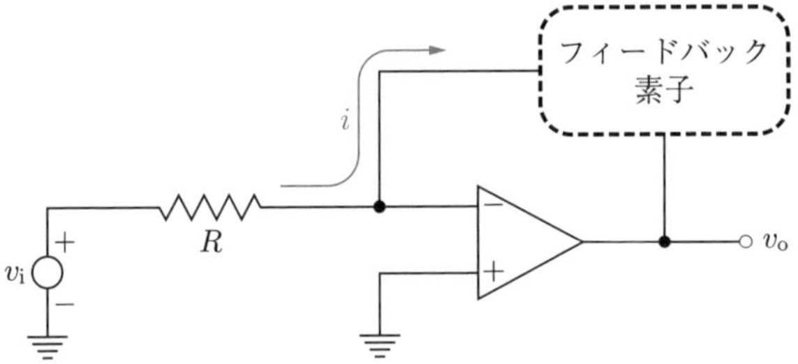

図 4.32　オペアンプはフィードバック素子に電流 i を供給する電流源として働く．

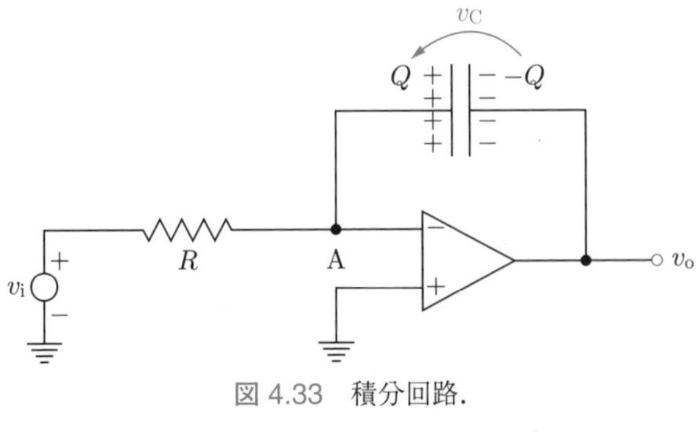

図 4.33　積分回路．

$$v_\mathrm{o} = -v_\mathrm{C} = -\frac{1}{CR}\int_0^t v_\mathrm{i}(t)dt \tag{4.44}$$

となり，出力は入力信号を積分した値となる（ただし，$Q(0) = 0$ とする）．このようにして入力信号を積分する回路が得られる．

4.6.7　対数変換回路

図 4.34 は，負帰還素子としてダイオードを用いた回路である．ダイオード両端の電圧を v_diode とすると，ダイオードに流れる電流は

$$i_\mathrm{diode} = I_0 \exp\left(\frac{qv_\mathrm{diode}}{kT}\right)$$

で与えられる．これは $\frac{v_\mathrm{i}}{R}$ に等しい．従って，

$$v_\mathrm{o} = -v_\mathrm{diode} = -\frac{kT}{q}\ln\frac{i_\mathrm{diode}}{I_0} = -\frac{kT}{q}\ln\frac{v_\mathrm{i}}{RI_0} \tag{4.45}$$

となる．つまり入力電圧 v_i の自然対数をとった値を回路の出力として得ることができる．

以上，オペアンプを用いた代表的な回路例を示したが，いずれの回路も外部に接続した素子の特性だけで出力値が決まるようになっている．これは，本章の 4.3~4.5 節で述べたような電子回路設計の手続きが不要であることを意味し，また入出力のダイナミックレンジも十分広くとれる．その分，オペアンプ自身の中身の回路は，複雑で注意深い設計が求められる．しかし，これは現在の集積回路技術を用いれば容易に実現することができる．特に作動増幅器の設計では，差動入力段に用いるペアとなるトランジスタの特性に差の無いことがとても重要であるが，同じシリコンチップ上に近接して作り込まれる集積回路においては，これは容易に実現できる．

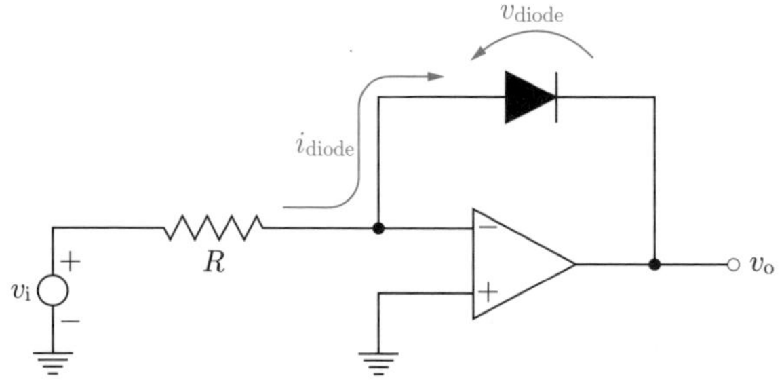

図 4.34　対数変換回路.

第5章　回路網を解析する理論

前章ではトランジスタを用いた増幅回路について述べた．トランジスタの機能を電流源と抵抗の組み合わせで表現し，これを他の素子と組み合わせて回路を構成することによって，様々な有用な機能の作り出せることを述べた．本章と次の第 6 章では，電源と受動素子から構成される一般的な回路を解析するための理論について述べる．これは電子回路に限らず，電気回路一般，制御システム解析等の基礎となるもので大変重要である．

本章と次章で扱う回路は，電源としては電圧源と電流源の 2 種類，電源によって電流の流れる受動素子としては抵抗 R，コイル L，コンデンサ C の 3 種類を考える．受動素子には相互インダクタンス M もあるが，その振る舞いは基本的に L と同じであり，説明を簡略にするため本書では省略する．受動素子とは，それ自体では電圧や電流を発生することのできない素子であり，電源から供給されるエネルギーを得て初めて電流や電圧を生じる．

5.1　回路解析の基礎

5.1.1　「反抗起電力」という考え方

抵抗 R の両端に外部より電圧 v を与えると，プラスからマイナスの方向に電流 i が流れ，その大きさは電圧 v に比例する．その比例定数が $\frac{1}{R}$ である（図 5.1）．これはよく知られた**オームの法則**である．これを図 5.2(a) のように見方を変えてみる．抵抗 R に外部から電流 i_R を流し込むと，その抵抗の両端に $v_R = Ri_R$ なる電圧が発生する．この電圧は流れ込む電流を押し戻すような極性で現れるので，**反抗起電力**と呼ぶ．そして，流し込もうとする外部の電圧 v とそれに反抗して押し戻そうとする反抗起電力 v_R，その両者が丁度拮抗するように電流 i_R の値が決まる．こういう見方をするのである（図 5.2(b)）．同じ現象の見方を変えただけであるが，これが回路の問題を解く基本となる．

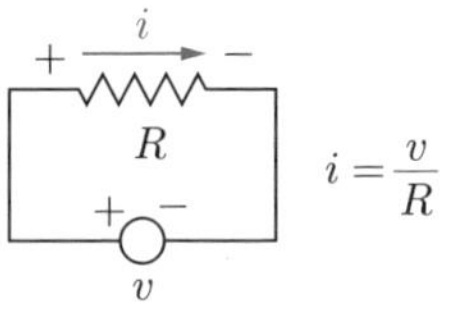

図 5.1　オームの法則：抵抗の両端の電圧に比例した電流が流れる．

それでは次に，この反抗起電力はコイル L ではどうなるかを見てみよう（図 5.3）．いまコイルに電流 i_L が流れているとすると，コイルにはこの電流による磁束 ϕ が発

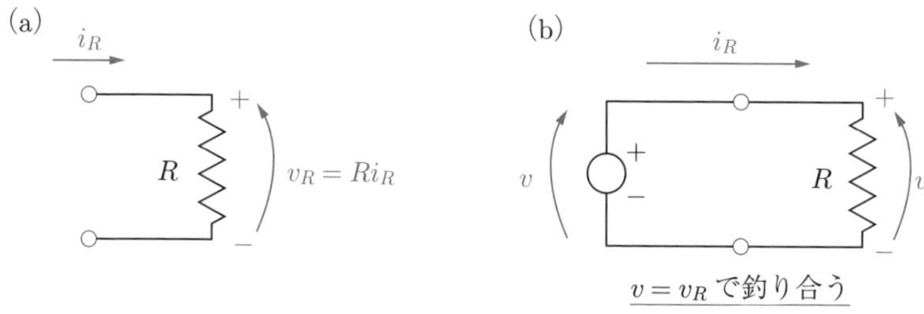

図 5.2　(a) 抵抗 R に外部から電流 i_R を流し込むとその両端に $v_R = Ri_R$ なる反抗起電力が発生する．(b) 外部電源と反抗起電力が釣り合うように電流の値が決まる．

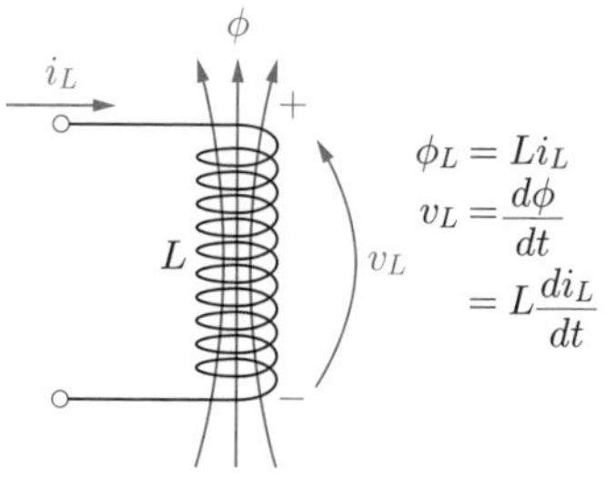

図 5.3　コイルに発生する反抗起電力.

生しており，その大きさは i_L に比例して $\phi = Li_L$ と表される（この比例定数 L のことをコイルの**インダクタンス**（inductance）と呼ぶ）．ところでコイルには，磁束の変化を嫌いその値を一定に保とうとする性質がある．そこで i_L を変化させると，その変化を打ち消すような電圧を発生するが，これが反抗起電力である．このコイルの反抗起電力 v_L は

$$v_L = \frac{d\phi}{dt} = L\frac{di_L}{dt} \tag{5.1}$$

と表される．

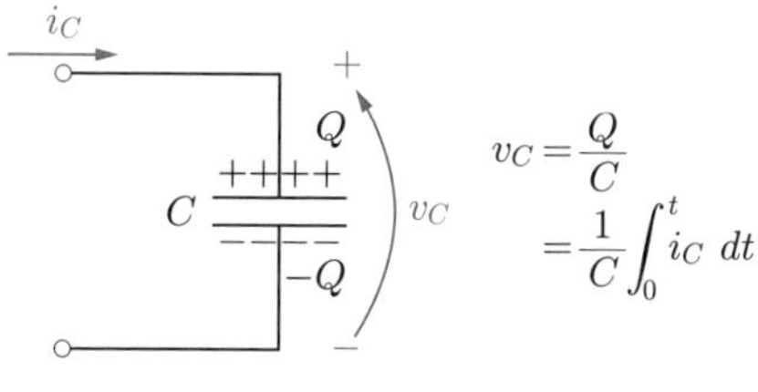

図 5.4　コンデンサに発生する反抗起電力.

次にコンデンサ C の反抗起電力を図 5.4 に示す．コンデンサ C に電荷 Q を蓄えると，その端子間電圧 v_C は $Q = Cv_C$ より求まる（この比例定数 C のことをコンデンサの**キャパシタンス**（capacitance）あるいは**静電容量**と呼ぶ）．従ってこの場合の反抗起電力 v_C は，

$$v_C = \frac{1}{C}\int^t i_C\ dt \tag{5.2}$$

となる．電荷の量 Q は流れ込む電流 i_C を時間積分して得られるからである．ここで積分の下限は特に指定していないが，問題の設定によって適宜決めればよい．

5.1.2 回路方程式を立てる

それでは図 5.5 のように，L, R, C を直列につないだ回路に電圧源 v を接続した場合に流れる電流 i を求める方程式を立てよう．上で述べた電源と各素子での反抗起電力の合計がバランスするという式を立てればよいので，次の式を得る．

$$v = v_L + v_R + v_C \tag{5.3}$$

ここでこの式で右辺の項を全部左辺に移すと，

$$v - v_L - v_R - v_C = 0 \tag{5.4}$$

となる．この式は図 5.5(b) に示したような別の見方を与えてくれる．つまり v_L, v_R, v_C を反抗起電力とみる代わりに，**電圧降下**（voltage drop）の大きさとみる．各素子に電流が流れると電流の流れる方向に電圧が下がっており，これを電圧降下と呼ぶ．そうするとこの回路では，電位は先ず電源によって零から v まで持ち上げられ，その後各素子での電圧降下によってまた元の零に戻るという見方ができる．このようにループに沿って一周すると出発点と同じ電位に戻ってくるというのは，もっと複雑なケースでも成り立つ一般的な法則である．これは**キルヒホフの電圧則**と呼ばれ，回路方程式を立てるときの最も基本的な法則の一つである．

式 (5.3) を実際に書き下すと以下のようになる．

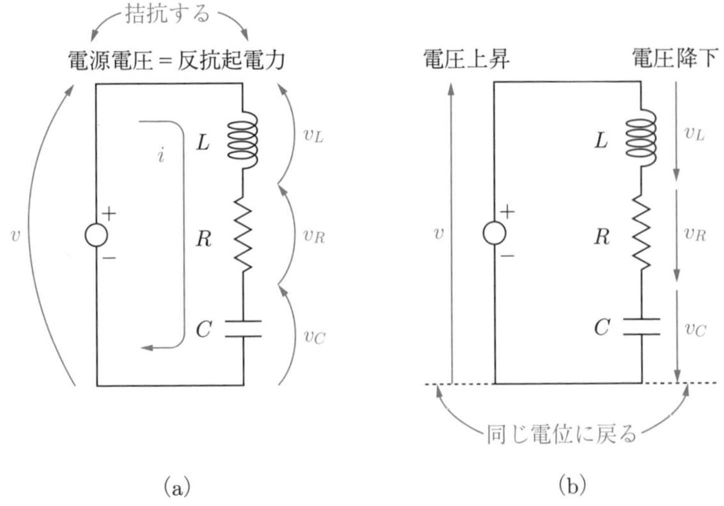

図 5.5 L, R, C 直列回路に電圧源 v を接続．(a) 電源と各素子での反抗起電力の合計がバランスする．(b) 電源によって零から v まで持ち上げられた電位は各素子での電圧降下によって元の零に戻る．

$$L\frac{di}{dt} + Ri + \frac{1}{C}\int^t i\,dt = v \tag{5.5}$$

これは微積分方程式である．両辺を t で 1 回微分すると

$$L\frac{d^2i}{dt^2} + R\frac{di}{dt} + \frac{1}{C}i = \frac{dv}{dt} \tag{5.6}$$

となり，定数係数の 2 階非同次線形微分方程式となる．こういった微分方程式の解法は既によく知られているが，様々な構成の回路に対して解を求めるのは大変手間がかかる．特に複雑な回路では多くの未知数に対して連立微分方程式を解かねばならず，これは大変に面倒なことである．そこで電気回路では，簡単な代数方程式として微分方程式を解く便利な手法が確立されている．これについては次章で述べるが，丁度抵抗 R だけでできた回路を解くのと同じ形式で問題が扱えるという大変便利なものである．

そこで本章では，これ以降，抵抗 R のみで構成された回路網についての一般的な解法について述べる．微分も積分も入ってこないので話は大変簡単になる．L や C を含む回路に対しては次章で述べるが，抵抗 R の代わりに複素数のインピーダンスを用いることで対応できる．つまり以下の議論はそっくりそのまま使えるのである．

さて回路の一般的な解法を説明する前に，解析を簡単にするために素子のいくつかの性質について次にまとめておこう．

5.1.3 受動素子の直列接続・並列接続

図 5.6(a) は，3 個の抵抗 R_1, R_2, R_3 を直列に接続した回路である．式 (5.5) に対応する回路方程式は

$$v = R_1i + R_2i + R_3i = (R_1 + R_2 + R_3)i$$

となるので，これは

$$R_0 = R_1 + R_2 + R_3 \tag{5.7}$$

の関係にある一つの抵抗 R_0 と同じである．一方 3 個の抵抗が図 5.6(b) のように並列接続されている場合には，

$$v = R_1i_1 = R_2i_2 = R_3i_3$$

となる．その合成抵抗を R_0 とすると

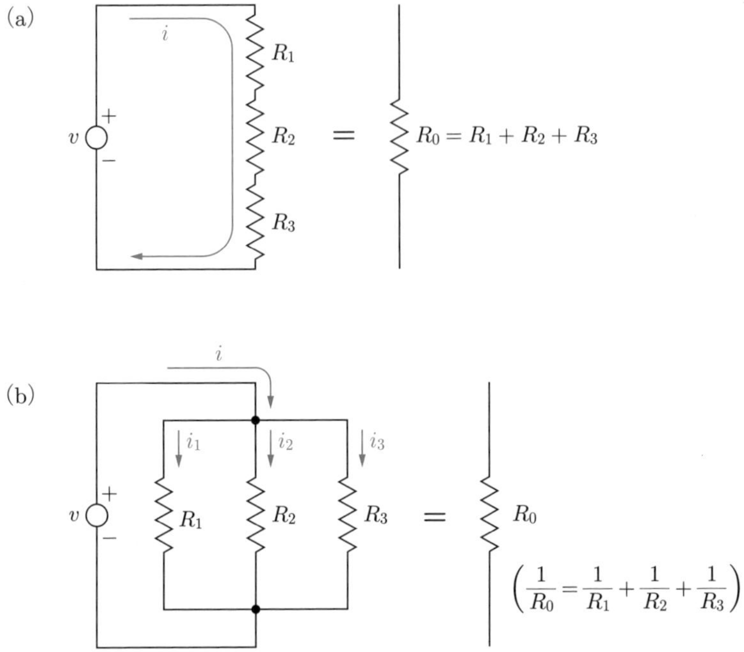

図 5.6　(a) 抵抗の直列接続．(b) 抵抗の並列接続．

$$v = R_0 i = R_0(i_1 + i_2 + i_3) = R_0\left(\frac{1}{R_1} + \frac{1}{R_2} + \frac{1}{R_3}\right)v$$

従って

$$R_0\left(\frac{1}{R_1} + \frac{1}{R_2} + \frac{1}{R_3}\right) = 1$$

より，

$$\frac{1}{R_0} = \frac{1}{R_1} + \frac{1}{R_2} + \frac{1}{R_3} \tag{5.8}$$

となる．これらの式 (5.7), (5.8) の関係は n 個の抵抗の直列接続，並列接続の場合にもそのままの形で成り立つ．また例えば図 5.7 のように直列と並列が混在している場合には，上記式 (5.7), 式 (5.8) を組み合わせて以下のように簡単に合成抵抗の値が求まる．

$$R_1 + R_2 + (R_3^{-1} + R_4^{-1})^{-1} = R_1 + R_2 + \frac{R_3 R_4}{R_3 + R_4}$$

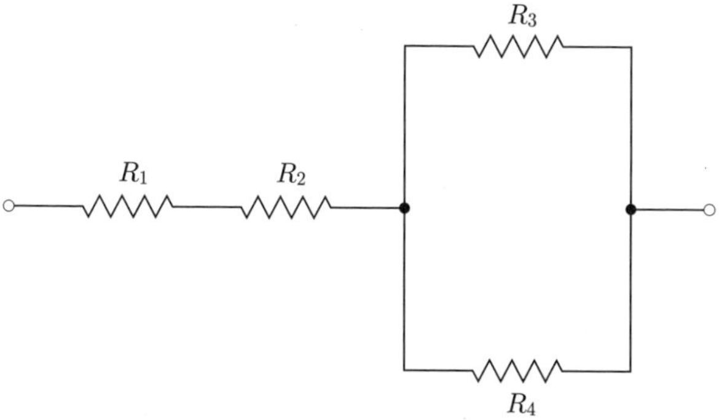

図 5.7　直列と並列が混在した接続.

コイルとコンデンサに関しても，同様の考察をすることにより以下の関係が容易に導かれる．コイル L_1, L_2, L_3 の直列接続の場合，その合成インダクタンス L_0 は，

$$L_0 = L_1 + L_2 + L_3 \tag{5.9}$$

で与えられる．また並列接続の場合は，以下の式で与えられる．

$$\frac{1}{L_0} = \frac{1}{L_1} + \frac{1}{L_2} + \frac{1}{L_3} \tag{5.10}$$

コンデンサの場合の合成容量 C_0 は，直列接続では

$$\frac{1}{C_0} = \frac{1}{C_1} + \frac{1}{C_2} + \frac{1}{C_3} \tag{5.11}$$

並列接続では

$$C_0 = C_1 + C_2 + C_3 \tag{5.12}$$

で与えられる．

本章ではこれ以降，受動素子としては抵抗 R だけを考えることにする．これによって回路網解析の一般論を展開する．L や C を含む回路の解析については次章で述べる．

〈問題 5.1〉　式 (5.9)～(5.12) を導出せよ．

5.1.4　電圧源と電流源

図 5.8(a) は電圧源の記号を表す．電圧源は，外部に接続する負荷抵抗 R の値がいくらであっても常に端子電圧 v_{s} を一定の値に保つという性質を持つ．従って，$R = 0$

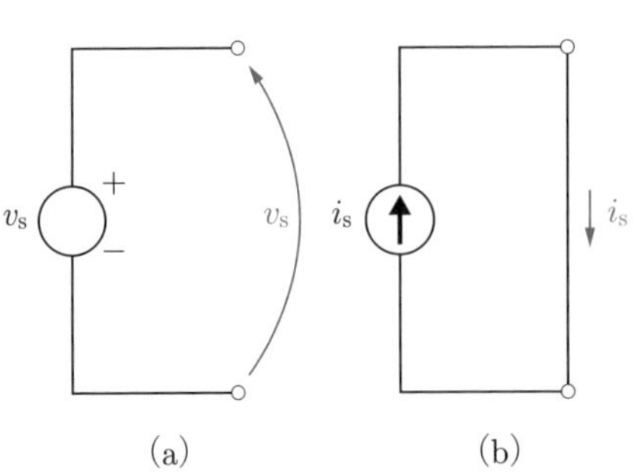

図 5.8　理想的な電圧源 (a) と電流源 (b) を表す記号．

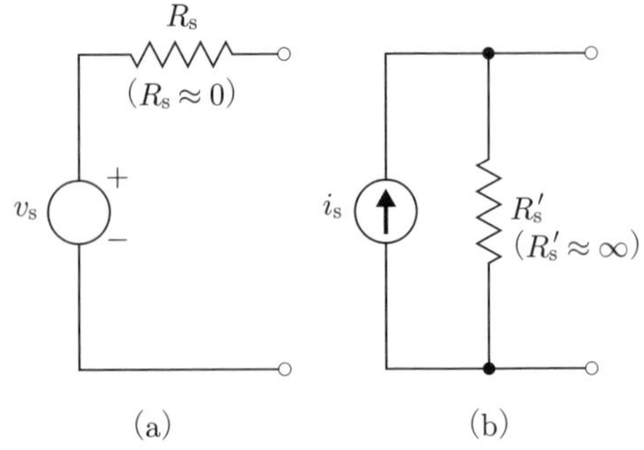

図 5.9　実際の電圧源 (a)，電流源 (b) を表現したもの．R_s はできるだけ小さく，R_s' はできるだけ大きいことが高性能な電源の条件である．

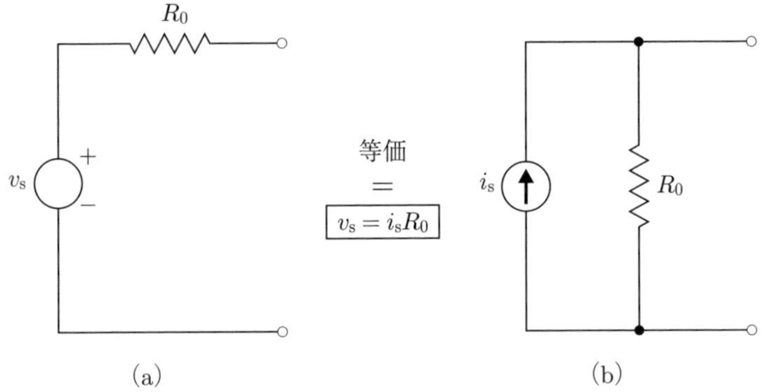

図 5.10　電圧源と電流源の等価変換．回路の問題を解く際は必要に応じて相互に変換し，問題を解きやすくする．

となると無限大の電流が流れることになるので，電圧源の端子間は絶対に短絡してはならない．図 5.8(b) は電流源を表す記号であり，外部にいかに大きな抵抗 R を接続しても常に一定の電流 i_s を流し続けるという性質を持っている．従って，開放すると端子間電圧は無限大となるので，電流源の端子間は絶対に開放してはならない．図 5.8 は理想的な電圧源，電流源を表したものであり，実際の電圧源，電流源は図 5.9(a), (b) のように，それぞれ直列抵抗 R_s，並列抵抗 R_s' を内部抵抗として接続することで表現できる．ここで R_s はできるだけ小さく，R_s' はできるだけ大きいことが高性能な電源であるための条件である．

図 5.10 は電圧源と電流源の等価変換を示している．(a) は理想的な電圧源に抵抗 R_0 を直列接続したものであり，(b) は理想的な電流源に抵抗 R_0 を並列接続したものである．このような状況にある電圧源と電流源の間で

$$v_{\mathrm{s}} = R_0 i_{\mathrm{s}} \tag{5.13}$$

なる関係があるとき両者は全く等価となり，必要に応じてどちらを用いてもよい．実際両者に負荷抵抗 R_{L} を接続してみると，どちらも同じ電流 $i_{\mathrm{L}} = \frac{v_{\mathrm{s}}}{R_0 + R_{\mathrm{L}}}$ が流れることから両者が等価であることが確認できる．ここで述べた電圧源と電流源の等価変換に関しては，5.5.2 項で述べる**鳳–テブナンの定理**，あるいは**ノートンの定理**で保証されている．

なお本章では電圧源，電流源に関して直流とも交流とも断らずに小文字の表現を用いたが，これは直流，交流に限らずどのような時間変化波形を持つ電源に対しても同様に成り立つからである．それは回路素子が抵抗だけだからである．各部に流れる電流や発生する電圧は電源に比例しており，これらの時間変化は電源の時間変化と全く同じである．言うまでもないが，次章で扱う L や C の入った回路ではこういった比例関係は成り立たない．

5.2　キルヒホフの法則

回路とは一般に図 5.11 に示したように回路素子を網目状につないだものであり，そのところどころに電圧源や電流源が挿入されている．網の接続点を**ノード**（node：節），ノードとノードをつなぐ線の部分を**ブランチ**（branch：枝）と呼ぶ．複数のブランチで囲まれた網目の輪を**ループ**（loop）と呼ぶ．このような回路の問題を解くということは，各ブランチに流れる電流の値を求めることである．あるいは各ノードの電位を求めてもよい．なぜなら一つのブランチの両端の電位が分かれば，その電位差をブランチの抵抗で割ることでそこに流れる電流が求まるからである．

回路の問題を解くには，次の二つのキルヒホフの法則を用いる．

[1] **キルヒホフの電圧則**
一つのループに沿って一周し，そこに生じている電圧の上昇と降下を合計すると零になる．

[2] **キルヒホフの電流則**
一つのノードから流れ出す（あるいはノードに流れ込む）電流の総和は零となる．

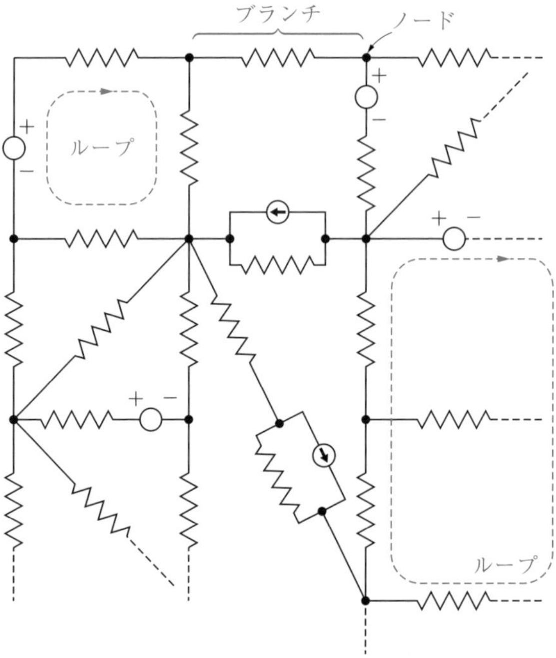

図 5.11　回路網の一例.

[1] はポテンシャルエネルギーの性質を回路に当てはめて表現した法則であり，[2] は電荷が不滅であることを回路について表現したものである.

それではこれらの法則から導かれる回路方程式の形について，どのような形になるのかを見てみよう．例えば [1] の電圧則を図 5.12 のような一つのループに対し，右回りに適用すると

$$v_{s1} - R_1 i_1 - R_2 i_2 - v_{s2} - R_3 i_3 - R_4 i_4 + v_{s5} - R_5 i_5 = 0$$

となる．抵抗による電圧降下と電源による電圧上昇をそれぞれ左辺と右辺に分けて表すと

$$R_1 i_1 + R_2 i_2 + R_3 i_3 + R_4 i_4 + R_5 i_5 = v_{s1} - v_{s2} + v_{s5}$$

となる．ここで電源 v_{s2} にマイナスの符号が付いているのは，定義したループの方向（右回り）と逆向きに電源が入っているからである．この式を一般化して表すと

$$\sum_j R_j i_j = \sum_k v_{sk} \tag{5.14}$$

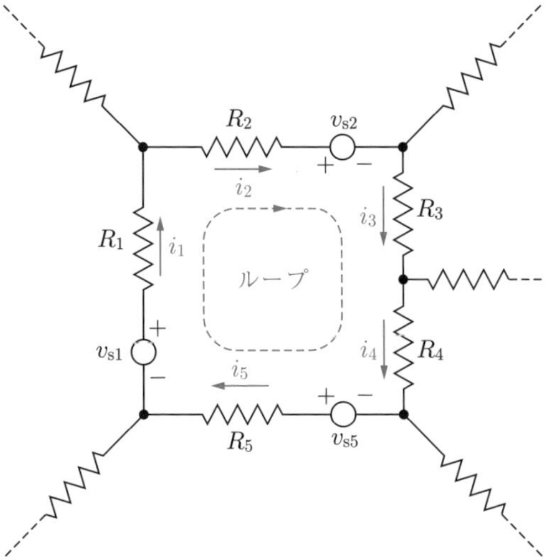

図 5.12　回路網の一つのループにキルヒホフの電圧則を適用する．

となる．ここで R_j はいま対象としているループの中の j 番目のブランチにある抵抗の合計（つまり合成抵抗の値）であり，i_j はそのブランチに流れる電流である．また v_{sk} はこのループに含まれる k 番目の電圧源の電圧である．ここで電流は定義したループの方向を正とし，電圧源はループの方向に電流を流す向きに入っているときに正とする．これはブランチ電流 i_j を求める連立方程式の一つとなっている．これを**ループ方程式**と呼ぶ．ループ方程式を立てるためには，電流源は図 5.10 の等価変換によって全て電圧源に変換しておかねばならない．

次に [2] のキルヒホフの電流則を例えば図 5.13 のようなノードに適用すると

$$i_1 + i_2 - i_{s1} + i_3 + i_{s2} = 0$$

となる．このノードから抵抗を介して流れ出す電流と，電流源から流れ込む電流を左右に分けて表すと

$$i_1 + i_2 + i_3 = i_{s1} - i_{s2}$$

となる．これも一般化すると

$$\sum_j i_j = \sum_k i_{sk} \tag{5.15}$$

と表される．ここで i_j はいま考えているノードにつながる j 番目の抵抗 R_j を介し

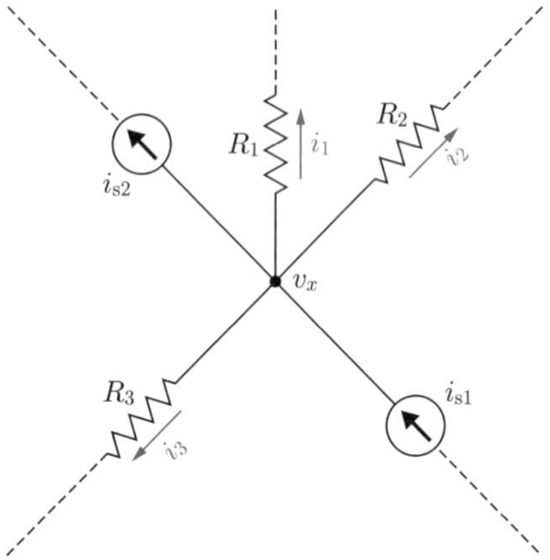

図 5.13　回路網の一つのノードにキルヒホフの電流則を適用する.

て別のノードに流れ出す電流であり，流れ出す方向を正にとる．i_{sk} はこのノードに接続された k 番目の電流源から流れ込む電流であり，ノードに流れ込む方向を正とする．つまり抵抗を介して流れ出す電流の総和が電流源から流れ込む電流の総和に等しいという式になっている．入ってきた電荷が全てそのまま出ていく，つまりこれは電荷不滅の法則を表している．いま考えているノードの電位を v_x，抵抗 R_j でつながっている先のノードの電位を v_j とすると $i_j = \frac{v_x - v_j}{R_j}$ となるので，式 (5.15) は

$$\sum_j \frac{v_x - v_j}{R_j} = \sum_k i_{sk} \tag{5.16}$$

となる．これは各ノードの電位を未知数とする連立方程式の一つとなっている．これを**ノード方程式**と呼ぶ．言うまでもないが，ノード方程式を立てる際には全ての電圧源を図 5.10 の等価変換によってあらかじめ電流源に変換しておかねばならない．

さて，キルヒホフの法則を用いて回路の問題をどのように解くのかを，図 5.14(a) に示した簡単な回路に適用して見てみよう．これは，抵抗 R_3 に流れる電流を求める問題である．

〈第一の解法：各ブランチの電流を未知数にとる〉　図 5.14(b) のように，未知数として各ブランチの電流 i_1, i_2, i_3 をとろう．左側のループに電圧則を時計回りに適用すると

$$R_1 i_1 + R_3 i_3 = v_{s1} \tag{5.17}$$

となる．また右側のループに反時計回りに適用すると

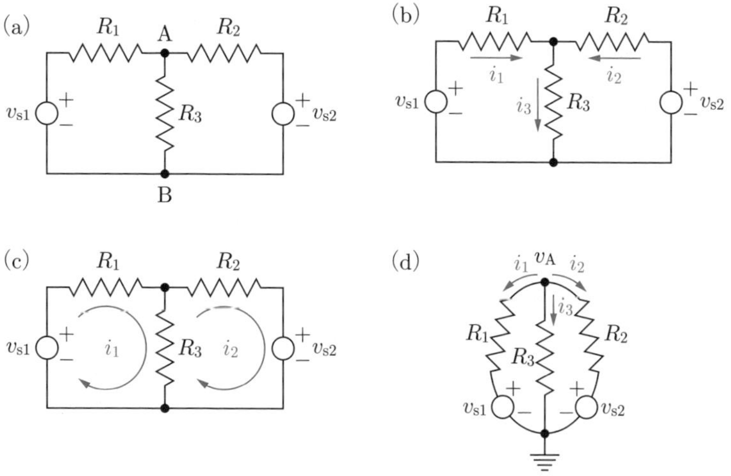

図 5.14　(a) 回路問題の一例．(b) 各ブランチの電流を未知数にとる．(c) ループ電流を未知数にとる．(d) ノード電圧を未知数にとる．

$$R_2 i_2 + R_3 i_3 = v_{s2} \tag{5.18}$$

が得られる．未知数の数は三つなので，もう一つ方程式が必要である．そこでノード A に電流則を適用して

$$i_1 + i_2 - i_3 = 0 \tag{5.19}$$

を得る．この式より $i_2 = i_3 - i_1$ となるのでこれを式 (5.18) に入れ，以下の連立方程式を得る．

$$\begin{pmatrix} R_1 & R_3 \\ -R_2 & R_2 + R_3 \end{pmatrix} \begin{pmatrix} i_1 \\ i_3 \end{pmatrix} = \begin{pmatrix} v_{s1} \\ v_{s2} \end{pmatrix} \tag{5.20}$$

これを解いて

$$i_3 = \frac{R_1 v_{s2} + R_2 v_{s1}}{R_1(R_2 + R_3) + R_2 R_3} \tag{5.21}$$

を得る．

〈第二の解法：ループ電流を未知数にとる〉　未知数として図 5.14(c) に示すループ電流 i_1, i_2 をとる．どちらも同じ時計回りの方向にとるところがミソである．そうすると，ループ 1 で R_3 に流れる下向きの電流は $i_1 - i_2$ となる．ループ 1，ループ

2 それぞれにループ方程式を立てると，以下の連立方程式が得られる．

$$\begin{pmatrix} R_1 + R_3 & -R_3 \\ -R_3 & R_2 + R_3 \end{pmatrix} \begin{pmatrix} i_1 \\ i_2 \end{pmatrix} = \begin{pmatrix} v_{\mathrm{s1}} \\ -v_{\mathrm{s2}} \end{pmatrix} \tag{5.22}$$

これを解けば同じ答えが得られる．

この解法では，未知数が i_1, i_2 の二つのループ電流であり，最初から未知数の数は必要最小限となっている．もう一つ大事なことは，係数行列に見られる規則性である．係数行列の対角成分は，それぞれループ 1，ループ 2 に含まれる抵抗値の総和になっている．また非対角成分は等しく，その値はループ 1 とループ 2 に共通の抵抗の値にマイナス（−）を付けたものになっている．これはもっと大規模な回路網に対しても全く同様に成り立つことであり，このような規則性を知っていると，いちいち各ループに対して方程式を立てなくても機械的に必要な連立方程式を得ることができる．このことを 5.3.2 項で示す．

〈第三の解法：ノードの電位を未知数にとる〉 図 5.14(a) の回路には二つのノード A, B があり，それらの電位が分かれば全てのブランチの電流が計算できる．電位はどこかを基準電位（0 V のアース）にとることができるので，ノード B をアースにとれば未知数は A 点の電位 v_{A} 1 個だけとなる．こうすれば，第二の方法よりも簡単に解ける．図 5.14(d) のように，ノード A から流れ出す電流の総和が零になるという式を立てると，

$$\frac{v_{\mathrm{A}} - v_{\mathrm{s1}}}{R_1} + \frac{v_{\mathrm{A}}}{R_3} + \frac{v_{\mathrm{A}} - v_{\mathrm{s2}}}{R_2} = 0$$

となり，これより v_{A} の値が直ちに求まり，R_3 に流れる電流は $\frac{v_{\mathrm{A}}}{R_3}$ として得られる．

以上三つの方法の比較を表 5.1 にまとめた．この比較から分かることは，本問題に関してはノード方程式を立てて解くのが最も簡単であるということである．

表 5.1 図 5.14 の問題を解く三つの方法の比較．

	未知数	未知数の数	用いた法則
第一の方法	各ブランチの電流	3	キルヒホフの電流則と電圧則
第二の方法	ループ電流	2	キルヒホフの電圧則
第三の方法	ノード電圧	1	キルヒホフの電流則

ここに示した例題は極めて単純なものであり，どの方法をとってもさほど苦労に差は無い．しかし，解き方の選択によって手続きの複雑さに大きな差の出ることが

分かる．従って，もっと大規模で複雑な回路の問題を解くときには，何を未知数にとるかを注意深く選択する必要がある．そのためには回路の構造を予めよく解析することである．それでは，そのやり方を次に述べよう．

5.3　回路の問題を解くストラテジー

回路の問題を解く戦略の基本は，ループ方程式で解くのか，ノード方程式で解くのかを先ず決めることである．それには，それぞれの場合に未知数の数（＝連立方程式の数）がいくつになるのかを調べ，少ない方を採用するのである．それでは未知数の数をどう見積もればよいのかを次に議論する．

5.3.1　回路網のトポロジーを解析する

図 5.15(a) に回路網の一例を示す．各ブランチは 1 本の線で表してあるが，もちろんここには回路素子（抵抗，電源）が存在する．これから問題とするのはブランチの接続関係，つまり回路のトポロジーである．ここでは簡単のため，電流源は全て図 5.10 の等価変換で電圧源に変換されているものとする．もちろん，電流源と並列に抵抗が接続されていない場合には電圧源に変換できないが，これに関しては 5.4 節にて考察することにする．そうすると各ブランチには抵抗と電圧源か，あるいはそのどちらか一方があることになる．

先ずこの回路をループ方程式で解く場合を考える．図 5.15(b) のようにループ電流 $i_1 \sim i_9$ を定義すると，これが求まれば全てのブランチの電流の値が分かるので，この場合の独立な未知数の数は 9 個となる．各ループにキルヒホフの電圧則を適用し，9 個の連立方程式を立てて解くことになる．

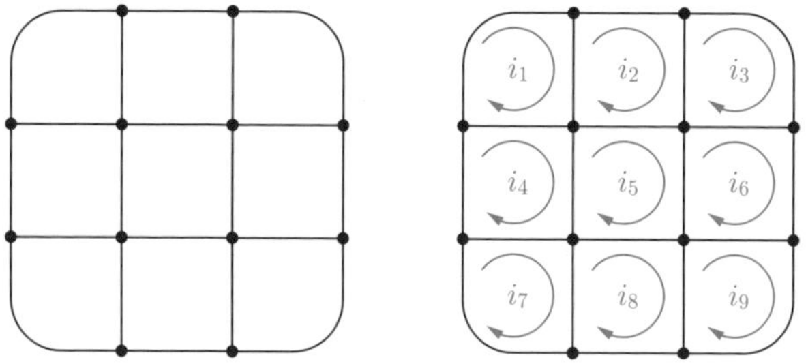

(a)　(b)

図 5.15　(a) メッシュ状の回路網の一例．(b) 各メッシュに時計回りに流れるループ電流 $i_1 \sim i_9$ を定義する．

次にこの回路をノード方程式で解く場合を考える．ノード方程式では各ノードの電位が未知数となる．この回路には 12 個のノードがあるが，どれか一つを基準電位の 0 V（アース）にとれるので，未知数の数は 11 である．つまり必要なノード方程式の数は 11 となる．従って図 5.15 の回路は，ループ方程式で解くのが得策ということになる．

もう一つ図 5.16(a) の例を見てみよう．ループの数を l，ノードの数を n と表すと，この回路では $l = 6$, $n = 4$ である．従って，ループ方程式の数は 6，ノード方程式の数は $n - 1$ で 3 となる．その結果ノード方程式を立てた方が簡単になることが分かる．ここで得られた重要な知見を以下にまとめる．

ループ方程式の数 $= l$　　（l : ループの数）

ノード方程式の数 $= n - 1$　（n : ノードの数）

〈補足 5.1〉 ある回路網に含まれるブランチの数を b，ノードの数を n とすると，独立な電流の未知数の数 l は，$l = b - n + 1$ で与えられる．

〈証明〉 ある回路網のグラフ（図 5.15(a), 5.16(a) のように接続関係だけを示した図）が与えられたとき，適宜ブランチを刈り取って行って，どこにもループができないようにする．

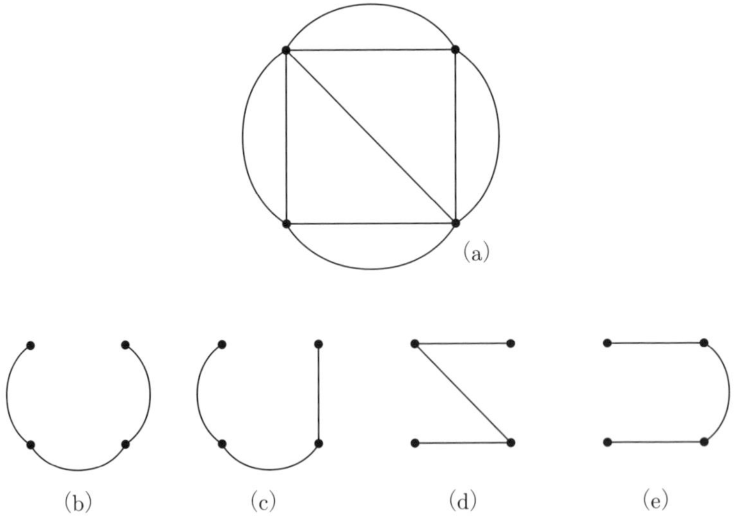

図 5.16　ループの数 $l = 6$，ノードの数 $n = 4$ の回路網 (a) と，この回路網からブランチを刈り取って生成した木（tree）の例（(b)〜(e)）．

こうして得られたグラフを**木**（tree）と呼ぶ．このとき刈り取ったブランチの集合を**補木**と呼ぶ．図 5.16(b)～(e) は，同図 (a) から生成した木の例を示す．木には電流が流れない．この木に刈り取ったブランチを一つ戻すとそのブランチで形成されるループに電流が流れる．こうして流れる電流の数は，刈り取ったブランチを一つ戻す毎に増える．従って独立な電流の数 l は，補木に含まれるブランチの数に等しい．木を構成するブランチの数は $n-1$ なので，補木の数は $b-(n-1)$ となる．つまり，

$$l = b - n + 1 \tag{5.23}$$

となる．

5.3.2　キルヒホフの電圧則で解く—ループ方程式の解

図 5.17 に示した回路網をキルヒホフの電圧則を適用して解くことを考える．回路は l 個のループから構成されており，個々のループには 1 番から l 番の番号が振られているとする．いま j 番目のループを取り出すと，同図 (b) のような構成になっていたとする．このループでループ方程式を立てると，

$$R_{\mathrm{a}}(i_j - i_{\mathrm{a}}) + R_{\mathrm{b}}(i_j - i_{\mathrm{b}}) + R_{\mathrm{c}}(i_j - i_{\mathrm{c}}) + R_{\mathrm{d}}(i_j - i_{\mathrm{d}}) = v_{\mathrm{a}} - v_{\mathrm{b}} + v_{\mathrm{c}}$$

となる．左辺を電流について整理すると

$$(R_{\mathrm{a}} + R_{\mathrm{b}} + R_{\mathrm{c}} + R_{\mathrm{d}})i_j - R_{\mathrm{a}}i_{\mathrm{a}} - R_{\mathrm{b}}i_{\mathrm{b}} - R_{\mathrm{c}}i_{\mathrm{c}} - R_{\mathrm{d}}i_{\mathrm{d}} = v_{\mathrm{a}} - v_{\mathrm{b}} + v_{\mathrm{c}}$$

となる．ここで，各電流の係数には分かりやすい規則性がある．つまり，電流 i_j の

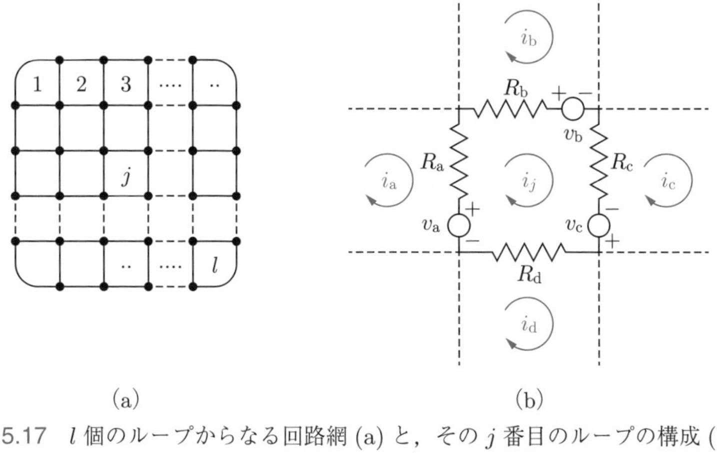

(a)　(b)

図 5.17　l 個のループからなる回路網 (a) と，その j 番目のループの構成 (b).

係数は j 番目のループ内にある抵抗の総和であり，i_{a}, i_{b}, i_{c}, i_{d} の各係数はそれぞれ，ループ a, b, c, d とループ j が共有する抵抗の値にマイナス符号を付けたものになっている．また右辺は，j 番目のループ内にある電圧源の電圧をループ電流の方向を正として総和をとった形になっている．これは既に式 (5.14) で指摘した事実である．このことから，l 個のループから構成される回路網の各ループの電流を求めるには，次の連立方程式を解けばよいことが分かる．

$$\begin{pmatrix} a_{11} & a_{12} & \cdots & a_{1l} \\ a_{21} & a_{22} & \cdots & a_{2l} \\ \vdots & \vdots & \ddots & \vdots \\ a_{l1} & a_{l1} & \cdots & a_{ll} \end{pmatrix} \begin{pmatrix} i_1 \\ i_2 \\ \vdots \\ i_l \end{pmatrix} = \begin{pmatrix} v_{s1} \\ v_{s2} \\ \vdots \\ v_{sl} \end{pmatrix} \tag{5.24}$$

左辺の係数行列と右辺の電圧ベクトルのエレメントは，以下のようにして求めることができる：

- a_{ii} (対角項) = ループ i に含まれる抵抗値の総和
- $a_{ij} = a_{ji}$ $(i \neq j)$ (非対角項) = ループ i とループ j が共有する抵抗値の総和に負号（–）を付ける
- v_{si} (電圧ベクトルのエレメント) = ループ i にある電圧源の総和（ループ電流の方向を正にとる)

このように行列で表現された連立方程式は，行列式の手法に従って簡単に解くことができる．特に係数行列の非対角項は，隣り合っているループの間でしか現れない[1)]ので，大きな回路ではほとんどのエレメントが 0 の大変疎らな行列となる．

5.3.3　キルヒホフの電流則で解く—ノード方程式の解

先ず電流則で解く場合には，全ての電圧源を電流源に変換する．この場合，電圧源と直列に抵抗が入っていない場合には変換できないが，これについては 5.4 節にて述べる．全ての電源が電流源で表現されたとして，各ノード間の接続関係が例えば図 5.18(a) に示したようなものになったとしよう．図 5.18(b) には，回路網の j 番目のノードとこれとつながるノード a, b, c, d の関係が示されている．ノードの電位をそれぞれ v_j, v_{a}, v_{b}, v_{c}, v_{d} として，ノード j にキルヒホフの電流則を適用すると

$$\frac{v_j - v_{\mathrm{a}}}{R_{\mathrm{a}}} + \frac{v_j - v_{\mathrm{b}}}{R_{\mathrm{b}}} + \frac{v_j - v_{\mathrm{c}}}{R_{\mathrm{c}}} + \frac{v_j - v_{\mathrm{d}}}{R_{\mathrm{d}}} = i_{\mathrm{a}} + i_{\mathrm{b}} - i_{\mathrm{d}}$$

---

1) 時間的に変化する回路において相互コンダクタンス M がある場合には，M で結合されたループ間にも非対角項が現れるが，本書では M は扱わない．

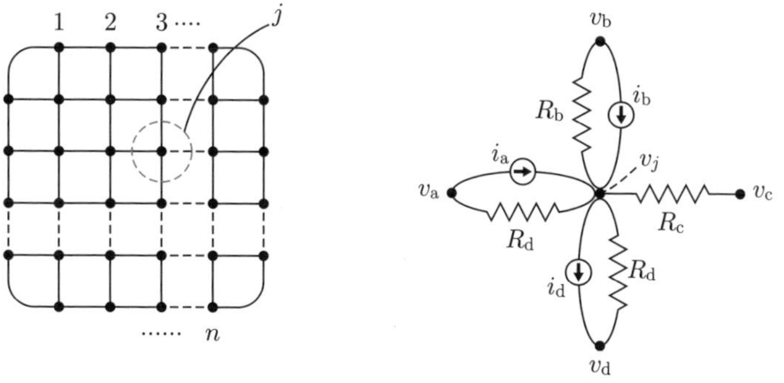

(a)　　　　(b)

図 5.18　(a) n 個のノードからなる回路網. (b) j 番目のノードとこれに隣接するノード a, b, c, d の接続関係.

の関係を得る．ここで，左辺はノード j から抵抗を介して周りのノードに流れ出す電流の総和であり，右辺はノード j に電流源から流れ込む電流の総和である．この式を整理すると

$$\left(\frac{1}{R_{\rm a}}+\frac{1}{R_{\rm b}}+\frac{1}{R_{\rm c}}+\frac{1}{R_{\rm d}}\right)v_j-\frac{1}{R_{\rm a}}v_{\rm a}-\frac{1}{R_{\rm b}}v_{\rm b}-\frac{1}{R_{\rm c}}v_{\rm c}-\frac{1}{R_{\rm d}}v_{\rm d}=i_{\rm a}+i_{\rm b}-i_{\rm d}$$

の形になり，これをノード数 n の回路網に一般化すると次の形にまとめられる．

$$\begin{pmatrix} b_{11} & b_{12} & \cdots & b_{1n} \\ b_{21} & b_{22} & \cdots & b_{2n} \\ \vdots & \vdots & \ddots & \vdots \\ b_{n1} & b_{l2} & \cdots & b_{nn} \end{pmatrix}\begin{pmatrix} v_1 \\ v_2 \\ \vdots \\ v_n \end{pmatrix}=\begin{pmatrix} i_{\rm s1} \\ i_{\rm s2} \\ \vdots \\ i_{{\rm s}n} \end{pmatrix} \tag{5.25}$$

ここで左辺の係数行列と右辺の電流ベクトルのエレメントは以下のようにして求めることができる：

- b_{jj} (対角項) = ノード j につながっているコンダクタンス（抵抗値の逆数）の総和
- $b_{ij}=b_{ji}$ $(i\neq j)$ (非対角項) = ノード i とノード j をつなぐコンダクタンス（抵抗値の逆数）の総和に負号（−）を付ける
- $i_{{\rm s}j}$ (電流ベクトルのエレメント) = ノード j につながる電流源の総和（ノードに流れ込む電流の方向を正にとる）

これは式 (5.24) と非常によく似た形式で，いちいちキルヒホフの方程式を立てなくても，規則的な操作で回路を解く連立方程式が自動的に得られる形になっている．これらの連立方程式は，行列式の解法を用いて簡単に解くことができる（そのやり方は本書では省略する．線形代数学のテキストを参照のこと）．また，係数行列の非対角項は，結合するノード間でしか現れないので，大きな回路ではほとんどが 0 の大変疎らな行列となる．

〈問題 5.2〉　図 5.19 の回路のループ電流 $i_1 \sim i_9$ に対する連立方程式を，式 (5.24) の形で表せ．ここで抵抗値は全て 1Ω とする．各電流値を求める必要はない．

〈問題 5.3〉　図 5.20 の回路についてループ方程式とノード方程式の両方をたてよ．それぞれを解いて結果が一致することを確かめよ．

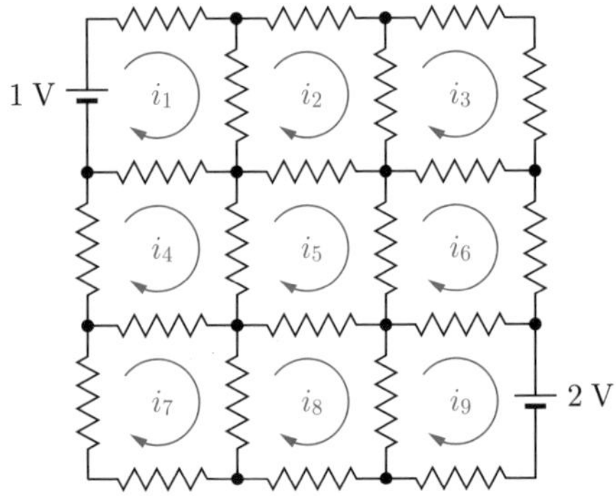

図 5.19　問題 5.2 の回路図.

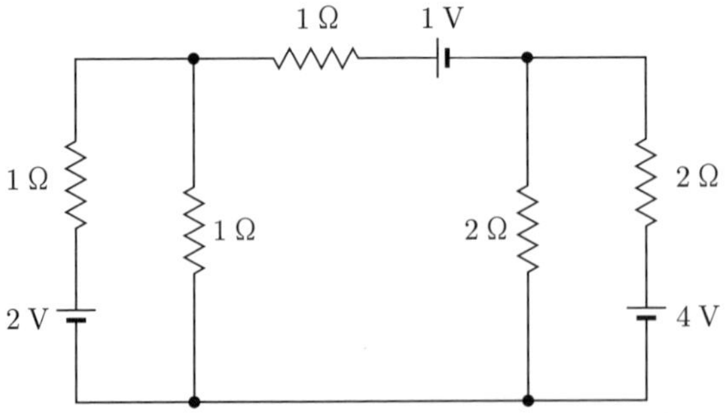

図 5.20　問題 5.3 の回路図.

5.4　電流源・電圧源の変換ができないケースの扱い

前節で述べた解法は，全ての電源を電圧源か電流源のどちらか一方に統一することが前提となっていた．これには図 5.10 の等価変換の原理を用いるわけであるが，これを実行するためには，電圧源には直列抵抗が，また電流源には並列抵抗がそれぞれ接続されていることが必須である．これがないと変換できない．これらの抵抗がないときは，一体問題をどう扱えばよいのだろうか．これについて先ず例を見てみよう．

図 5.21 の回路について，「抵抗 R_1, R_2 に流れる電流を求めよ」という問題である．この回路には電流源と電圧源の両方が入っているが，いずれも変換に必須の抵抗が付いていない．といっても途方に暮れる必要はない．キルヒホフの電流則と電圧則の両方を用いれば難なく解ける．

抵抗 $R_1 \sim R_4$ に流れる電流をそれぞれ $i_1 \sim i_4$ としよう．するとキルヒホフの電流則から $i_3 = i_1 + i_0$ となるから，キルヒホフの電圧則に従い ABD のパスでの電圧降下が v_0 に等しいという式を立てると

$$v_0 = R_1 i_1 + R_3(i_1 + i_0)$$

となる．これより

$$i_1 = \frac{v_0 - R_3 i_0}{R_1 + R_3}$$

が得られる．また $i_4 = i_2 - i_0$ として，ACD のパスに同様の式を立てて

$$i_2 = \frac{v_0 + R_4 i_0}{R_2 + R_4}$$

を得る．

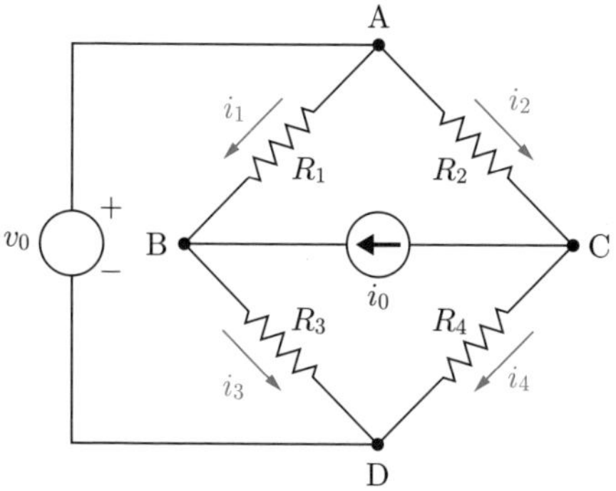

図 5.21　等価変換できない電圧源と電流源を含む回路．

このように簡単な問題を解くにはこれで十分であるが，もっと複雑な回路に対しては，やはり前節で展開した一般的な解法を適用したい．そのためには，電流源は電圧源に，あるいは電圧源は電流源に変換してどちらか一方にそろえる必要がある．それにはどうすればよいのか．このために用いる**電源シフト**というテクニックを次に説明する．

5.4.1　電源シフトの手法（その 1）：電流源のシフト

図 5.22(a) は，いま電流源を全て電圧源に変換して解こうとしている回路図の一部分である．ところがノード A, D 間には電流源のみがあり，並列の抵抗が無いので電圧源に変換できない．同図 (b) はこの電流源 i_0 をループ ABCD 内でシフトした結果である．ノード A, B, C, D におけるキルヒホフの電流則は，図 5.22(a) と (b) で全く同じである．ノード A には電流源から i_0 が流入し，ノード D からは i_0 が電流源に出ていく．また，ノード B, C では，入ってくる i_0 と出ていく i_0 が打ち消して零になっている．こうすれば，ブランチ AB, BC, CD には，電流源と並列に抵抗が入るため電圧源に変換できる．ブランチ BC での変換は図 5.23 のようにして行う（あるいはこの変換は，5.5.2 項で述べる**鳳–テブナンの定理**を用いて行ってもよい）．

さてここで少しひねくれたケースを考えてみよう．図 5.22(a) では，ノード B, C 間には抵抗 R_2 と電圧源 v_2 が直列に入っていたので図 5.23 のように電圧源と抵抗に変換できた．もし B, C 間に抵抗 R_2 がなくて電圧源だけが接続されていたとするとどうなるだろうか．つまり電源シフト後，B, C 間は図 5.24(a) のように，電圧源と電流源が並列に入った形となる．これはどう扱えばよいのか．実は図 5.24(b) のように電流源を取り払って電圧源だけを残せばよいのである．理想的な電圧源とはい

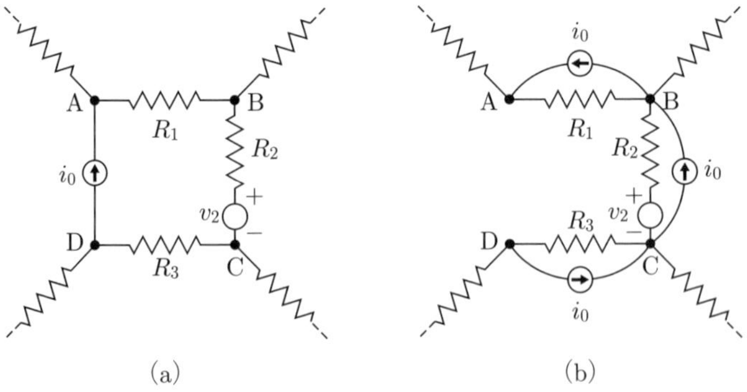

図 5.22　(a) 等価変換できない電流源 i_0 をブランチ AD に持つ回路．(b) 電流源 i_0 をループ ABCD 内でシフトした結果．

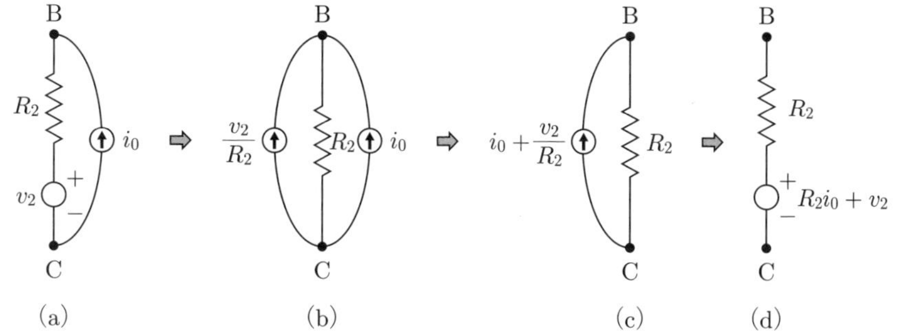

図 5.23　図 5.22(b) のブランチ BC を電圧源に変換する．

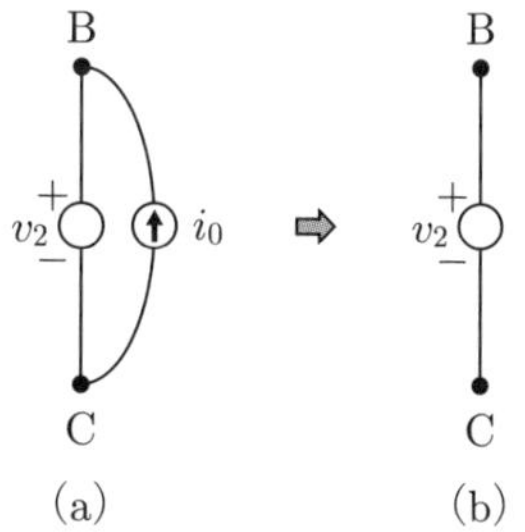

図 5.24　電圧源と電流源の並列接続 (a) は電圧源だけを残す (b).

かなる電流が流れても，常にその端子電圧を v_0 に保つという機能を持っており，電流源が並列に入っていても関係ないのである．電流源の電流 i_0 は電源を通過してローカルに還流しているだけで，他の回路には影響を及ぼさない．この結論は，図 5.23 の変換後の結果（同図 (d)）で $R_2=0$ としても同じである．

ここでは電流源シフトを ABCD のループに適用したが，ブランチ AD を含むループが他にもあれば，その中のどのループに対して適用してもよい．またシフトの結果ノード A, D 間は開放となって切り離される．

5.4.2　電源シフトの手法（その 2）：電圧源のシフト

図 5.25(a) のノード A, B 間には電圧源があるだけで，このままでは電流源に変換できない．そこで同図 (b) ようにこの電圧源を A につながる他のブランチに押し込んでやる．こうすると，$i_1 \sim i_4$ に対するループ方程式は同図 (a), (b) で全く同じものとなる．そして，シフト先の抵抗と組み合わせて電流源に変換できる．そのとき，例えば R_2 のブランチのように既に電圧源があれば，v_0+v_2 の一つの電源として扱えばよい．また，シフト先のブランチに抵抗が無く電流源だけだった場合はどうすればよいのか．このときは図 5.26(a) のようなブランチになる．この場合は電圧源を取り払い，（同図 (b) のように）電流源だけを残せばよい．なぜなら電流源はその端子電圧の如何に関わらず，電流 i_0 を常に流し続ける特性を持っているからである．

この例では電圧源を A につながる全てのブランチにシフトさせたが，当然 B につ

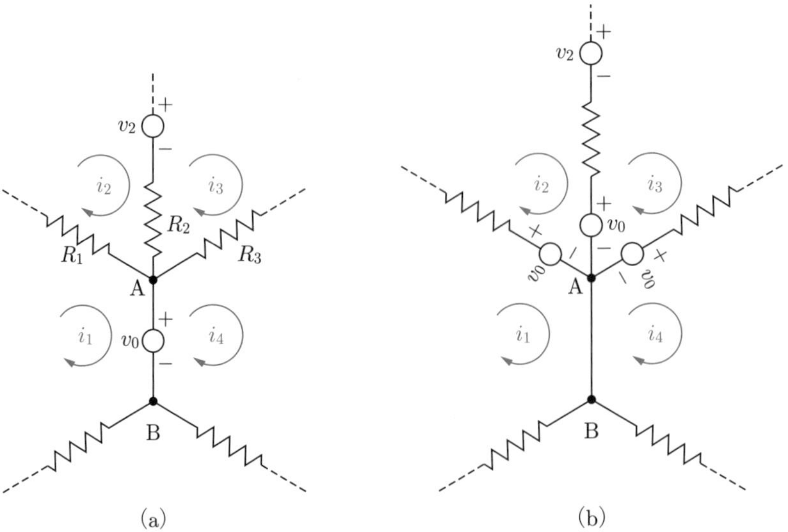

図 5.25　(a) 等価変換できない電圧源 v_0 をブランチ AB に持つ回路．(b) 電圧源 v_0 をノード A から他のブランチへ押し込んだ結果．

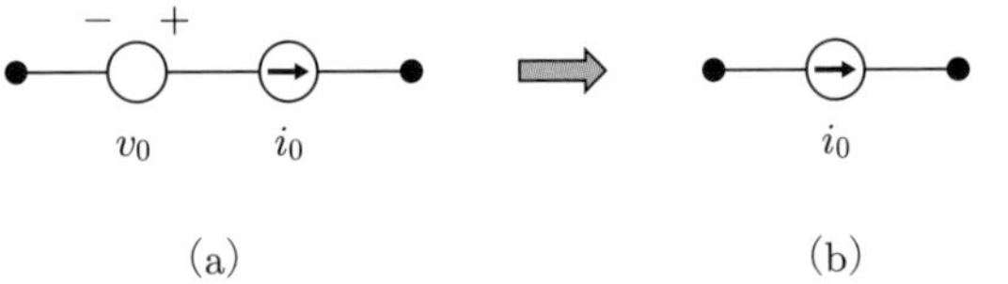

図 5.26　電圧源と電流源の直列接続 (a) は電流源だけを残す (b).

ながる全てのブランチにシフトさせてもよい．また電圧源シフトの結果ノード A, B 間は短絡されノードの数は一つ減ることになる．

5.4.3　電源シフトの応用例

それでは，図 5.21 の問題にこの電源シフトの手法を応用して解いてみよう．図 5.27(a) は電流源シフトをループ BCD に適用した結果であり，同図 (b) は電圧源に変更したもの，同図 (c) はその結果得られた回路図である．$i_1 = \frac{v_0 - R_3 i_0}{R_1 + R_3}$, $i_2 = \frac{v_0 + R_4 i_0}{R_2 + R_4}$ として答えが得られる．

次に，電圧源シフトを応用した結果を図 5.28(a) に示す．同図 (b) は電流源に変更したもの，同図 (c) はその結果得られた回路図である．ここで未知数はノード B, C の電圧 v_B, v_C であり，ノード B, C に対してノード方程式を立てることですぐにこれらの値が得られる．答えは $i_1 = \frac{v_0 - v_B}{R_1}$, $i_2 = \frac{v_0 - v_C}{R_2}$ として求まる．

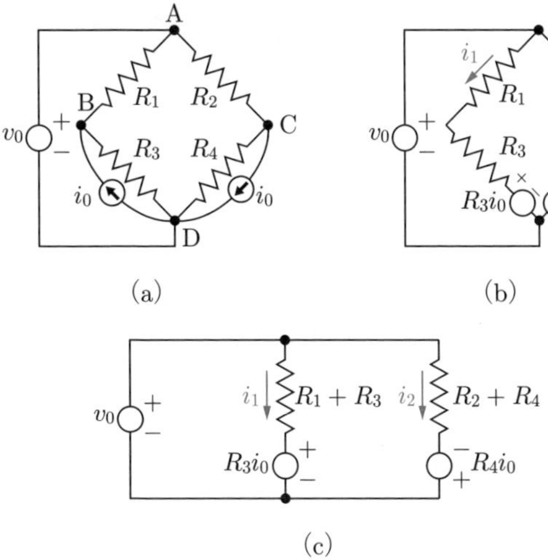

図 5.27　(a) 図 5.21 の回路に電流源シフトを行う．(b) 電圧源に変換する．(c) その結果得られた回路図．

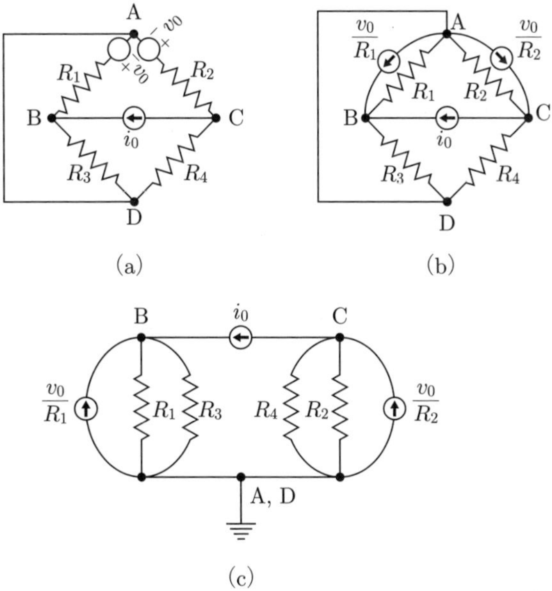

図 5.28　(a) 図 5.21 の回路に電圧源シフトを行う．(b) 電流源に変換する．(c) その結果得られた回路図．

5.5 回路網解析簡略化のために

5.5.1 電圧源・電流源についての注意

さてここで回路のトポロジー解析において有用な事柄を一つ指摘しておこう．5.3.1 項の最初のところで，回路のトポロジー解析に当たっては，「電流源は全て電圧源に変換されているもの」と仮定すると述べた．これはノードとブランチの数を不必要に増やさないためである．例えば，電流源と並列の抵抗はそのままでは一つのループを構成するが，電圧源に変換すれば 1 本のブランチとなる．また電流源だけのブランチも電源シフトのテクニックを使えば結局電圧源に変換できる．そしてもと電流源のあったブランチはオープン（開放）になる．このことから，回路網のトポロジー解析に際しては，電流源は全てオープン（開放），電圧源は全てショート（短絡）として，ノード数 n，ブランチ数 b，ループ数 l を求めればよいことになる．これによってトポロジー解析が簡単になる．

電流源と電圧源に関して，回路解析を簡単にする次の事項も指摘しておこう．図 5.29(a) に示したように，電圧源と並列に入った抵抗は取り外してよい．電圧源はノード A, B 間の電位を常に v_0 に保つ機能を持つためである．つまり抵抗 R を取り払っても残りの回路に何も影響を及ぼさない．同図 (b) は電流源と直列に入った抵抗 R を取り除いてよいことを示している．電流源は直列接続された R の大きさに関わらず，常に所定の電流 i_0 をノード A, B から外部に供給し続けるからである．

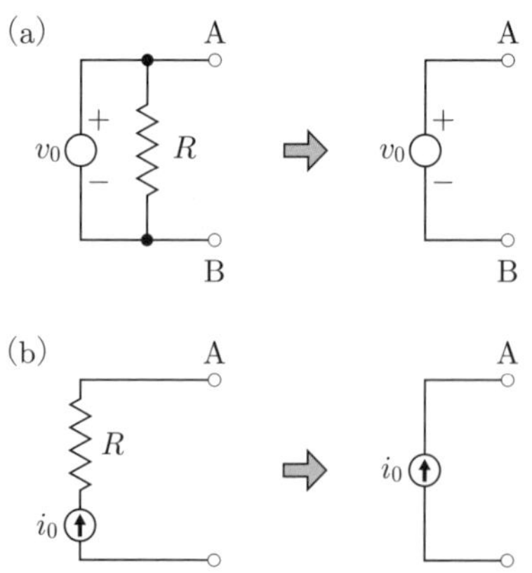

図 5.29　(a) 電圧源と並列に入った抵抗は取り除くことができる．(b) 電流源と直列に入った抵抗は取り除くことができる．

5.5.2　鳳–テブナンの定理とノートンの定理

ここで回路の解析を簡単にする定理を紹介しよう．図 5.30 に**鳳–テブナンの定理**を示す．例えば図 5.30(a) に示したような回路があり，ノード A, B 間の開放電圧が v_s であったとする．そうするとこの回路は同図 (b) のような電圧源の形で表現できるというものである．ここで電源の直列抵抗 R_s は，同図 (c) のようにその回路中の電圧源は全てショート，電流源は全てオープンとした回路網の抵抗を端子 A, B から見たものに等しい．一方**ノートンの定理**（図 5.31）は，端子 A, B 間を短絡したときに流れる電流が i_s であったとすると，同図 (b) のように電流源の形で表現できるというものである．その並列抵抗は図 5.30(c) と同じ手順で得られたものである．

ここでは証明を省略するが，これらの定理を応用して回路の解析を簡単化することができる．

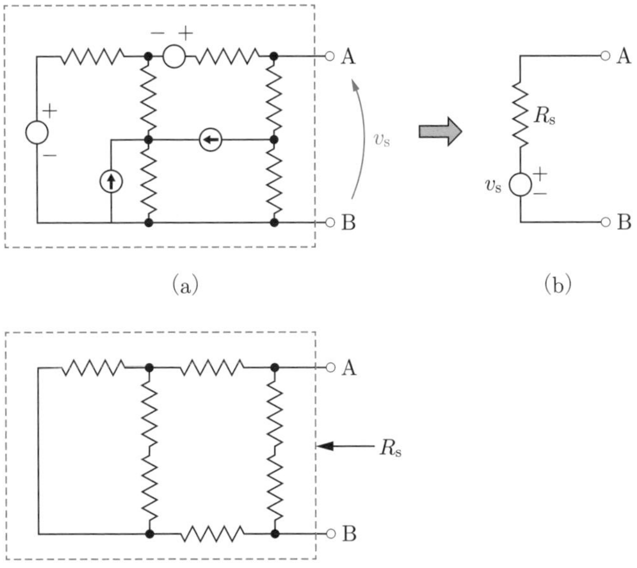

(c)

図 5.30　鳳–テブナンの定理を説明する図．ノード A, B 間の開放電圧を v_s とすると (a) の回路は電圧源 v_s と抵抗 R_s を直列接続したものと等価である (b)．R_s は回路中の電圧源は全てショート，電流源は全てオープンとした回路網の抵抗を端子 A, B から見たものに等しい (c)．

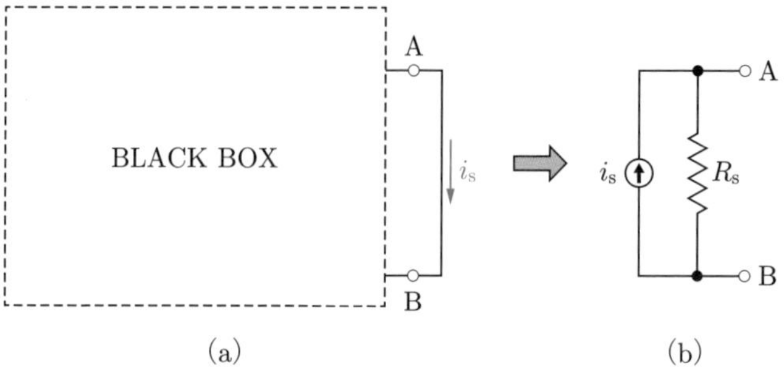

図 5.31　ノートンの定理を説明する図．ノード A, B 間の短絡電流を i_s とすると (a)，回路は電流源 i_s と抵抗 R_s を並列接続したものと等価である．R_s は図 5.30(c) と同じ．

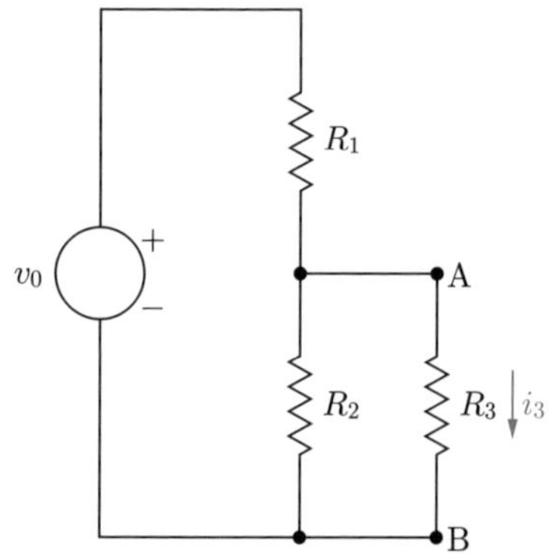

図 5.32　問題 5.4 の回路図．

〈問題 5.4〉　図 5.32 の回路について，抵抗 R_3 に流れる電流 i_3 を求めたい．この回路から抵抗 R_3 を取り外し，A, B 二端子から見た左側の回路を鳳–テブナンの定理を用いて電圧源 v_s と直列抵抗 R_s で表せ．またノートンの定理を用いて電流源 i_s と並列抵抗 R_s で表せ．これらを用いて i_3 の値を求め，ループ方程式あるいはノード方程式で解いた結果と一致することを確かめよ．

5.5.3 双　対　性

上で述べた鳳–テブナンの定理とノートンの定理の間には興味深い対応関係がある．前者における端子の「開放」に対して後者の「短絡」,「電圧」に対して「電流」といった対応である．実はこういった対応関係が本章の回路理論のあらゆる局面で現れていることに，読者は既に気付いているだろう．その典型的な例は，キルヒホフの電圧則と電流則の関係である．その答えを与える連立方程式 (5.24), (5.25) を見比べると，表 5.2 のような対応関係のあることが分かる．

要するに「電圧」対「電流」,「直列」対「並列」,「開放」対「短絡」,「抵抗 R」対「コンダクタンス G $(=R^{-1})$」といった対応する概念がいつもペアで出てくるのである．図 5.10 や図 5.29 で見た電圧源と電流源の関係や，5.4.1 項と 5.4.2 項で述べた電源シフトのやり方も然りである．こういった関係を**双対性**（duality）と呼ぶ．これは大変有用な関係である．なぜなら，回路の概念に関して，例えば電流に関連して何らかの法則が見つけ出されたなら，この双対性を利用して必ず電圧に関しても対応する法則が見い出されるからである．次章で述べる L や C を含んだ回路に関しても，L と C の間にこの双対性がみられる（表 6.1）．これは大変興味深いことである．

表 5.2　キルヒホフの電圧則と電流則の間にみられる双対性.

	電圧則	電流則
係数マトリックスのエレメント	抵抗 R の直列接続	コンダクタンス G $(=R^{-1})$ の並列接続
未知数	電流	電圧
電源	電圧源	電流源
方程式の基本	電圧の和 $=0$	電流の和 $=0$

第6章　回路の時間応答を解析する

第5章では，受動素子として抵抗 R だけで構成された回路網の解析について述べた．そこでは，電圧源や電流源の時間変化について特に言及しなかった．これは回路に生じる電流や電圧は電源と比例関係にあり，その時間変化は電源のそれと全く同じだからである．しかし受動素子として L や C が入ってくると状況は一変する．それは回路方程式に微分や積分が入ってくるからである．これを解析するには，微分方程式を解かねばならない．

そこで本章では，先ず簡単な回路についての微分方程式を解き，どのように解が求まるかについて述べる．電源の時間変化の最も簡単な例として，直流電源のオン・オフを取り上げ，これに対する回路の応答を調べる．次に正弦波電源を時刻 $t=0$ でオンしたときの特性について述べる．そして正弦波電源を印加後十分に時間が経過して，回路動作が定常状態に達したときの振る舞いについて述べる．この定常状態の解を求める簡便な手法として，交流理論の考え方を導入する．交流理論は，いちいち微分方程式を解かなくても，簡単な代数方程式を解くことで解が得られるという大変便利な手法である．以上が6.1節の内容である．

次に，定常状態に至るまでの過渡応答，即ちスイッチオン・オフしてから定常状態に落ち着くまでの時間変化に関しても，微分方程式を解くことなく代数方程式で解の求められる方法について述べる．これが6.2節のラプラス変換による解法である．6.3節では，ラプラス変換を用いて任意の入力信号波形に対する応答を求める方法について述べる．

交流理論やラプラス変換では，前章で述べた回路解析の一般理論が，抵抗 R を複素数のインピーダンス Z に置き換えるだけでほとんどそのまま使える．実際電気回路の解析では，微分方程式を解かずにインピーダンスを用いて解析するのが普通である．ここで "ほとんどそのまま" といったのは，ラプラス変換を行った際に余分の電流源や電圧源が入ってくることがあるからである．この余分の電流源や電圧源は，微分方程式を解く際に必要となる初期条件を表している．つまりラプラス変換では，この初期条件の設定が自動的に定式化の中に組み込まれていることを意味しており，これも大変便利な特徴である．

本章では，各項目について例題を中心にしてステップ・バイ・ステップで説明を進めていく．限られたページ数の中に全てを盛り込むことは難しいので，大事なコンセプトに絞ってできるだけ分かりやすく，また実際に使えるようになることを目指して議論を進めていく．是非注意深く読み進んでいただきたい．

6.1　微分方程式を解いて解析する

6.1.1　R–L 回路のスイッチング特性

先ず図 6.1(a) の回路について微分方程式を解いてみよう．この回路では，時刻 $t=0$ において A 点のスイッチを ① ⇒ ② に切り替える．このとき A 点の電位 $v_{\mathrm{A}}(t)$ は図 6.1(b) のように変化する．これは最も簡単な時間変化の例である．

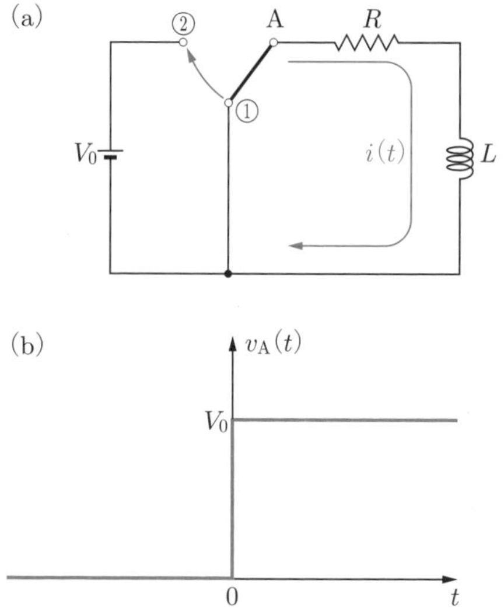

図 6.1　(a) R–L 直列回路．時刻 $t=0$ において A 点のスイッチを ① ⇒ ② に切り替える．(b) A 点の電位 $v_{\mathrm{A}}(t)$ の時間変化．

さてこれ以降もスイッチのオン・オフがよく出てくるので，ここで数学的な記述の約束をしておこう．図 6.2 の $u(t)$ は**ステップ関数**と呼ばれ，$t<0$ で $u(t)=0$，$t>0$ で $u(t)=1$ となる．$t=0$ では関数値は 0 から 1 に変化しており，その値 $u(0)$ は不定である．$t=0+$ はスイッチオン直後の時刻，$t=0-$ はスイッチオン直前の時刻を表すとすると，$u(0+)=1$, $u(0-)=0$ である．このステップ関数を用いると，

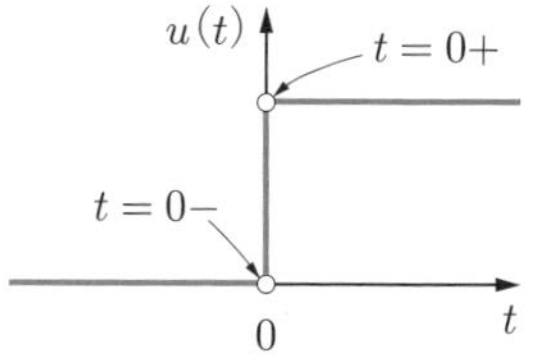

図 6.2　ステップ関数．

$$v_{\mathrm{A}}(t) = V_0 \cdot u(t) \tag{6.1}$$

と表される．

$t > 0$ でのこの回路のループ方程式を立てると

$$L\frac{di}{dt} + Ri = V_0 \tag{6.2}$$

を得る（式 (5.5) を参照のこと）．これは 右辺 $\neq 0$ なので，一階の線形非同次方程式ということになる．右辺 $= 0$ と置くと

$$L\frac{di}{dt} + Ri = 0 \tag{6.3}$$

が得られるが，これを**同次方程式**と呼ぶ．微分方程式の解法によると，非同次式 (6.2) の一般解は，同次式 (6.3) の一般解に非同次式 (6.2) の特殊解を加えることで得られる．そこで先ず，同次式 (6.3) の一般解を求める．

$$\frac{1}{i}\frac{di}{dt} = -\frac{R}{L} \tag{6.4}$$

として両辺を積分すると

$$\log i = -\frac{R}{L}t + K$$

を得る．ここで K は積分定数であり，何でもよいので**任意定数**と呼ばれる．これより

$$i(t) = K' e^{-\frac{R}{L}t} \quad (K' = e^K) \tag{6.5}$$

が導かれ，同次式の一般解が求まる．一方，式 (6.2) の特殊解は

$$i(t) = \frac{V_0}{R} \tag{6.6}$$

なので，式 (6.2) の一般解は式 (6.5) と式 (6.6) を加算して

$$i(t) = K' e^{-\frac{R}{L}t} + \frac{V_0}{R} \tag{6.7}$$

となる．一階の微分方程式には任意定数が一つ入るが，ここでは K' がそれである．これを求めるには初期条件，つまり $i(0+)$ の値が必要となる．

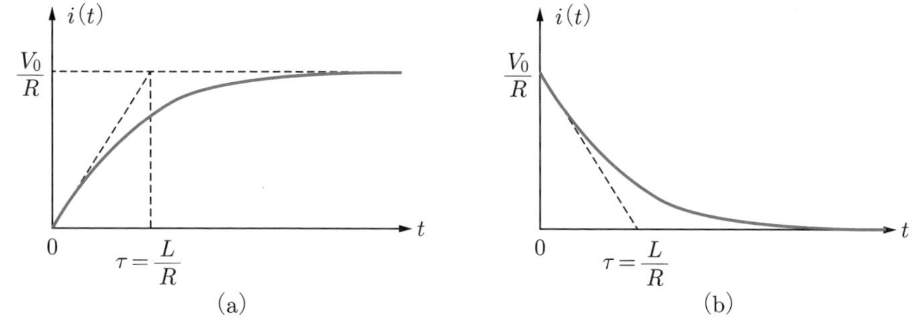

図 6.3　図 6.1(a) の回路に流れる電流の時間変化：スイッチオン時 (a) とスイッチオフ時 (b).

ここで大事なことは,「初期条件を見つけるには，回路の物理を知る必要がある」ということである．この物理とは，L に流れている電流の値は瞬時には変化できないという事実である．$t < 0$ では $i = 0$ であることを考慮すると，このことより，$i(0+) = i(0-) = 0$ となる．これを式 (6.7) に代入して，

$$K' = -\frac{V_0}{R}$$

が得られる．そして求める解は

$$i(t) = \frac{V_0}{R}\left(1 - e^{-\frac{R}{L}t}\right) \tag{6.8}$$

となる．この時間変化を図 6.3(a) に示す.

それでは時間が十分に経過して，回路が定常状態に達した状況を見てみよう．式 (6.8) で $t \to \infty$ とすると，$i(\infty) = \frac{V_0}{R}$ となる．電流の時間変化が無くなった状態では，コイルの両端の電位差 $(L\,\frac{di}{dt})$ はゼロとなり，電源の電圧は全部抵抗にかかるので電流は $\frac{V_0}{R}$ となる．ちなみにコイルは導線を巻いたものであるからその抵抗値は零であり，これは当然の結果である.

それではこの状態で，今度はスイッチを ② ⇒ ① に戻したらどうなるだろうか．この時刻を新たに $t = 0$ と定義する．この場合，電源は,

$$v_{\mathrm{A}}(t) = V_0(1 - u(t)) \tag{6.9}$$

と表される．$t > 0$ での微分方程式は式 (6.3) となり，その一般解は式 (6.5) となる．この場合の初期条件は，$i(0) = \frac{V_0}{R}$ となるので，解は

$$i(t) = \frac{V_0}{R} e^{-\frac{R}{L}t} \tag{6.10}$$

となる．この変化を図 6.3(b) に示す．

図 6.3(a) と (b) のいずれの特性も $t = 0$ での接線で時間変化を近似すると，最終値に到達するまでの時間 τ は，

$$\tau = \frac{L}{R} \tag{6.11}$$

で与えられる．これを回路の**時定数**と呼ぶ．回路が時間変化して定常状態に達するまでの大まかな時間の目安を与えるもので，この場合 R が小さいほど変化に要する時間が長いことが分かる．これには次のような物理現象が関連している．スイッチオフ後の変化，図 6.3(b) について見てみよう．スイッチオフ後もしばらく電流が流れ続けている．コイルに電流 i が流れるということは，そのコイルに Li の大きさの磁束が発生していることを意味し，電磁エネルギーが磁束の形で蓄えられている．もし $R = 0$ なら電流は流れ続け，この磁束は永遠に保たれる．R の値が 0 でないと抵抗でエネルギーが消費されるため，この電磁エネルギーは次第に失われていくのである．従って抵抗値が小さいほど消失に要する時間は長くなる．

6.1.2 R–C 回路のスイッチング特性

次の例として，図 6.4 に示した R–C 直列回路のスイッチング特性を見てみよう．スイッチを ① ⇒ ② に入れた $t > 0$ でのループ方程式は

$$Ri + \frac{1}{C}\int^t i\,dt = V_0 \tag{6.12}$$

となる．両辺を微分すると

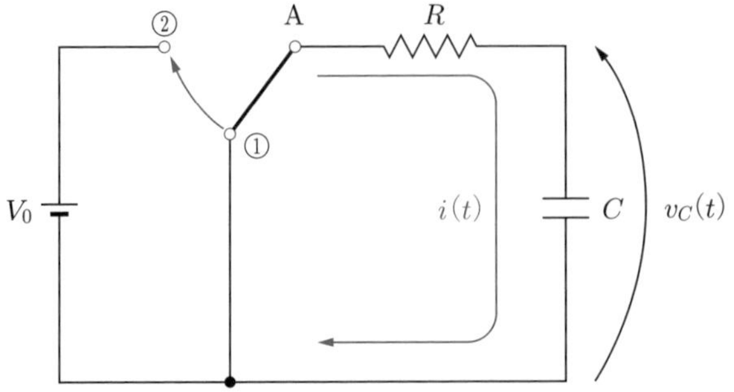

図 6.4　R–C 直列回路．時刻 $t = 0$ において A 点のスイッチを ① ⇒ ② に切り替える．

$$R\frac{di}{dt}+\frac{1}{C}i=0 \tag{6.13}$$

となり，RC を $\frac{L}{R}$ と置き換えれば式 (6.3) と同じである．従って一般解は，

$$i(t)=Ke^{-\frac{t}{RC}} \tag{6.14}$$

となる．

ここでも初期条件を知るには，コンデンサの物理を理解する必要がある．それは，コンデンサ両端の電圧 v_C は瞬時には変化できないということである．コンデンサの電極に蓄えられている電荷を Q とすると，$Q=Cv_C$ であり，この電荷は抵抗 R を介して供給される電流によって増加するからである．つまり連続的に変化する[1)]．スイッチを入れる前の電荷がゼロだったとすると，$v_C(0+)=v_C(0-)=0$，つまりスイッチオン直後のコンデンサ両端の電圧は 0 である．従ってスイッチオンすると，電源電圧の V_0 はそのまま抵抗両端にかかるので $i(0+)=\frac{V_0}{R}$ となる．この初期条件より式 (6.14) の K の値が決まり，

$$i(t)=\frac{V_0}{R}e^{-\frac{t}{RC}} \tag{6.15}$$

の解が求まる．この時間変化を図 6.5(a) に示す．これは抵抗 R を介してコンデンサを充電する際に流れる電流であり，十分に時間が経過した後には $v_C(\infty)=V_0$ となって電流は 0 となる．

充電が完了した後にスイッチを ② ⇒ ① に切り替える．このときを改めて $t=0$ とすると，$i(0+)=-\frac{V_0}{R}$ となるので解は

$$i(t)=-\frac{V_0}{R}e^{-\frac{t}{RC}} \tag{6.16}$$

となる．これはコンデンサに蓄えられた電荷が R を介して放電する際に流れる電流である．この時間変化を図 6.5(b) に示す．

ついでにコンデンサ両端の電圧 v_C の変化を求めておこう．充電の際の変化は，$v_C=V_0-Ri(t)$，放電の際の変化は，$v_C=0-Ri(t)$ として各々次のように求まる：

---

1) もっとも電流がパルス（δ 関数）で供給されるような状況では瞬時の変化が可能だが，ここではそのような状況は考えない．コイルに関しても，電圧がパルス（δ 関数）で供給されれば，電流の不連続な変化が生じるが，これもここでは考えない．

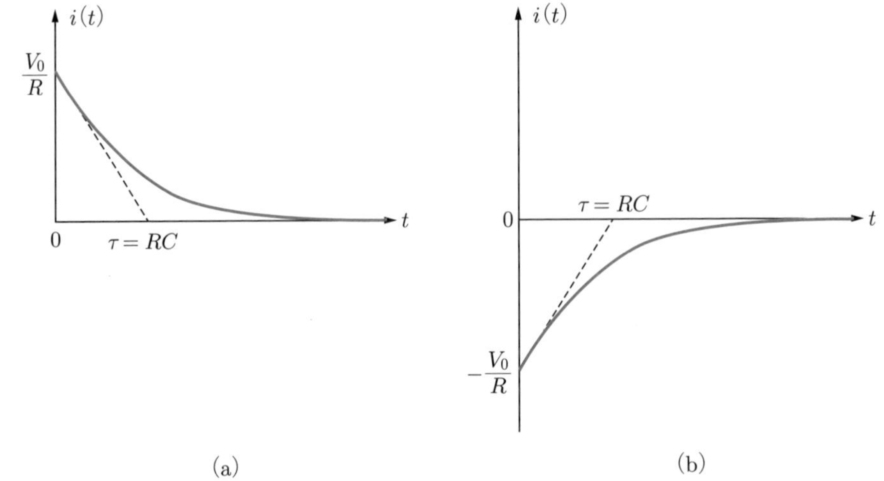

図 6.5　図 6.4 の回路に流れる電流の時間変化：スイッチオン時 (a) とスイッチオフ時 (b).

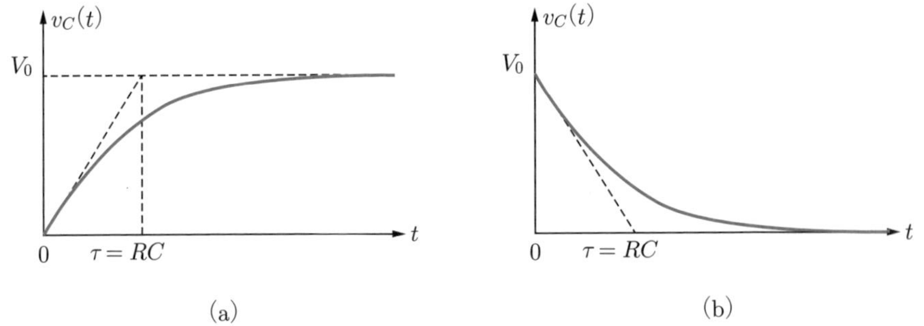

図 6.6　図 6.4 の回路におけるコンデンサ両端の電圧 $v_C(t)$ の時間変化：スイッチオン時 (a) とスイッチオフ時 (b).

$$\text{（充電特性）}\quad v_C(t) = V_0\left(1 - e^{-\frac{t}{RC}}\right) \tag{6.17}$$

$$\text{（放電特性）}\quad v_C(t) = V_0 e^{-\frac{t}{RC}} \tag{6.18}$$

これらの結果を図 6.6(a), (b) に示す.

図 6.6(a), (b) はコンデンサの充放電特性を表すものであるが，充放電の時定数は RC となっており，抵抗 R が大きいほど長くなる．図 6.6(a) は，エネルギーが電荷の形でコンデンサに蓄積されていく様子，同図 (b) はそのエネルギーが抵抗 R で消費されて消えていく様子を表している．電荷は R を介して流れる電流によって失わ

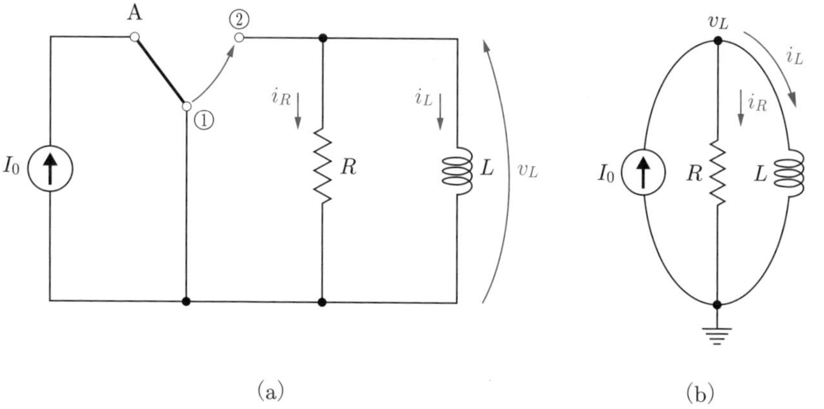

図 6.7　(a) R–L 並列回路を直流電流源で駆動する．時刻 $t = 0$ において A 点のスイッチを ① ⇒ ② に切り替える．(b) $t > 0$ での回路の状態．

れるので，R が大きいほど電流は流れにくく，時定数が大きくなる．この電荷によるエネルギーの蓄積と R による消費は，図 6.3 で述べた磁束によるエネルギーの蓄積と R による消費と，互いに対をなす現象といえる．

〈問題 6.1〉　コンデンサ両端の電圧 v_C の時間変化を，ノード方程式を立てて直接求めよ．(ヒント：充・放電の際の $t > 0$ における回路の電圧源を電流源に変換すること.)

6.1.3　*R*–*L* 並列回路の電流源によるスイッチング特性

図 6.7(a) の回路の特性を解析してみよう．これは R–L 並列回路を電流源で駆動するもので，コイル両端の電位差 v_L を未知数としてノード方程式を立てて解くことにする．$t = 0$ にスイッチを ① ⇒ ② に切り替えると，その回路の状態は同図 (b) のように表せる．この回路で電流源を電圧源に変換すれば（図 5.10 参照），図 6.1(a) と同じ回路になるので答えは既に分かっている．しかしここでは，微積分を含むノード方程式の立て方を示すため，電流源のままで解いてみる．コイルに流れる電流 i_L は，$v_L = L\frac{di_L}{dt}$ の両辺を積分して，

$$i_L = \frac{1}{L}\int^t v_L\ dt \tag{6.19}$$

となる．従って次のノード方程式が得られる．

$$\frac{v_L}{R} + \frac{1}{L}\int^t v_L\ dt = I_0 \tag{6.20}$$

両辺を微分して

$$\frac{1}{R}\frac{dv_L}{dt}+\frac{1}{L}v_L=0 \tag{6.21}$$

を得る．これより

$$v_L(t)=Ke^{-\frac{R}{L}t} \tag{6.22}$$

となる．

さてここで，初期条件 $v_L(0+)$ の値を知る必要がある．コイルに流れる電流 i_L の値はスイッチングの前後で変わらないから，$i_L(0+)=0$ である．ということは，スイッチング直後に電流源から流れ込む電流 I_0 は全て抵抗 R に流れることになる．従ってその電圧降下 RI_0 がそのままコイルの両端にかかることになる．つまり $v_L(0+)=RI_0$ である．これを式 (6.22) に入れて，

$$v_L(t)=RI_0e^{-\frac{R}{L}t} \tag{6.23}$$

として解が求まる．

時間が十分に経過した後には $v_L(\infty)=0$ となる．これは，コイルは直流的には抵抗が零の導線だからで，このとき電流源からの電流は全てコイルを流れている．

さて定常状態に達した後，スイッチを ② ⇒ ① に切り替えて電流源を切り離すとどうなるか．ノード方程式は式 (6.20) で右辺が 0 となるだけなので，微分方程式は式 (6.21) と同じである．つまり一般解も式 (6.22) と同じである．ここで大事なのは初期条件，つまり $v_L(0+)$ の値を知ることである．電流源を切り離す前にコイルに流れていた電流は，切り離し直後に変化することができないのでそのまま流れ続け，全て抵抗に流れることになる．従って $v_L(0+)=-RI_0$ となる．その結果，

$$v_L(t)=-RI_0e^{-\frac{R}{L}t} \tag{6.24}$$

を得る．

それではコイルに流れる電流 i_L を求めよう．これは図 6.7(b) から，$i_L=I_0-\frac{v_L}{R}$ として簡単に求まるが，ここでは式 (6.19) に従って v_L を積分することで求めてみる．このとき，積分の下限の取り方に注意が必要である．これは以下のようになる．

$$i_L(t)=\frac{1}{L}\int_{-\infty}^{t}v_L\ dt \tag{6.25}$$

積分の下限を $-\infty$ ととったのは，v_L の変化を過去からずっと積分することで現在の $i_L(t)$ の値が決まるからである．上記積分を以下のように $t<0$ と $t\geqq 0$ に分けて

実行する．

$$i_L(t) = \frac{1}{L}\int_{-\infty}^{t} v_L\ dt = \frac{1}{L}\int_{-\infty}^{0} v_L\ dt + \frac{1}{L}\int_{0}^{t} v_L\ dt \tag{6.26}$$

先ず電流源を接続した場合には，$t < 0$ では $v_L = 0$ なので式 (6.26) の第一項目の積分は零となる．第二項の v_L に式 (6.23) をいれて

$$i_L(t) = I_0\left(1 - e^{-\frac{R}{L}t}\right) \tag{6.27}$$

を得る．次に電流源を切り離した後のケースの計算では，式 (6.26) の第一項目の積分の結果は I_0 である．そして第二項の v_L は式 (6.24) で与えられるので，これを入れて積分を実行すると

$$i_L(t) = I_0 + I_0\left(e^{-\frac{R}{L}t} - 1\right) = I_0 e^{-\frac{R}{L}t} \tag{6.28}$$

となる．以上の結果は $RI_0 = V_0$ と置けば，図 6.1(a) の回路の結果と全く同じである．それは図 6.1(a) の回路において，直流電圧源と抵抗 R を組み合わせて直流電流源に等価変換すると，図 6.7(a) の回路となるからである（図 5.10 の電源の等価変換を参照のこと）．これら $v_L(t), i_L(t)$ の変化の様子を，それぞれ図 6.8，図 6.9 に示す．

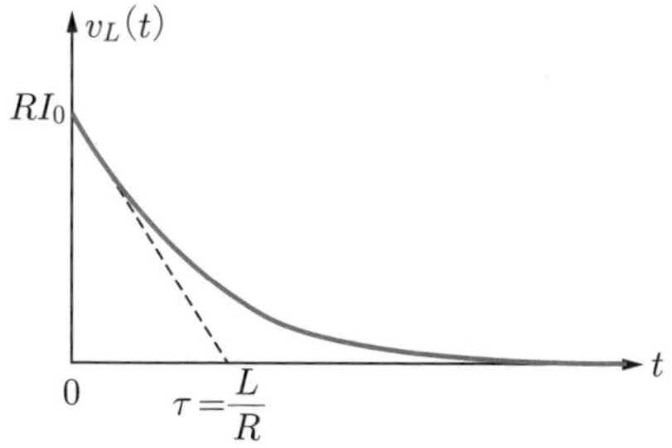

(a)

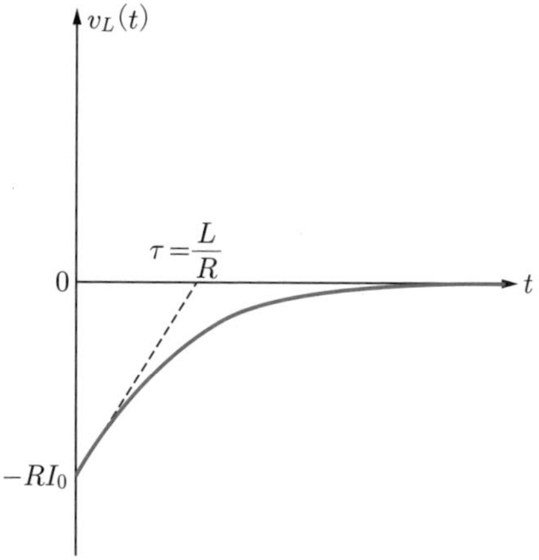

(b)

図 6.8　図 6.7(a) の回路におけるノード電圧 $v_L(t)$ の時間変化：スイッチオン時 (a) とスイッチオフ時 (b).

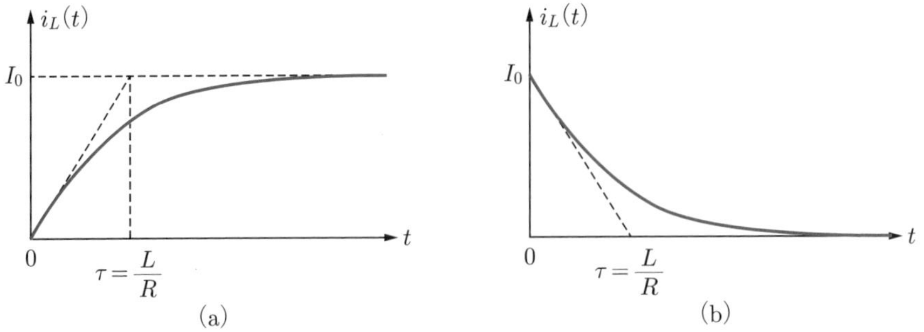

図 6.9　図 6.7(a) の回路においてコイルに流れる電流 $i_L(t)$ の時間変化：スイッチオン時 (a) とスイッチオフ時 (b).

〈問題 6.2〉　図 6.4 の回路において，コンデンサ両端の電圧 v_C の時間変化を，コンデンサに流れる電流 $i_C(t)$ を積分することによって求めよ．またこの計算で行う積分の物理的な意味について述べよ．(ヒント：上で述べた，$v_L(t)$ の積分から $i_L(t)$ を求めるやり方を参照すること.)

さてここで，図 6.4 の R–C 直列回路と図 6.7(a) の R–L 並列回路について，それぞれの結果である図 6.5 と 6.6，及び図 6.8 と 6.9 を見比べてみよう．両者が大変よく似通っていることに気付く．ただし電流と電圧，直列と並列等が入れ替わっている．これは前章の最後で述べた L と C の間に見られる双対性である．この関係を表 6.1 に対比して示した．今後このような双対の関係が回路解析の様々な局面で見出されることになるが，これは大変興味深いことである．

表 6.1　C と L の双対性

R とペアを組む素子	C（コンデンサ） （図 6.4 の回路）	L（コイル） （図 6.7(a) の回路）
R との接続関係	直列	並列
電源	電圧源	電流源
相似の時間変化特性	コンデンサ電流（図 6.5） コンデンサ電圧（図 6.6）	コイル電圧（図 6.8） コイル電流（図 6.9）

6.1.4　正弦波電源のスイッチング

それではもう少し複雑な時間変化を扱ってみよう．図 6.10(a) は図 6.1(a) と同じ R–L 直列回路であるが，電源は $t=0$ で正弦波が加わるというものである．従って $v(t)$ は

$$v(t) = V_0 \sin \omega t \cdot u(t) \tag{6.29}$$

と表される．ここで $u(t)$ は図 6.2 のステップ関数である．$t > 0$ でのループ方程式を立てると

$$L\frac{di}{dt} + Ri = V_0 \sin \omega t \tag{6.30}$$

となる．右辺 $= 0$ とした同次方程式は式 (6.3) と同じであり，その一般解は式 (6.5) で与えられる．従ってここでは，非同次式 (6.30) の特殊解を求めればよいことになる．これは線形方程式なので，$i(t)$ の波形も電源と同じ正弦波となる．ただしその振幅と位相が異なっている．そこで解の形を

$$i(t) = I_0 \sin(\omega t + \phi) \tag{6.31}$$

と置き，式 (6.30) に代入することによって I_0 と ϕ の値を求めると次の値を得る．

$$I_0 = \frac{V_0}{\sqrt{R^2 + (\omega L)^2}}, \quad \phi = \tan^{-1}\left(-\frac{\omega L}{R}\right)$$

式 (6.5) で与えられる一般解にこの特殊解を加えたものが，微分方程式 (6.30) の一般解となる．従ってその解は次式のようになる．

$$i(t) = Ae^{-\frac{R}{L}t} + \frac{V_0}{\sqrt{R^2 + (\omega L)^2}} \sin(\omega t + \phi) \tag{6.32}$$

これが初期条件 $i(0+) = 0$ を満たすように任意定数 A の値を決めると，解が以下のように求まる．

$$i(t) = \underbrace{\frac{\omega L V_0}{R^2 + (\omega L)^2}}_{\text{(同次式の解)}} e^{-\frac{R}{L}t} + \underbrace{\frac{V_0}{\sqrt{R^2 + (\omega L)^2}}}_{\text{(非同次式の特殊解)}} \sin(\omega t + \phi) \tag{6.33}$$

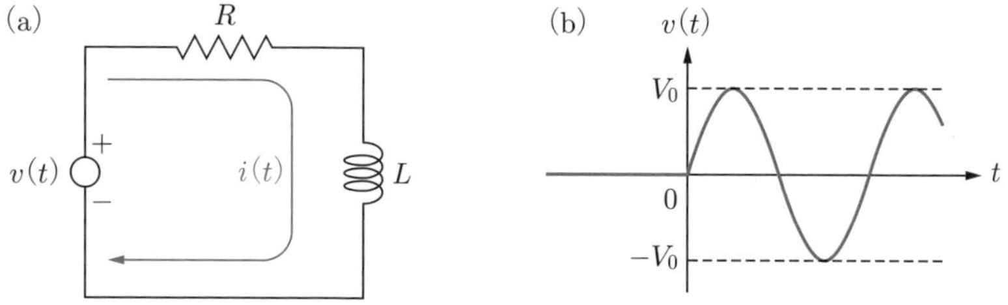

図 6.10　(a) R–L 直列回路に $t = 0$ で正弦波の電圧源を接続する．(b) 電源電圧 $v(t)$ の波形．

さてこの式を見ると，同次式の解である第一項は t の増加とともに消えてしまい，第二項の非同次式の特殊解だけが残る．ここで大事なことは，非同次式の特殊解はこの回路の定常的なふるまいを表しているということである．一方第一項は係数を除いて式 (6.10) と同じであり，この L–R 直列回路が持っているスイッチングに対する固有の過渡応答を示している．そして，式 (6.29) の正弦波電源に対する応答である定常的な正弦波振動とスムーズにつながるように，その係数が決まっているのである．

6.1.5 正弦波電源に対する定常解だけを求める―交流理論

それでは，正弦波電源に対する定常解だけを求めるもっと別の方法を考えよう．実際この定常解が重要な働きをする場面はいくらでもある．例えばアンプの周波数特性の評価である．性能の良いアンプを設計するためには，所定の周波数に対してアンプがどのような応答をするかを解析する必要がある．従って，正弦波電源に対する定常解をもっと簡便に求める方法があれば，それは実用上大変重要である．6.1.4 項では式 (6.31) を仮定して振幅と位相を求めたが，もっと簡便なやり方を考えよう．非同次式 (6.30) の右辺は sin 関数であるが，これはオイラーの定理：

$$e^{j\omega t} = \cos\omega t + j\sin\omega t$$

により，

$$\sin\omega t = \mathrm{Im}\left[e^{j\omega t}\right] \tag{6.34}$$

である．そこで式 (6.30) を

$$L\frac{di}{dt} + Ri = V_0 e^{j\omega t} \tag{6.35}$$

と書き換えて解を求め，求まった $i(t)$ に対してその虚数部（$\mathrm{Im}\,[i(t)]$）をとれば式 (6.30) に対する解が得られる．そこで解の形を

$$i(t) = Ie^{j\omega t} \tag{6.36}$$

と仮定して式 (6.35) に代入すると

$$(j\omega L)Ie^{j\omega t} + RIe^{j\omega t} = V_0 e^{j\omega t}$$

となるが，これが t の値によらず常に成り立つためには，

$$(j\omega L)I + RI = V_0 \tag{6.37}$$

とならねばならない．これより直ちに

$$I = \frac{V_0}{R + j\omega L} \tag{6.38}$$

として I が求まる．そして求める解は

$$i(t) = \mathrm{Im}\left[\frac{V_0}{R + j\omega L} e^{j\omega t}\right] \tag{6.39}$$

となる．これを計算すると式 (6.33) の第二項と同じ結果が得られる．

さてここで注目したいことは，式 (6.37) から式 (6.38) を求めるやり方である．これは図 6.11 に示したように，コイル L を虚数の抵抗値 $j\omega L$ を持った抵抗とみなして，直流電源 V_0 に対する直流電流 I を求めるのと全く同じ計算になっているということである．これが**交流理論**の手法である．微分方程式を解くことなく，抵抗回路と同じように代数方程式で答えが求まるのである．ここで虚数の $j\omega L$ は抵抗とは呼ばずにコイルの**インピーダンス**と呼ぶ．$Z = R + j\omega L$ はこの回路の**合成インピーダンス**であり，電流 I は電源電圧 V を Z で割ることによって $I = \frac{V}{Z}$ として求まる．直流回路の計算と何ら変わるところがない．違うのは電流 I が複素数だということだけである．しかし実際は $i(t) = \mathrm{Im}[Ie^{j\omega t}]$ であり，求める電流は実数となる．

それでは図 6.12(a) の回路についても同じ手法を適用してみよう．ここで電源 $v(t)$ は図 6.10(b) と同じとする．つまり式 (6.29) で与えられる．$t > 0$ でのループ方程式は

$$Ri + \frac{1}{C}\int^t i\,dt = V_0 \sin \omega t \tag{6.40}$$

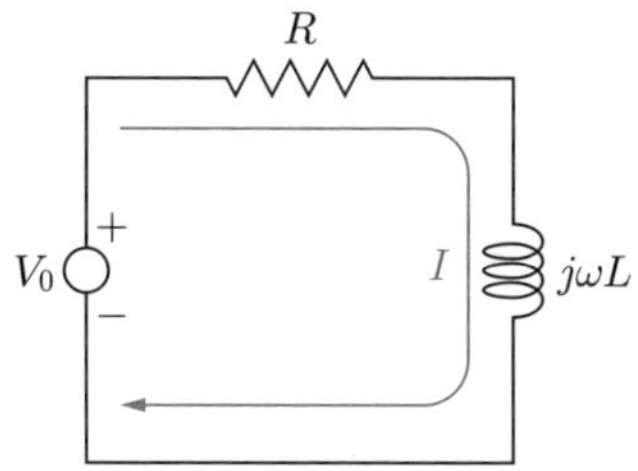

図 6.11　R–L 直列回路に振幅が V_0 の交流（正弦波）の電圧源を接続した回路．コイル L を虚数の抵抗値 $j\omega L$ を持った抵抗とみなし，直流電源 V_0 に対する直流電流 I を求めるのと全く同じ計算で定常状態の解が求められる．これが交流理論の手法である．

となる．前と同様に

$$i(t) = Ie^{j\omega t}$$

と置いて式 (6.40) に代入し，その右辺を $V_0 e^{j\omega t}$ とみなすと

$$RI + \frac{1}{j\omega C} I = V_0$$

を得る．これより

$$I = \frac{V_0}{R + \frac{1}{j\omega C}} \tag{6.41}$$

という結果を得る．

このことからコンデンサのインピーダンスは $\frac{1}{j\omega C}$ と表され，この回路の直列合成インピーダンスは $Z = R + \frac{1}{j\omega C}$ となり，電流は $I = \frac{V_0}{Z}$ として求まっていることが分かる（図 6.12(b) を参照）．あるいは，$I = YV_0$ と表すこともできる．ここで Y はインピーダンス Z の逆数 Y（$=Z^{-1}$）であり，**アドミッタンス**と呼ぶ．これは，抵抗 R に対するコンダクタンス G（$=R^{-1}$）の定義と対応している．

交流理論では，式 (6.38) や式 (6.41) をそのまま解として扱い，いちいち $\sin\omega t$ や $\cos\omega t$ を含んだ時間 t の関数の形では表さない．その理由は，定常状態に関する必要な情報は，全てこれらの式に含まれているからである．I の絶対値 $|I|$ を計算すれば電流の振幅が分かるし，位相角を求めれば電源に対する位相のずれが求まる．実際の $i(t)$ の波形が必要になれば，求めた I を用いて式 (6.39) のような計算を行い，電源が

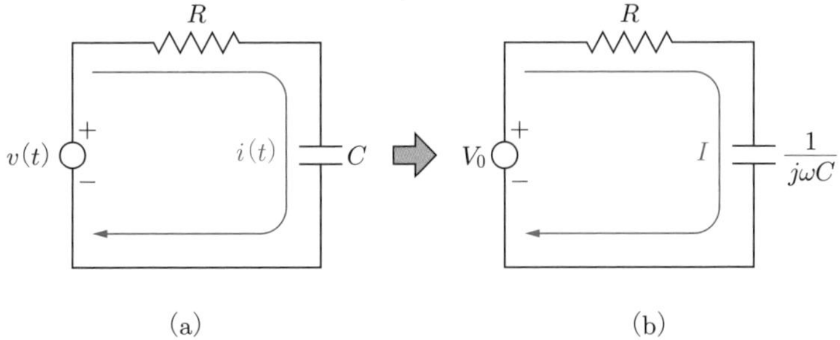

図 6.12　R–C 直列回路に振幅が V_0 の交流（正弦波）の電圧源を接続した回路．コイル C を虚数の抵抗値 $\frac{1}{j\omega C}$ を持った抵抗とみなして直流電源 V_0 に対する直流電流 I を求めるのと同じ計算を行う．

$\sin\omega t$ ならば虚数部を，$\cos\omega t$ ならば実数部をとればよい．こうして交流電源（$\sin\omega t$ や $\cos\omega t$ で変化する電源）に対する定常状態の解を容易に求めることができる．

また交流理論の手法で得られる結果は，回路の応答が周波数 ω によってどのように変化するかという，周波数特性の知見を容易に与えてくれる．これは信号処理の解析で大変重要なことである．なぜなら様々な時間変化をする信号波形は，フーリエ展開すると周波数の異なる $\sin\omega t$ や $\cos\omega t$ の重ね合わせで表現できるからである．

〈問題 6.3〉　図 6.12(a) の回路のスイッチオン後の定常解の形を求めよ．

6.1.6　交流理論で問題を解く

交流理論で問題を解く基本は簡単である．コイル L とコンデンサ C を，それぞれ $j\omega L$, $\frac{1}{j\omega C}$ という虚数の値を持った抵抗素子とみなす．そして第 5 章で展開したやり方をそのまま適用して問題を解くのである．このことを以下に例題で示そう．ただし，ここでは電源を表す V_0, I_0 等は，それぞれ $v(t) = V_0 e^{j\omega t}$, $i(t) = I_0 e^{j\omega t}$ 等の交流振幅を示すものとする．

例題 6.1

図 6.13 の L–R–C 交流直列回路について，I の値を求めよ．

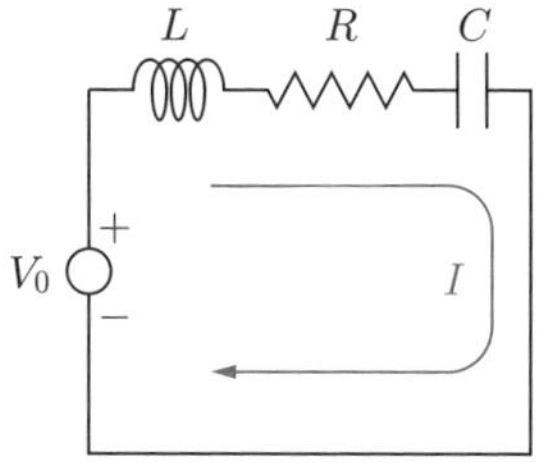

図 6.13　L–R–C 直列回路に振幅が V_0 の交流（正弦波）の電圧源を接続した回路．

【解答】　L–R–C の直列インピーダンス Z は，

$$Z = j\omega L + R + \frac{1}{j\omega C} \tag{6.42}$$

となるので

$$I = \frac{V_0}{Z} = \frac{V_0}{j\omega L + R + \frac{1}{j\omega C}} \tag{6.43}$$

となる．　■

例題 6.2

図 6.14 に示す，L–R–C 並列回路を交流電流源 I_0 で駆動したときの，ノード電圧 V の値を求めよ．

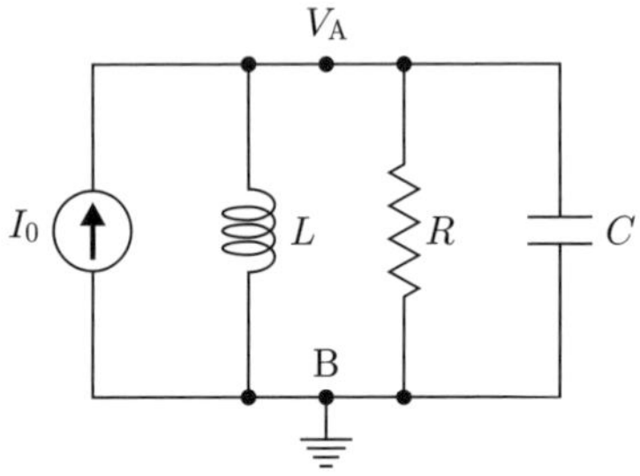

図 6.14　L–R–C 並列回路に振幅が I_0 の交流（正弦波）の電流源を接続した回路．

【解答】　ノード B を接地し，ノード A の電圧を V_{A} としたとき，V_{A} に対してノード方程式をたてると

$$\frac{V_{\mathrm{A}}}{j\omega L} + \frac{V_{\mathrm{A}}}{R} + \frac{V_{\mathrm{A}}}{\frac{1}{j\omega C}} = I_0 \tag{6.44}$$

これより

$$V_{\mathrm{A}} = \frac{I_0}{\frac{1}{j\omega L} + \frac{1}{R} + j\omega C} \tag{6.45}$$

となる．あるいは L–R–C 並列接続の合成アドミッタンス Y は

$$Y = \frac{1}{j\omega L} + \frac{1}{R} + j\omega C$$

となるので，

$$I_0 = YV_{\mathrm{A}}$$

として求めてもよいことは言うまでもない．■

例題 6.3

図 6.15(a) の交流回路について，各ブランチの電流 I_1, I_2, I_3 を求めよ．

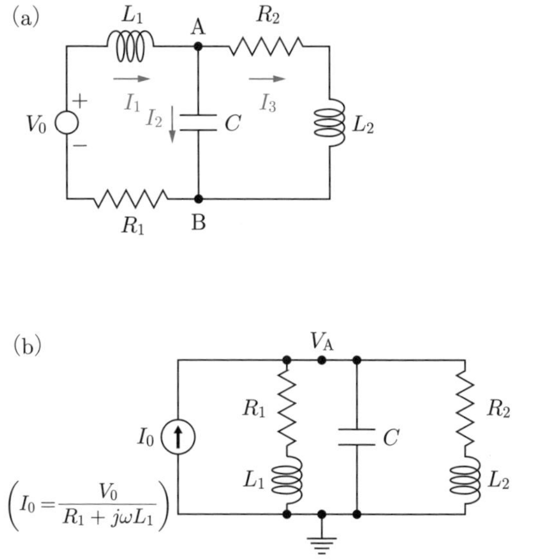

図 6.15　(a) 例題 6.3 の交流回路．(b) 電圧源を電流源に等価変換した回路．

【解答】　この回路ではループ方程式の数は 2，ノード方程式の数は 1 となるので，ノード方程式を立ててノード A の電位 V_A を求めることにする．そのため，電圧源を等価変換によって電流源に変えたものが同図 (b) である．これより

$$\frac{V_\mathrm{A}}{R_1 + j\omega L_1} + j\omega C V_\mathrm{A} + \frac{V_\mathrm{A}}{R_2 + j\omega L_2} = I_0 = \frac{V_0}{R_1 + j\omega L_1}$$

を得る．そして

$$\begin{aligned} V_A &= \frac{V_0}{R_1 + j\omega L_1} \cdot \frac{1}{\frac{1}{R_1 + j\omega L_1} + j\omega C + \frac{1}{R_2 + j\omega L_2}} \\ &= \frac{V_0}{1 + j\omega C(R_1 + j\omega L_1) + \frac{R_1 + j\omega L_1}{R_2 + j\omega L_2}} \end{aligned}$$

となり，各ブランチのインピーダンスからブランチ電流が次のように求まる．

$$I_1 = -\frac{V_\mathrm{A} - V_0}{R_1 + j\omega L_1}, \quad I_2 = j\omega C V_\mathrm{A}, \quad I_3 = \frac{V_\mathrm{A}}{R_2 + j\omega L_2} \qquad ■$$

例題 6.4

図 6.16 の交流回路について，ループ電流 I_1, I_2, I_3 を求めるループ方程式を立てよ．

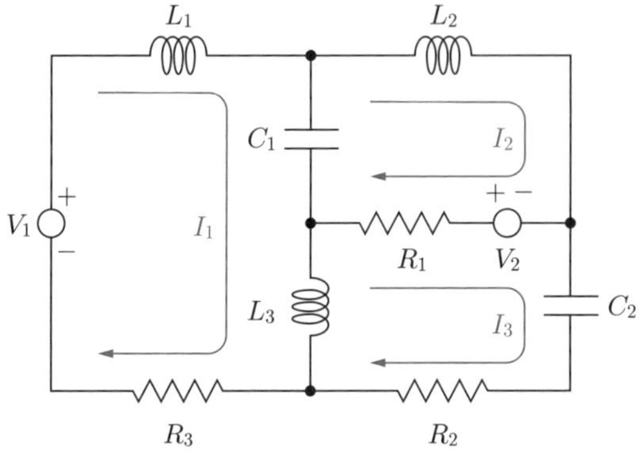

図 6.16　例題 6.4 の交流回路.

【解答】　式 (5.24) に従って以下の方程式が得られる．

$$\begin{pmatrix} j\omega(L_1+L_3)+R_3+(j\omega C_1)^{-1} & -(j\omega C_1)^{-1} & -j\omega L_3 \\ -(j\omega C_1)^{-1} & j\omega L_2+R_1+(j\omega C_1)^{-1} & -R_1 \\ -j\omega L_3 & -R_1 & j\omega L_3+R_1+R_2+(j\omega C_2)^{-1} \end{pmatrix} \begin{pmatrix} I_1 \\ I_2 \\ I_3 \end{pmatrix}$$

$$= \begin{pmatrix} V_1 \\ V_2 \\ -V_2 \end{pmatrix}$$

■

6.1.7　*L*–*R*–*C* 直列回路の解析

微分方程式による回路解析のもう一つの例として，図 6.13 の L–R–C 直列回路を取り上げる．これによって二階の微分方程式の解法を説明する．以下では，ステップ関数に対する応答と正弦波電源のスイッチングに対する応答の両方について述べる．

(a) ステップ関数に対する応答　電源が図 6.1(a) と同様に，$t=0$ でスイッチを接地から直流電源 V_0 に切り替える場合を考える．即ち，

$$v_{\mathrm{A}}(t) = V_0 \cdot u(t) \tag{6.46}$$

とする．$t > 0$ でのループ方程式は，

$$L\frac{di}{dt} + Ri + \frac{1}{C}\int^{t} i\ dt = V_0 \tag{6.47}$$

となる．両辺を微分して

$$L\frac{d^2 i}{dt^2} + R\frac{di}{dt} + \frac{1}{C}i = 0 \tag{6.48}$$

という，二階の線形同次方程式を得る．二階の微分方程式の一般解には二つの任意定数が入るので，二つの初期条件が必要となる．先ずこれを考えてみよう．

$t < 0$ では $i(t) = 0$ であり，スイッチオンに際して L に流れる電流は瞬時に変化できないので $i(0+) = 0$ である．つまり $t = 0+$ で式 (6.47) の第二項は 0 である．またコンデンサに電荷の蓄積はなく，その両端の電圧は瞬時に変化できないので第三項も 0 である．従って，式 (6.47) は $t = 0+$ で，

$$L\frac{di}{dt} = V_0$$

となる．その結果二つの初期条件は

$$i(0+) = 0 \tag{6.49}$$

$$\left.\frac{di}{dt}\right|_{t=0+} = \frac{V_0}{L} \tag{6.50}$$

となる．

二階の線形同次微分方程式 (6.48) を解くには，解を

$$I = \exp(\lambda t)$$

と置いて代入する．そうすると λ を求める以下の二次方程式を得る．

$$L\lambda^2 + R\lambda + \frac{1}{C} = 0 \tag{6.51}$$

これを**特性方程式**と呼ぶ．その根は

$$\lambda = -\frac{R}{2L} \pm \sqrt{\left(\frac{R}{2L}\right)^2 - \frac{1}{LC}} \tag{6.52}$$

となり，L, R, C の値によって次の三つの場合に分かれる．

(i)　$\boldsymbol{R^2 > \frac{4L}{C}}$ で二つの実根 $\boldsymbol{\lambda_1, \lambda_2}$ を持つ場合

この場合は，

$$i = Ae^{\lambda_1 t} + Be^{\lambda_2 t} \tag{6.53}$$

が一般解となる．λ_1（複号の $+$），λ_2（複号の $-$）を入れて，初期条件である 式 (6.49)，及び式 (6.50) を満たすように A, B の値を決めると以下の解が得られる．

$$\begin{aligned} i(t) &= \frac{V_0}{2L\sqrt{\left(\frac{R}{2L}\right)^2 - \frac{1}{LC}}} e^{-\frac{R}{2L}t} \\ &\times \left[e^{\left(\sqrt{\left(\frac{R}{2L}\right)^2 - \frac{1}{LC}}\right)t} - e^{\left(-\sqrt{\left(\frac{R}{2L}\right)^2 - \frac{1}{LC}}\right)t} \right] \end{aligned} \tag{6.54}$$

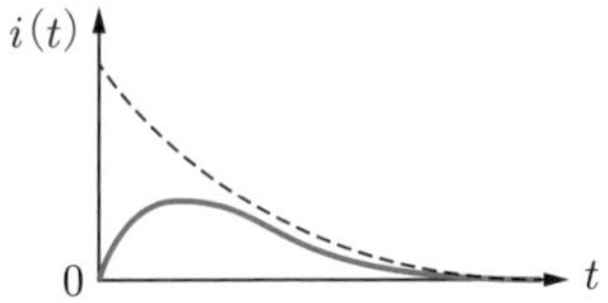

図 6.17　特性方程式が二つの実根を持つ場合の $i(t)$ の波形．

これは図 6.17 のような時間変化をして，$t \to \infty$ では減衰して消えてしまう過渡特性を持っている．

(ii)　$\boldsymbol{R^2 = \frac{4L}{C}}$ で重根を持つ場合

$\lambda = -\frac{R}{2L}$ となり，このときの一般解は

$$i = Ae^{\lambda t} + Bte^{\lambda t} \tag{6.55}$$

の形となる．初期条件 $i(0+) = 0$ より $A = 0$ となり，また式 (6.50) より

$$B = \frac{V_0}{L}$$

が得られ，

$$i(t) = \frac{V_0}{L} te^{-\frac{R}{2L}t} \tag{6.56}$$

が解として得られる．これは図 6.18 のような時間変化を示す．

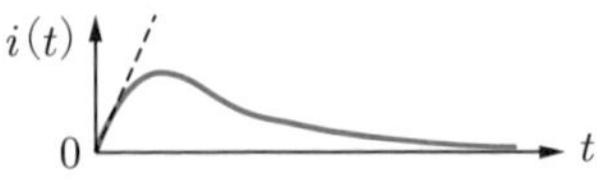

図 6.18　特性方程式が重根を持つ場合の $i(t)$ の波形．

(iii)　$\boldsymbol{R^2 < \frac{4L}{C}}$ で共役複素数の根を持つ場合

一般解は式 (6.53) の形をしており，ここで二つの根 λ_1, λ_2 は互いに複素共役の関係にある．これに初期条件を入れて係数 A, B を求めると解は

$$i(t) = \frac{V_0}{L\sqrt{\frac{1}{LC} - \left(\frac{R}{2L}\right)^2}} e^{-\frac{R}{2L}t} \times \sin\sqrt{\frac{1}{LC} - \left(\frac{R}{2L}\right)^2}\, t \tag{6.57}$$

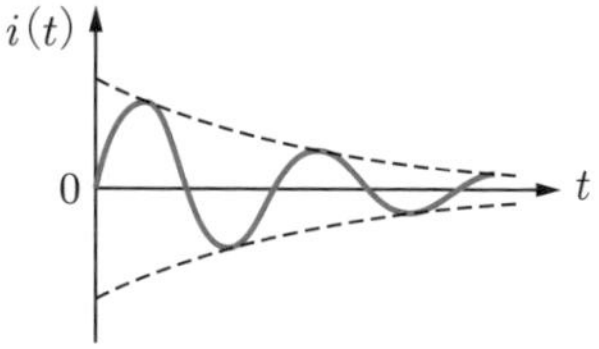

図 6.19　特性方程式が共役複素数の二つの根を持つ場合の $i(t)$ の波形.

となり，その特性は図 6.19 に示したように時間とともに減衰する sin 振動となる.

(b) 正弦波電源のスイッチングに対する応答　次に $t = 0$ で sin 関数の電源を加えた場合を解析する. $v(t)$ の形は図 6.10(b) と同じで

$$v(t) = V_0 \sin\omega t \cdot u(t) \tag{6.58}$$

と表される. $t > 0$ でのループ方程式は,

$$L\frac{di}{dt} + Ri + \frac{1}{C}\int^{t} i\ dt = V_0 \sin\omega t \tag{6.59}$$

となり，両辺を微分すると

$$L\frac{d^2i}{dt^2} + R\frac{di}{dt} + \frac{1}{C}i = \omega V_0 \cos\omega t \tag{6.60}$$

となる. この二階の非同次微分方程式を解くわけであるが，対応する同次方程式は式 (6.48) 式と同じであり，すでにその一般解は求まっている. 従ってここで必要なのは，特殊解を求めることだけである. しかしこれもすでに交流理論を用いて，式 (6.43) のように答えが分かっている. この式 (6.43) を次のように変形する.

$$I = \frac{V_0}{j\omega L + R + \frac{1}{j\omega C}} = \frac{V_0}{\sqrt{R^2 + \left(\frac{1}{\omega C} - \omega L\right)^2}} e^{j\phi}$$

$$\phi = \tan^{-1}\frac{\frac{1}{\omega C} - \omega L}{R}$$

これを用いると

$$i(t) = \mathrm{Im}\left[\frac{V_0}{\sqrt{R^2 + \left(\frac{1}{\omega C} - \omega L\right)^2}} e^{j(\omega t + \phi)}\right] = \frac{V_0}{\sqrt{R^2 + \left(\frac{1}{\omega C} - \omega L\right)^2}} \sin\left(\omega t + \phi\right) \tag{6.61}$$

となる．これが求める特殊解である．

sin 関数をスイッチングしたときの過渡的な応答に関しても，(a) のステップ関数に対する場合と同様に，L, R, C の値によって三つの場合に分かれる．そしてその一般解は，ステップ関数に対して求めた一般解に，上の式 (6.61) を足し合わせることで得られる．ただし初期条件はステップ関数の場合とは異なり，次のようになる．

$$i(0+) = 0 \tag{6.62}$$

$$\left.\frac{di}{dt}\right|_{t=0+} = 0 \tag{6.63}$$

式 (6.63) となる理由は，$t = 0+$ で式 (6.59) の右辺は 0 となるからである．これらの初期条件を満たすように同次式の解に含まれる任意定数 A, B の値を求めればよい．ここではその導出は行わないが，L, R, C に具体的な数値を与えた場合の結果については，6.2.6 項の例題 6.7 で述べる．

6.2　微分方程式を代数方程式として解く—ラプラス変換

6.1 節では，回路の微分方程式を立て，それを解くことによって回路の振る舞いを解析した．これは線形微分方程式の一般的な解法に従って行った．つまり，同次式（右辺 $= 0$）の一般解と非同次式（右辺 $\neq 0$）の特殊解を求め，これらを加算することでその一般解を得た．そしてこれに回路の初期条件を入れることによって任意定数を定め，最終的な解が得られた．この解において，同次式の解は電源とは関係のないその回路特有の過渡応答を表し，時間の経過とともに減衰して消えてしまう（ただし，減衰するのは回路が R を含む場合であり，R でエネルギーが消費されるからである）．一方，正弦波電源に対する応答である特殊解は，定常解として安定に存在する．信号解析等で重要となるのはこの定常解であり，これを簡便に求める方法として交流理論の手法を説明した．交流理論では，いちいち微分方程式を解く必要が無く，L や C をそれぞれ $j\omega L$, $\frac{1}{j\omega C}$ の虚数の抵抗値を持った素子とみなし，直流回路と同じ扱いで解を求めることができた．その結果，第 5 章で述べた回路解析の方法がそっくりそのまま使うことができるのである．しかし，交流理論で求めることができるのは正弦波電源に対する定常解だけであり，過渡応答を求めることはできない．

これから本節で述べるのは，この過渡応答も含め直流回路と全く同じ手続きで解を求めることのできる方法である．これが**ラプラス変換**である．ラプラス変換を用いると微分方程式を代数方程式として解くことができる．従って第 5 章の回路解析の手法がほとんどそのまま使えるという大変便利なものである．また初期条件が定式化に最初から組み込まれているため，一般解を求めてから初期条件を入れて任意定数を決めるといった手順も必要無くなる．

6.2.1　ラプラス変換

ラプラス変換では，時間 t の関数をいったん複素数 s（$=\sigma+j\omega$）の関数に変換し，s の関数として代数演算を行って答えを求める．そして求まった答えを，t の関数に逆変換することによって解を求めるというやり方である．

先ず記号の約束をしておこう．時間の関数を $f(t)$，これをラプラス変換したものを $F(s)$ と対応する大文字で表すことにする．そうするとラプラス変換は次式で定義される．

$$F(s) = L[f(t)] = \int_0^{\infty} f(t)e^{-st}\,dt \tag{6.64}$$

ここで $L[f(t)]$ は，$f(t)$ をラプラス変換するという記号である．この積分の収束性について本書では特に議論しないが，$e^{-\sigma t}$ が強力な減衰特性を持っているため特に問題はないと考えてよい．この定義からすぐ分かるように，次の線形加算が成り立つ．

$$L[af_1(t) + bf_2(t)] = aL[f_1(t)] + b[f_2(t)] \tag{6.65}$$

$F(s)$ から $f(t)$ への逆変換は，次の複素積分によって行うことができる．

$$f(t) = L^{-1}[F(s)] = \frac{1}{2\pi j}\int_{\sigma_1 - j\omega}^{\sigma_1 + j\omega} F(s)e^{st}\,ds \quad (\sigma_1 > \sigma_{\mathrm{c}}) \tag{6.66}$$

ここで σ_{c} は $f(t)$ のラプラス変換が収束する境界値である．しかし実際の問題でこの複素積分を実行することは無い．その代わり，予めよく出てくる関数に対して上の式 (6.64) によって $F(s)$ を求めて一覧表を作っておく．そしてその一覧表を用いて元の $f(t)$ を求める方法が一般的に用いられる．

〈補足 6.1〉　これから述べるラプラス変換による解法は，ヘビサイド（Oliver Heaviside：（英）1850-1925）によって開発された演算子を用いた微分方程式の記号的解法がその元となっている．ヘビサイドは優れたエンジニアであり，電気回路の問題を簡単に解くためにこの独自の方法を編み出した．$\frac{d}{dt} \equiv D$ と微分演算を記号で表し，n 次の微分方程式を D の n 次の多項式に置き換え，代数演算によって解を求める方法を開発した．これにより正しい解が得られたのであるが，数学的に厳密な裏付けがないと批判された．その後，その数学的な基礎は 1780 年のラプラスの文献にあるとしてその正しさが明らかにされ，現在ではラプラス変換として広く用いられている．ここでは回路解析への応用を中心に大事なところだけを述べるが，さらに詳しく知りたい読者は，例えば，数理工学社刊：原島・堀「工学基礎ラプラス変換と z 変換」（参考文献 [5]）等を参照されたい．

6.2.2 代表的な関数のラプラス変換

それでは次に，代表的な時間の関数 $f(t)$ を取り上げ，その $F(s)$ を求めてみよう．式 (6.64) の積分を実行するにあたっては，s が複素数であることは気にしないで通常の積分を行えばよい．

♦ステップ関数： $\boldsymbol{u(t)}$ これはスイッチオンのときによく使う関数である．

$$L[u(t)] = \int_0^\infty e^{-st}\, dt = -\frac{1}{s}[e^{-st}]_0^\infty = \frac{1}{s} \tag{6.67}$$

としてラプラス変換の結果が求まる．これ以降全ての関数は $t < 0$ で $f(t) = 0$，即ち，$f(t) \cdot u(t)$ を表すものであるとする．

♦指数関数： $\boldsymbol{e^{at}}$

$$L[e^{at}] = \int_0^\infty e^{-(s-a)t}\, dt = \frac{1}{s-a} \tag{6.68}$$

〈問題 6.4〉 式 (6.68) の結果を用いて，三角関数のラプラス変換が以下の式で表されることを導け．

$$L[\sin \omega t] = \frac{\omega}{s^2 + \omega^2} \tag{6.69}$$

$$L[\cos \omega t] = \frac{s}{s^2 + \omega^2} \tag{6.70}$$

双曲線関数に関しても以下のような変換結果が得られる．

$$L[\sinh at] = \frac{a}{s^2 - a^2} \tag{6.71}$$

$$L[\cosh at] = \frac{s}{s^2 - a^2} \tag{6.72}$$

♦$\boldsymbol{f(t) = t}$ これは部分積分を用いて以下のように求まる．

$$L[t] = \int_0^\infty t e^{-st}\, dt = -\frac{1}{s}[te^{-st}]_0^\infty + \frac{1}{s}\int_0^\infty e^{-st}\, dt = \frac{1}{s^2} \tag{6.73}$$

〈問題 6.5〉　次の関係を導け．

$$L[t^n] = \frac{n!}{s^{n+1}} \tag{6.74}$$

♦$e^{at}f(t)$ の形の変換　ラプラス変換一覧表のレパートリーを増やすため，これを求めてみよう．

$$L[e^{at}f(t)] = \int_0^\infty f(t)e^{-(s-a)t}\,dt = F(s-a) \tag{6.75}$$

e^{at} を掛けるということは，s を $s-a$ で置き換えればよいことが分かる．

この関係を用いると，式 (6.56) に現れる te^{at} の形の関数は以下のように変換される．

$$L[te^{at}] = \frac{1}{(s-a)^2} \tag{6.76}$$

また

$$L[t^n e^{at}] = \frac{n!}{(s-a)^{n+1}} \tag{6.77}$$

となる．さらに式 (6.57) 等で見られる関数の変換結果が以下の形になることが容易に分かる．

$$L[e^{-at}\sin\omega t] = \frac{\omega}{(s+a)^2+\omega^2} \tag{6.78}$$

$$L[e^{-at}\cos\omega t] = \frac{s+a}{(s+a)^2+\omega^2} \tag{6.79}$$

♦時間軸上での波形のシフト：$f(t-\tau)$（$\tau > 0$）　図 6.20 のように，$f(t)\cdot u(t)$ を時間軸上で正方向へ τ（>0）シフトした関数，$f(t-\tau)\cdot u(t-\tau)$ のラプラス変換を考える．元の関数が $t<0$ で $f(t)=0$ であるという形をそのままシフトすることが重要なので，ここではそのことを明示するためステップ関数をかけた形で表した．シフトした関数を $f_1(t)$ と表すと

$$f_1(t) = f(t-\tau)\cdot u(t-\tau) \quad (t>\tau)$$

$$f_1(t) = 0 \quad (0 \leqq t \leqq \tau)$$

となる．従って，

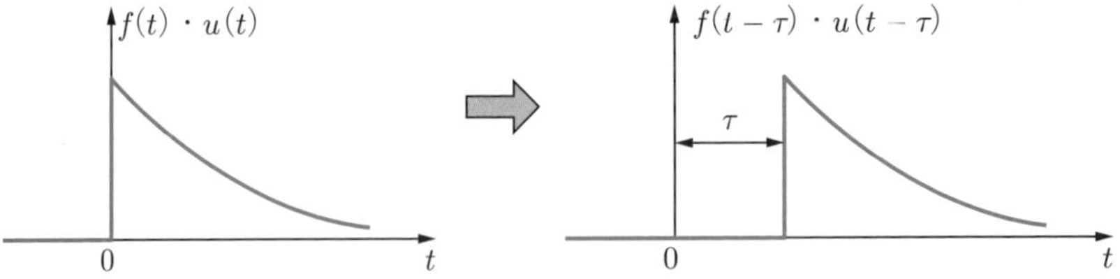

図 6.20　信号波形を時間軸上で正方向に $\tau\ (>0)$ シフトする．

$$
\begin{aligned}
L[f_1(t)] &= \int_0^{\tau} f_1(t)e^{-st}\, dt + \int_{\tau}^{\infty} f_1(t)e^{-st}\, dt \\
&= \int_{\tau}^{\infty} f(t-\tau)\cdot u(t-\tau)e^{-st}\, dt \\
&= e^{-s\tau}\int_{\tau}^{\infty} f(t-\tau)\cdot u(t-\tau)e^{-s(t-\tau)}\, dt \\
&= e^{-s\tau}\int_0^{\infty} f(t')\cdot u(t')e^{-st'} dt' = e^{-s\tau}F(s)
\end{aligned}
$$

即ち

$$
L[f(t-\tau)\cdot u(t-\tau)] = e^{-s\tau}F(s) \quad (\tau > 0) \tag{6.80}
$$

という結果を得る．

♦ **時間軸上でのスケーリング：** $\boldsymbol{f(\alpha t)}$　これに関しても，以下の関係の成り立つことが直ぐに導かれる．

$$
L[f(\alpha t)] = \frac{1}{\alpha}F\left(\frac{s}{\alpha}\right) \tag{6.81}
$$

6.2.3 微分・積分のラプラス変換

回路方程式で重要なのは微分と積分の演算である．これがラプラス変換ではどう表現されるかを次に見てみよう．

♦ $\boldsymbol{\frac{df(t)}{dt}}$ **の変換**　これも部分積分を用いて次のように導かれる．

$$
\begin{aligned}
L\left[\frac{d}{dt}f(t)\right] &= \int_0^{\infty}\left(\frac{d}{dt}f(t)\right)e^{-st}\, dt = \left[f(t)e^{-st}\right]_0^{\infty} + s\int_0^{\infty} f(t)e^{-st}\, dt \\
&= -f(0+) + sF(s)
\end{aligned}
$$

即ち

$$L\left[\frac{d}{dt}f(t)\right] = sF(s) - f(0+) \tag{6.82}$$

となる．

同様の操作を繰り返すことにより次の結果が得られる．

$$L\left[\frac{d^n}{dt^n}f(t)\right] = s^nF(s) - s^{n-1}f(0+) - s^{n-2}f'(0+) \\ - \cdots - sf^{(n-2)}(0+) - f^{(n-1)}(0+) \tag{6.83}$$

♦$\int_{-\infty}^{t} f(x)\ dt$ のラプラス変換　これも部分積分を用いて計算する．

$$\begin{aligned} L\left[\int_{-\infty}^{t} f(t)\ dt\right] &= \int_0^\infty \left(\int_{-\infty}^{t} f(t')\ dt'\right) e^{-st}\ dt \\ &= -\frac{1}{s}\left[\left(\int_{-\infty}^{t} f(t')\ dt'\right) e^{-st}\right]_0^\infty + \frac{1}{s}\int_0^\infty f(s)e^{-st}\ dt \\ &= \frac{1}{s}\int_{-\infty}^{0} f(t)\ dt + \frac{1}{s}F(s) \end{aligned}$$

従って

$$L\left[\int_{-\infty}^{t} f(t)\ dt\right] = \frac{1}{s}F(s) + \frac{1}{s}\int_{-\infty}^{0} f(t)\ dt \tag{6.84}$$

となる．ここで $f(t)$ の積分の下限を $-\infty$ としたが，もし $f(t) = f(t)\cdot u(t)$ であり，$t < 0$ で $f(t) = 0$ の場合は，式 (6.84) の第二項 $= 0$ となる．この積分の変換に際して出てくる第二項は，微分の変換で出てくる式 (6.82) の第二項と同様，微分方程式を解く際に必要となる初期条件の設定に対応している．これが,「ラプラス変換では，初期条件が最初から定式化に含まれている」といったことの意味である．

6.2.4　複素数 s を用いたインピーダンス表現

それではこれから，ラプラス変換を用いることで回路の微分方程式が簡単に解けることを具体的に示そう．先ず L と C の複素数 s を用いたインピーダンス表現を求める．交流理論のところで説明したように，インピーダンス表現が求まれば，直流回路を解くのと同じ手軽さで回路の微分方程式が解けるのである．

図 6.21(a) は前章の図 5.3 と同じで，コイルにおける反抗起電力を示している．つまり，コイルに $i_L(t)$ という電流を流すとコイルの両端に

$$v_L(t) = L\frac{di_L(t)}{dt} \tag{6.85}$$

という電圧が生じる．この関係をラプラス変換すると

$$V_L(s) = L[sI_L(s) - i_L(0+)] \tag{6.86}$$

となる．この式の第二項は，$t = 0+$ にコイルに流れている電流の値である．このことから，初期電流が $i_L(0+)$ であるコイルは図 6.21(b) のように表現される．つまりインピーダンス $Z(s) = sL$ と電圧源 $L\,i_L(0+)$ が直列接続されたものである（電圧源のプラス・マイナスの向きに注意）．あるいは，電圧源・電流源の等価変換（図 5.10）を用いて同図 (c) のように表してもよい．

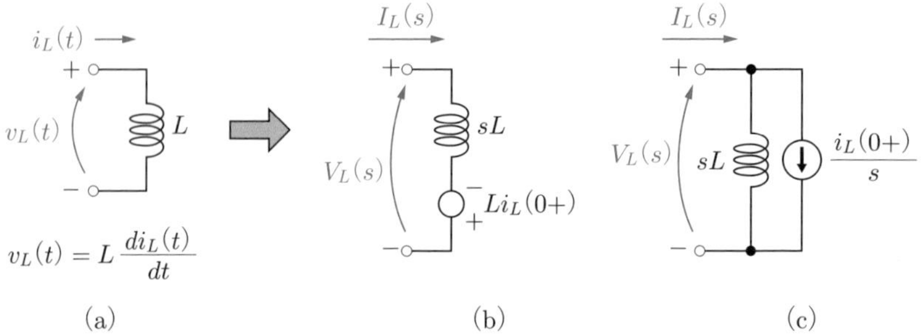

図 6.21　(a) コイルに発生する反抗起電力．(b) ラプラス変換を用いたコイルのインピーダンス表現．(c) 電圧源を電流源に変換したもの．

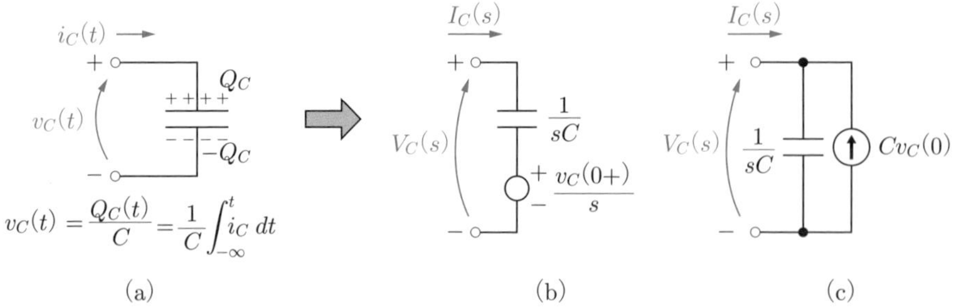

図 6.22　(a) コンデンサに発生する反抗起電力．(b) ラプラス変換を用いたコンデンサのインピーダンス表現．(c) 電圧源を電流源に変換したもの．

図 6.22(a) はコンデンサの反抗起電力を表した図である.

$$v_C(t) = \frac{1}{C}\int_{-\infty}^{t} i_C(t)\ dt \tag{6.87}$$

をラプラス変換すると

$$V_C(s) = \frac{1}{C}\left(\frac{1}{s}I_C(s) + \frac{1}{s}\int_{-\infty}^{0} i_C(t)\ dt\right) \tag{6.88}$$

となる. ここで第二項の電流の積分は

$$\int_{-\infty}^{0} i_C(t)\ dt = Q_C(0+) \tag{6.89}$$

であり, $t = 0+$ にコンデンサの電極に蓄えられている電荷の量を表している. そして $\frac{Q_C(0+)}{C} = v_C(0+)$ であるから,

$$V_C(s) = \frac{1}{sC}I_C(s) + \frac{1}{s}v_C(0+) \tag{6.90}$$

と表される. つまりコンデンサのラプラス変換による表現は同図 (b) のようになり, $\frac{1}{sC}$ のインピーダンスに $\frac{v_C(0+)}{s}$ の電圧源が直列接続されたものになる (同図 (c) は電流源に等価変換したものを示す).

例題 6.5

式 (6.85), 式 (6.87) は, それぞれ電流 i_L, i_C から端子電圧 v_L, v_C を求める式であり, ループ方程式を立てる際に用いた. 一方, ノード方程式を立てる際には, 逆に電圧 v_L, v_C から電流 i_L, i_C を求める必要がある. 即ち

$$i_L(t) = \frac{1}{L}\int_{-\infty}^{t} v_L(t)\ dt \tag{6.91}$$

及び

$$i_C(t) = C\frac{dv_C(t)}{dt} \tag{6.92}$$

の関係である. これら二つの式のラプラス変換から対応するインピーダンス表現を求め, それぞれ図 6.21(c), 図 6.22(c) と同じになることを示せ.

【解答】

$$i_L(t) = \frac{1}{L}\int_{-\infty}^{t} v_L(t)\ dt$$

をラプラス変換すると

$$I_L(s) = \frac{1}{L}\left(\frac{1}{s}V_L(s) + \frac{1}{s}\int_{-\infty}^{0} v_L(t)\ dt\right)$$

となる．ここで第二項の電流の積分は

$$\int_{-\infty}^{0} v_L(t)\ dt = Li_L(0+)$$

であり，$t = 0+$ にコイルに蓄えられている磁束の量を表している．従って，

$$I_L(s) = \frac{1}{sL}V_L(s) + \frac{1}{s}i_L(0+)$$

と表される．これは図 6.21(c) で表現される．

また

$$i_C(t) = C\frac{dv_C(t)}{dt}$$

をラプラス変換すると

$$I_C(s) = C(sV_C(s) - v_C(0+))$$

となる．これは図 6.22(c) と同じ表現となる．■

図 6.21，図 6.22 の表現を用いれば，直流回路を解くのと全く同じ手法で答えを求めることができる．s を用いた L や C のインピーダンス表現である sL や $\frac{1}{sC}$ は，$s = j\omega$ （$\sigma = 0$）と置き換えれば交流理論の $j\omega L$ や $\frac{1}{j\omega C}$ と同じになる．交流理論と異なるのは，余分の電源が加わることである．これらは回路の初期条件を表しており，回路の過渡応答を求めるには必須の情報である．それではどのように問題が解けるのかを，次に具体的に見ていこう．

6.2.5 ラプラス変換による回路方程式の解法

本項では，6.1 節で微分方程式を用いて解いた回路に対して，ラプラス変換を適用して解を求めてみる．

先ず図 6.1(a) の R–L 回路について見てみよう．この回路の $t > 0$ でのループ方

程式は式 (6.2) で与えられるが，この両辺をラプラス変換すると

$$L(sI(s)-i_L(0+))+RI(s)=\frac{V_0}{s} \tag{6.93}$$

となる．一方，図 6.23(a) は図 6.21(b) のインピーダンス表現を用いて図 6.1(a) を書き換えたものだが，この回路のループ方程式を書くと

$$RI(s)+sLI(s)-Li_L(0+)=\frac{V_0}{s} \tag{6.94}$$

となり，式 (6.93) と一致することが分かる．前の議論で $i_L(0+)=0$ であるから

$$I(s)=\frac{\frac{V_0}{L}}{s(s+\frac{R}{L})} \tag{6.95}$$

として $I(s)$ が求まる．さてこれから逆変換で $i(t)$ を求めるわけであるが，これには右辺を部分分数に分解する．つまり

$$I(s)=\frac{\frac{V_0}{L}}{s\left(s+\frac{R}{L}\right)}=\frac{A}{s}+\frac{B}{s+\frac{R}{L}}$$

の形に変形する．この A, B は簡単に求まるが，もっと複雑な場合にも適用できる便利な方法をここに紹介しよう．先ず A を求めるには，第一項の分母である s を両辺にかけて $s=0$ と置くのである．s をかけると

$$\frac{\frac{V_0}{L}}{\left(s+\frac{R}{L}\right)}=A+\frac{sB}{s+\frac{R}{L}}$$

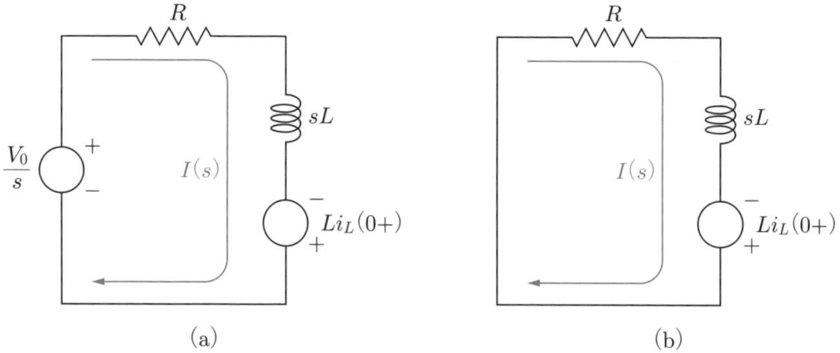

図 6.23 ラプラス変換のインピーダンス表現を用いて図 6.1(a) を書き換えたもの．(a) スイッチオンの場合．(b) スイッチオフの場合．

となり，$s=0$ と置くと右辺は A だけが残る．そして

$$A = \frac{\frac{V_0}{L}}{\frac{R}{L}} = \frac{V_0}{R}$$

として求まる．同様に B を求めるには，両辺に $s+\frac{R}{L}$ をかけて $s=-\frac{R}{L}$ と置くのである．そうすれば，

$$B = \left.\frac{\frac{V_0}{L}}{s}\right|_{s=-\frac{R}{L}} = -\frac{V_0}{R}$$

と求まる．その結果，

$$I(s) = \frac{V_0}{R}\left(\frac{1}{s} - \frac{1}{s+\frac{R}{L}}\right) \tag{6.96}$$

を得る．これを本節の最後に置いたラプラス変換の一覧表を用いて逆変換すると

$$i(t) = \frac{V_0}{R}\left(1 - e^{-\frac{R}{L}t}\right) \tag{6.97}$$

として解が求まる．これは式 (6.8) と同じである．

次にスイッチオフの場合もラプラス変換で解いてみよう．この場合の回路のインピーダンス表現は図 6.23(b) となる．従って

$$(R+sL)I(s) - Li(0+) = 0$$

$$I(s) = \frac{Li(0+)}{R+sL}$$

と答えが求まる．ここで $i(0+) = \frac{V_0}{R}$ であるから，これを入れて

$$I(s) = \frac{\frac{V_0}{R}}{s+\frac{R}{L}}$$

これを逆変換して

$$i(t) = \frac{V_0}{R}e^{-\frac{R}{L}t} \tag{6.98}$$

のように解が求まる．これは式 (6.10) と一致する．

次に図 6.4 についても解いてみよう．この回路をインピーダンス表現したものを図 6.24 に示す．この回路のループ方程式は

$$\left(R+\frac{1}{sC}\right)I(s)=\frac{V_0-v_C(0+)}{s}$$

であり，

$$I(s)=\frac{V_0-v_C(0+)}{s(R+\frac{1}{sC})}$$

となる．スイッチオンでは $v_C(0+)=0$ なので

$$I(s)=\frac{V_0}{s(R+\frac{1}{sC})}=\frac{\frac{V_0}{R}}{s+\frac{1}{RC}}$$

となり

$$i(t)=\frac{V_0}{R}e^{-\frac{t}{RC}} \tag{6.99}$$

の解が求まる．これは式 (6.15) と同じである．またスイッチオフのとき電源部はショートとなり，$v_C(0+)=V_0$ となるので

$$I(s)=\frac{-\frac{V_0}{R}}{s+\frac{1}{RC}}$$

であり

$$i(t)=-\frac{V_0}{R}e^{-\frac{t}{RC}} \tag{6.100}$$

の解が求まる．

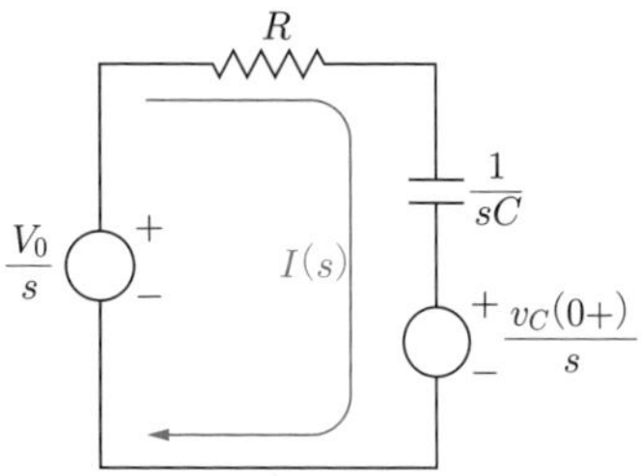

図 6.24　ラプラス変換のインピーダンス表現を用いて図 6.4 の回路を書き換えたもの．

以上の例から明らかなように，微分方程式のように一般解を求めてから初期条件を入れることによって，一般解に含まれる任意定数を定める必要のないことが分かる．

次に図 6.10(a) の回路についても，ラプラス変換で解いてみよう．これをインピーダンス表現した図を図 6.25 に示す．ただしここで，$i_L(0+)=0$ なので，L のラプラス変換に付随する電圧源は省いてある．これより

$$I(s)=\frac{1}{R+sL}\cdot\frac{\omega V_0}{s^2+\omega^2} \tag{6.101}$$

この右辺を以下のように部分分数に分解する．

$$\begin{aligned}\frac{1}{R+sL}\cdot\frac{\omega V_0}{s^2+\omega^2}&=\frac{\frac{\omega V_0}{L}}{\left(s+\frac{R}{L}\right)(s-j\omega)(s+j\omega)}\\&=\frac{A}{s+\frac{R}{L}}+\frac{B}{s-j\omega}+\frac{C}{s+j\omega}\end{aligned} \tag{6.102}$$

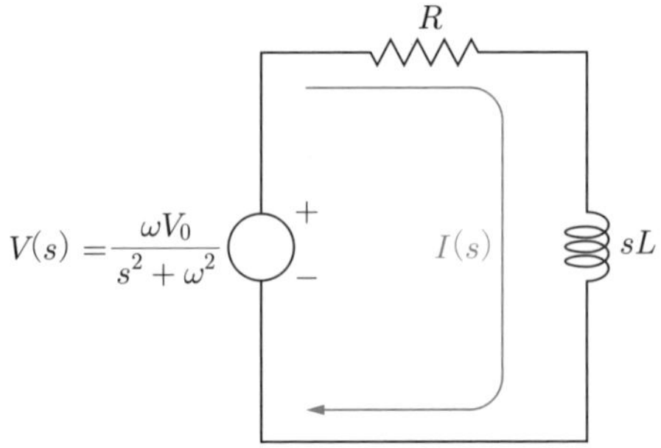

図 6.25　ラプラス変換のインピーダンス表現を用いて図 6.10(a) の回路を書き換えたもの．ただしここでは，$i_L(0+) = 0$ である．

そして A, B, C は，同じ手順で以下のように求まる．

$$A = \left.\frac{\frac{\omega V_0}{L}}{(s-j\omega)(s+j\omega)}\right|_{s=-\frac{R}{L}} = \frac{\omega L V_0}{R^2+(\omega L)^2}$$

$$B = \left.\frac{\frac{\omega V_0}{L}}{\left(s+\frac{R}{L}\right)(s+j\omega)}\right|_{s=j\omega} = \frac{-V_0}{2(\omega L - jR)}$$

$$C = \left.\frac{\frac{\omega V_0}{L}}{\left(s+\frac{R}{L}\right)(s-j\omega)}\right|_{s=-j\omega} = \frac{-V_0}{2(\omega L + jR)} = B^*$$

ここで C はわざわざ計算しなくても，$C = B^*$（B^* は B の複素共役）として求まる．なぜなら式 (6.102) は s が実数のときにも成り立つ恒等式であり，s を実数とすれば部分分数に分解した結果も実数となるからである．この係数を用いて式 (6.102) を逆変換すると，式 (6.33) と同じ結果が得られる．

6.2.6　L–R–C 直列回路の解析

それでは 6.1.6 項で扱った L–R–C 直列回路の過渡応答についても，ラプラス変換で解を求めてみよう．ただしここでは，L, R, C に具体的な数値を与えて例題としてその解法を示すことにする．

図 6.13 の L–R–C 直列回路にスイッチング電源が接続された場合の，ラプラス変換によるインピーダンス表現を図 6.26 に示す．これにループ方程式を適用すると

$$\left(sL + R + \frac{1}{sC}\right) I(s) - L i_L(0+) + \frac{v_C(0+)}{s} = V(s)$$

となる．これより

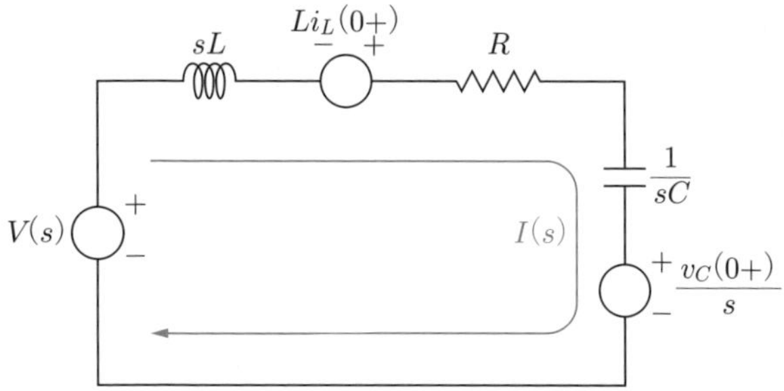

図 6.26　図 6.13 の L–R–C 直列回路にスイッチング電源が接続された場合のラプラス変換によるインピーダンス表現．スイッチング電源 $V(s)$ は，例題 6.6 では直流電源（1 V）のスイッチング，例題 6.7 では正弦波電源のスイッチング（$v(t) = \sin t \cdot u(t)$）が扱われる．

$$I(s) = \frac{V(s) + Li_L(0+) - \frac{v_C(0+)}{s}}{sL + R + \frac{1}{sC}} \tag{6.103}$$

として $I(s)$ が求まる．交流理論の式 (6.43) と異なるのは $j\omega$ が s に置き換わっているのと，余分の電源が加わっていることである．

例題 6.6

直流電源（1 V）をオン・オフしたときの特性を求めよ．ただし，$R = 5$〔Ω〕，$L = 1$〔H〕，$C = \frac{1}{6}$〔F〕とする．

【解答】　これは 6.1.7 項 (a) の (i) で述べた，特性方程式が二つの実根を持つ場合である．初期条件は同じで，$i_L(0+) = 0$, $v_C(0+) = 0$ であるので，式 (6.103) に数値を入れると

$$I(s) = \frac{\frac{1}{s}}{s + 5 + \frac{6}{s}} = \frac{1}{s^2 + 5s + 6} = \frac{1}{(s+2)(s+3)} = \frac{1}{s+2} - \frac{1}{s+3}$$

従って，

$$i(t) = e^{-2t} - e^{-3t}$$

またスイッチオフのときは，$i_L(0+) = 0$, $v_C(0+) = 1$ となるので

$$i(t) = -(e^{-2t} - e^{-3t})$$

■

〈問題 6.6〉　直流電源（1 V）のスイッチオン，スイッチオフの特性を，$R = 2$〔Ω〕, $L = 1$〔H〕, $C = 1$〔F〕の場合について求めよ（これは，6.1.7 項 (a) の (ii) の特性方程式が重根を持つ場合である）.

〈問題 6.7〉　直流電源（1 V）のスイッチオン，スイッチオフの特性を，$R = 4$〔Ω〕, $L = 1$〔H〕, $C = \frac{1}{8}$〔F〕の場合について求めよ（これは，6.1.7 項 (a) の (iii) の，特性方程式が複素共役の根を持つ場合である）.

例題 6.7

正弦波のスイッチング電源 $v(t) = \sin t \cdot u(t)$ を加えたときの回路の応答を，次の三つの場合について求めよ

(i)　$R = 5$〔Ω〕, $L = 1$〔H〕, $C = \frac{1}{6}$〔F〕
(ii)　$R = 2$〔Ω〕, $L = 1$〔H〕, $C = 1$〔F〕
(iii)　$R = 4$〔Ω〕, $L = 1$〔H〕, $C = \frac{1}{8}$〔F〕

【解答】　いずれの場合も，$i_L(0+) = 0$, $v_C(0+) = 0$ なので，ループ方程式の解である式 (6.103) は

$$I(s) = \frac{\frac{1}{s^2+1}}{sL + R + \frac{1}{sC}}$$

となる.

(i)　これは二つの実根を持つ場合である.

$$\begin{aligned} I(s) &= \frac{1}{s+5+\frac{6}{s}} \cdot \frac{1}{s^2+1} = \frac{s}{(s^2+5s+6)(s^2+1)} \\ &= \frac{s}{(s+2)(s+3)(s+j)(s-j)} = \frac{A}{s+2} + \frac{B}{s+3} + \frac{C}{s+j} + \frac{C^*}{s-j} \end{aligned}$$

前に述べた方法で，A, B, C の係数を求める.

$$A = \left.\frac{s}{(s+3)(s+j)(s-j)}\right|_{s=-2} = -\frac{2}{5}$$

$$B = \left.\frac{s}{(s+2)(s+j)(s-j)}\right|_{s=-3} = \frac{3}{10}$$

$$C = \left.\frac{s}{(s+2)(s+3)(s-j)}\right|_{s=-j} = \frac{1+j}{20}$$

これらの係数を入れて

$$I(s) = -\frac{2}{5} \cdot \frac{1}{s+2} + \frac{3}{10} \cdot \frac{1}{s+3} + \frac{1}{10} \cdot \frac{s+1}{s^2+1}$$

逆変換して，

$$i(t) = -\frac{2}{5}e^{-2t} + \frac{3}{10}e^{-3t} + \frac{1}{10}(\sin t + \cos t)$$

を得る．

(ii)　これは重根を持つ場合である．式 (6.103) に数値を入れると

$$\begin{aligned} I(s) &= \frac{1}{s+2+\frac{1}{s}} \cdot \frac{1}{s^2+1} \\ &= \frac{s}{(s+1)^2(s^2+2s+1)} \\ &= \frac{s}{(s+1)^2(s+j)(s-j)} \end{aligned}$$

さてこのように分母に $(s+1)^2$ がある場合，どのように部分分数に分けるかが問題である．この場合に次のようにする．

$$\frac{s}{(s+1)^2(s+j)(s-j)} = \frac{A}{(s+1)^2} + \frac{B}{s+1} + \frac{C}{s+j} + \frac{C^*}{s-j} \tag{6.104}$$

A を求めるのはこれまでと同じで，両辺に $(s+1)^2$ を掛ける．そうすると

$$\frac{s}{(s+j)(s-j)} = A + B(s+1) + \frac{C(s+1)^2}{s+j} + \frac{C^*(s+1)^2}{s-j} \tag{6.105}$$

となり，$s=-1$ と置くと，右辺は A だけが残って後は 0 となる．そして，

$$A = \left. \frac{s}{(s+j)(s-j)} \right|_{s=-1} = -\frac{1}{5}$$

と求まる．しかし次に式 (6.104) の両辺に $s+1$ をかけて，$s=-1$ と置いて B を求めることはできない．なぜなら A の分母に $s+1$ が残っているからである．このときは，式 (6.105) の両辺を s で微分する．そうすると

$$\begin{aligned} \frac{-s^2+1}{(s+j)(s-j)} = B &+ \frac{C(s+1)\{2(s+j)-(s+1)\}}{(s+j)^2} \\ &+ \frac{C^*(s+1)\{2(s-j)-(s+1)\}}{(s-j)^2} \end{aligned} \tag{6.106}$$

となり，$s=-1$ と置くと右辺は B だけが残る．その結果 $B=0$ が求まる．C に関してはこれまでと同様の方法で求めることができ，

$$C=\frac{j}{4}$$

となる．

こうして

$$I(s)=\frac{1}{2}\left(\frac{-1}{(s+1)^2}+\frac{1}{s^2+1}\right)$$

が得られ，これより

$$i(t)=-\frac{1}{2}te^{-t}+\frac{1}{2}\sin t$$

の解を得る．

(iii)　これは複素共役の根を持つ場合である．

$$\begin{aligned}I(s)&=\frac{1}{s+4+\frac{8}{s}}\cdot\frac{1}{s^2+1}\\&=\frac{s}{(s+2-2j)(s+2+2j)(s+j)(s-j)}\\&=\frac{A}{s+2-2j}+\frac{A^*}{s+2+2j}+\frac{B}{s+j}+\frac{B^*}{s-j}\end{aligned}$$

係数 A, B を求めると

$$A=\frac{-7+9j}{2\cdot 65},\quad B=\frac{-7+4j}{2\cdot 65}$$

となり，これを入れると

$$\begin{aligned}I(s)=&\frac{(-7)}{65}\cdot\frac{s}{(s+2)^2+2^2}+\frac{(-16)}{65}\cdot\frac{2}{(s+2)^2+2^2}\\&+\frac{7}{65}\cdot\frac{s}{s^2+1}+\frac{4}{65}\cdot\frac{1}{s^2+1}\end{aligned}$$

となり，これより

$$i(t)=-\frac{7}{65}e^{-2t}\cos 2t-\frac{16}{65}e^{-2t}\sin 2t+\frac{7}{65}\cos t+\frac{4}{65}\sin t$$

を得る．■

〈問題 6.8〉　次の関数を部分分数に分解せよ．

$$\frac{1}{(s+1)^3(s+2)}$$

〈問題 6.9〉　図 6.27 の回路において，

$$v_1 = V_1 \cdot u(t)$$
$$v_2 = V_2 \cdot u(t)$$

であるとする．即ち $t = 0$ にそれぞれ，直流電源 V_1, V_2 に接続される．$t < 0$ では電流は 0 であり，コンデンサの電荷も 0 であるとする．このとき，i_1, i_2, i_3 をラプラス変換で求めるループ方程式を立てよ．式 (5.24) の形式で示すこと．また十分に時間が経過して定常状態になったのち，スイッチオフした（直流電圧を 0 V に切り替えた）場合の i_1, i_2, i_3 をラプラス変換で求めるループ方程式を立てよ．

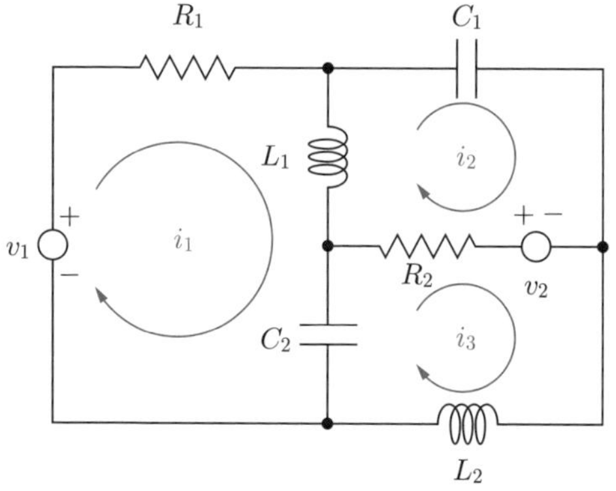

図 6.27　問題 6.9 の回路．

以上 6.2 節では，回路の微分方程式を解くことを中心にラプラス変換について述べた．その基本的な考え方と，最低限必要な事項は全て説明した．さらに詳しい内容を知りたい読者は，例えば参考文献 [5] 等を参照されたい．

最後に本節に出てきたラプラス変換の対応関係を，表 6.2 にまとめて示しておく．

表 6.2 ラプラス変換の対応表

本節に出てきたもののみを記す．これ以外の関数に関しては，例えば参考文献 [5] の付録等を参照のこと．

	$f(t)$	$F(s)$
ステップ関数	$u(t)$	$\frac{1}{s}$
指数関数	e^{at}	$\frac{1}{s-a}$
三角関数	$\sin \omega t$	$\frac{\omega}{s^2+\omega^2}$
	$\cos \omega t$	$\frac{s}{s^2+\omega^2}$
双曲線関数	$\sinh at$	$\frac{a}{s^2-a^2}$
	$\cosh at$	$\frac{s}{s^2-a^2}$
その他の関数	t	$\frac{1}{s^2}$
	t^n	$\frac{n!}{s^{n+1}}$
e^{at} を掛ける	$e^{at}f(t)$	$F(s-a)$
	te^{at}	$\frac{1}{(s-a)^2}$
	$t^n e^{at}$	$\frac{n!}{(s-a)^{n+1}}$
	$e^{-at}\sin \omega t$	$\frac{\omega}{(s+a)^2+\omega^2}$
	$e^{-at}\cos \omega t$	$\frac{s+a}{(s+a)^2+\omega^2}$
時間軸のシフト	$f(t-\tau)\cdot u(t-\tau)$	$e^{-s\tau}F(s), (\tau > 0)$
時間軸スケーリング	$f(\alpha t)$	$\frac{1}{\alpha}F\left(\frac{s}{\alpha}\right)$
微分	$\frac{d}{dt}f(t)$	$sF(s)-f(0+)$
	$\frac{d^n}{dt^n}f(t)$	$s^nF(s)-s^{n-1}f(0+)-s^{n-2}f'(0+)-\cdots$ $-sf^{(n-2)}(0+)-f^{(n-1)}(0+)$
積分	$\int_{-\infty}^{t} f(t)\ dt$	$\frac{1}{s}F(s)+\frac{1}{s}\int_{-\infty}^{0} f(t)\ dt$

6.3　任意の入力信号波形への応答を求める

これまで回路に与えられる電源の波形としては，ステップ関数（スイッチのオン・オフ）と正弦波だけを考えてきた．しかし，時間変化する電源の波形を回路への入力信号の波形であると考えると，もっといろいろな波形に対する回路の応答を求めたい．本節では，任意の入力信号波形に対する回路の応答を求める方法について述べる．

6.3.1　伝達関数とインパルス応答

回路の入力と出力の関係が図 6.28 のように表される場合を考えよう．出力は

$$V_{\mathrm{out}}(s) = H(s)V_{\mathrm{in}}(s) \tag{6.107}$$

で与えられる．ここで入力 $V_{\mathrm{in}}(s)$，出力 $V_{\mathrm{out}}(s)$，そして入力と出力を結び付ける $H(s)$ は全てラプラス変換された形となっている．この $H(s)$ のことを**伝達関数**と呼ぶ．

$H(s)$ の例として図 6.29 の回路について考えてみる（但しコンデンサに初期電荷は無いとする）．これは簡単に求まり

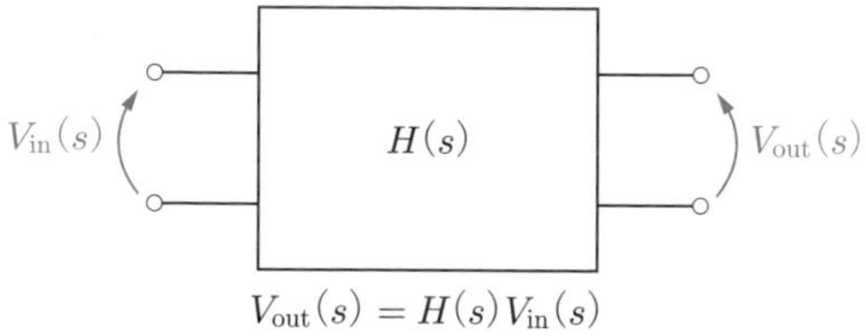

図 6.28　回路の入力と出力の関係をラプラス変換した形で表す．ここで $H(s)$ は回路の**伝達関数**と呼ばれる．

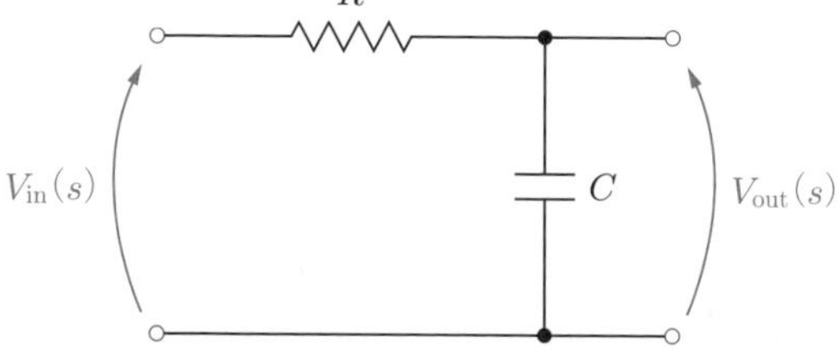

図 6.29　R と C の直列回路で構成された伝達関数．コンデンサの初期電荷は零とする．

$$H(s) = \frac{V_{\mathrm{out}}(s)}{V_{\mathrm{in}}(s)} = \frac{\frac{1}{sC}}{R + \frac{1}{sC}} = \frac{\frac{1}{RC}}{s + \frac{1}{RC}} \tag{6.108}$$

となる．この $H(s)$ を時間関数に戻すと

$$h(t) = \frac{1}{RC} e^{-\frac{1}{RC}t} \tag{6.109}$$

が得られ，その形は図 6.30 のようになる．この伝達関数に対応する時間関数 $h(t)$ は，一体どのような意味を持っているのだろうか．式 (6.107) より

$$V_{\mathrm{out}}(s) = H(s) \cdot 1$$

即ち，$H(s)$ とは $V_{\mathrm{in}}(s) = 1$ のときの出力を表す．この $V_{\mathrm{in}}(s) = 1$ の元関数は δ 関数，つまり

$$V_{\mathrm{in}}(t) = \delta(t)$$

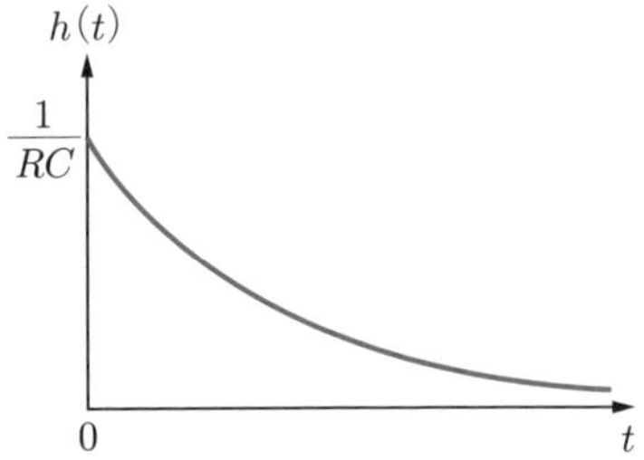

図 6.30　RC 直列回路の伝達関数 $H(s)$（図 6.29）をラプラス逆変換した $h(t)$ の形状．

である．このことは

$$\int_0^{\infty} \delta(t) e^{-st}\, dt = 1$$

より明らかである．つまり $h(t)$ は $t = 0$ に δ 関数を入力したときの回路の応答を表している．このことから $h(t)$ のことを**インパルス応答**と呼ぶ．

6.3.2　入力信号をインパルスの列として表現する

さて任意の入力信号 $v_{\mathrm{in}}(t)$ に対する回路の出力信号 $v_{\mathrm{out}}(t)$ の形を求めることを考えよう．ここで $v_{\mathrm{in}}(t)$ をインパルス信号の列と考えることにする．そうすると 1 個のインパルスに対する回路の応答が $h(t)$ として分かっているのだから，各インパルスに対する応答を全て足し合わせてやればその応答が分かることになる．

いま入力信号 $v_{\mathrm{in}}(t)$ が図 6.31(a) の形で与えられているとし（ただし $t < 0$ では $v_{\mathrm{in}}(t) = 0$），インパルス応答としては図 6.30 のように時間とともに減衰する形のものを例として考える．ここでは考えやすいように等間隔にとった $t = 0, t_1, t_2, t_3, t_4, t_5$ での入力パルスから，$t = t_5$ での出力信号強度がどう決まるかを見てみよう．$t = 0$ で入ったインパルスの応答は，大きく減衰してから伝わるが，t_1, t_2, t_3 と後の時刻に入ったインパルスの応答は，だんだん減衰量が小さくなって伝わり，これ

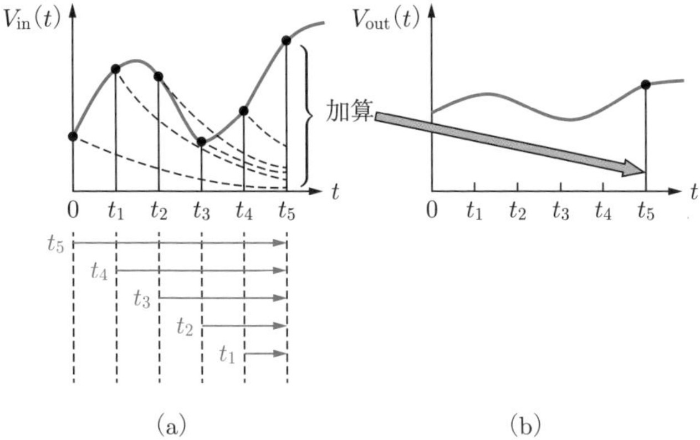

図 6.31　(a) 任意の入力信号波形を $t = 0, t_1, t_2, t_3, t_4, t_5$ での入力パルス列として近似する．(b) 各パルスに対する応答を加算することで時刻 t_5 における出力 $v_{\rm out}(t_5)$ が求まる．

らを t_5 の時点で加算したものが $v_{\rm out}(t_5)$ の値となる．特に t_5 での入力の応答は減衰しないでそのまま加算される（図 6.31(b)）．即ち

$$v_{\rm out}(t_5) \approx v_{\rm in}(0)h(t_5) + v_{\rm in}(t_1)h(t_4) + v_{\rm in}(t_2)h(t_3) + v_{\rm in}(t_3)h(t_2) + v_{\rm in}(t_4)h(t_1) + v_{\rm in}(t_5)h(0)$$

となる．これを積分で表すと

$$v_{\rm out}(t) = \int_0^t h(t-\tau)v_{\rm in}(\tau)\,d\tau \tag{6.110}$$

の形になる．この形の積分を**畳み込み積分**（convolution integral）と呼ぶ[2]．

二つの関数 $f(t)$, $g(t)$ の畳み込み積分を $f(t) * g(t)$ と表すと

$$f(t) * g(t) = \int_0^t f(t-\tau)g(\tau)\,d\tau \tag{6.111}$$

あるいは

---

[2] ここでの議論が成り立つためには，システムは線形性と同時に時不変性を持っていることを仮定している．線形性とは二つの信号を同時に入力したときの出力が，それぞれの信号を独立に入力したときの出力の和に等しいことを意味する．また時不変性とは入力信号を時間をずらせて入力したとき，同じ出力が同じだけ時間がずれて出てくることを意味する．

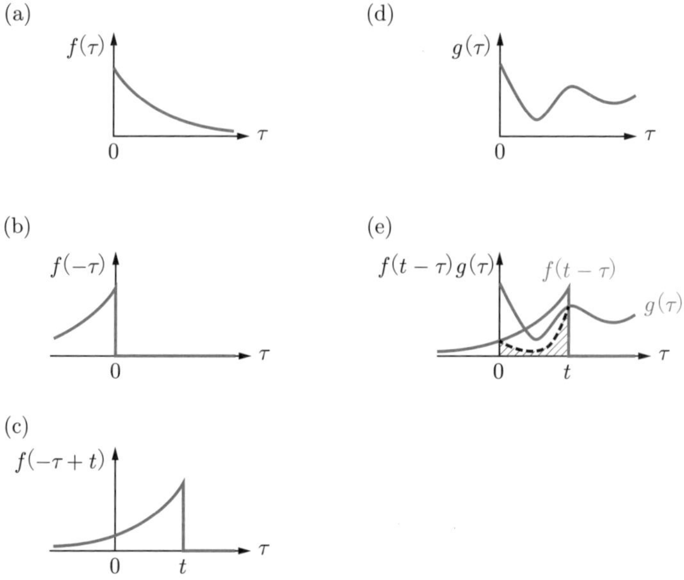

図 6.32　式 (6.111) の畳み込み積分の意味を説明する図．(e) の破線が $f(t-\tau)g(\tau)$ を示す．その下の斜線部の面積が時刻 t における畳み込み積分の値となる．

$$f(t) * g(t) = \int_0^t f(\tau)g(t-\tau)\ d\tau \tag{6.112}$$

と定義される．式 (6.111) で τ を $t-\tau$ と置きかえれば式 (6.112) が得られるので，これら二つの積分は同じ結果を与える．図 6.32 に式 (6.111) の畳み込み積分の意味を図示した．

6.3.3　畳み込み積分のラプラス変換

式 (6.110) は，$V_{\mathrm{out}}(s) = H(s)V_{\mathrm{in}}(s)$ のラプラス逆変換が，$h(t)$ と $v_{\mathrm{in}}(t)$ の畳み込み積分になることを示している．これは一般的に成り立つことである．即ち

$$L[f(t) * g(t)] = L[f(t)] \cdot L[g(t)] = F(s) \cdot G(s) \tag{6.113}$$

となる．

このことを次に証明しておこう．

$$\begin{aligned} F(s) \cdot G(s) &= \left(\int_0^\infty f(x)e^{-sx}\ dx\right) \cdot \left(\int_0^\infty g(y)e^{-sy}\ dy\right) \\ &= \iint_0^\infty f(x)g(y)e^{-s(x+y)}\ dxdy \end{aligned}$$

ここで $x + y = t$, $x = \tau$ と置くと上式の非積分関数は

$$f(\tau)g(t - \tau)e^{-s\tau}$$

となる．次に積分範囲であるが，$\tau = x$ なので τ は $0 \sim \infty$ の範囲で積分，$t = \tau + y$ で $y > 0$ なので，t は $\tau \sim \infty$ の範囲で積分すればよいことが分かる．即ち積分範囲は図 6.33 に示したように $t = \tau$ の直線より上側となる．そこで先ず t の値を $t = \tau$ に固定して，τ について 0 から t まで積分する．そしてその後，t について $0 \sim \infty$ で積分すればよい．従って，

$$F(s) \cdot G(s) = \int_0^\infty dt \left(\int_0^t d\tau f(\tau) g(t - \tau)\, d\tau \right) e^{-st} = L[f(t) * g(t)] \tag{6.114}$$

が導かれる．

さて式 (6.110) は，次のように書き換えてもよい．

$$v_{\mathrm{out}}(t) = \int_0^t h(\tau) v_{\mathrm{in}}(t - \tau)\, d\tau \tag{6.115}$$

ここで $h(t)$, $v_{\mathrm{in}}(t)$ を時間 t の連続関数ではなく，間隔 T で時間サンプリングした関数値 $h(nT)$, $v_{\mathrm{in}}(nT)$ の列で置き換えることにする．そうすると上式は以下のように書き換えられる．

$$v_{\mathrm{out}}(t) \fallingdotseq T \sum_{n=0}^{K} h(nT) v_{\mathrm{in}}(t - nT) \tag{6.116}$$

ここで $v_{\mathrm{out}}(t)$ は，$KT < t < (K+1)T$ における v_{out} の値である．こうすれば，$v_{\mathrm{out}}(t)$ は図 6.34 に示したように，入力信号 $v_{\mathrm{in}}(t)$ の 1 タイムスロット T ずつ遅れ

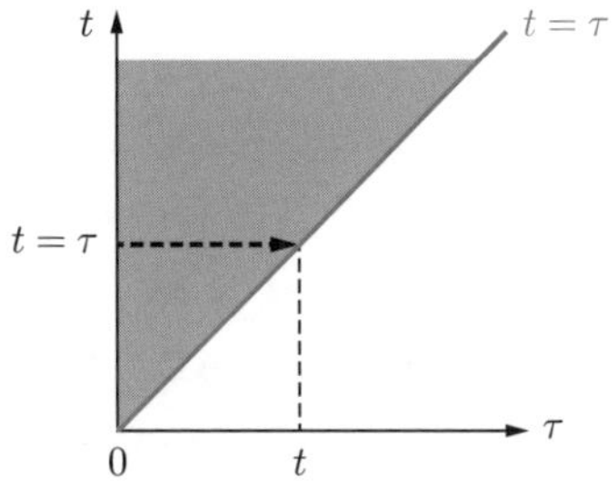

図 6.33　式 (6.114) における t と τ の積分範囲

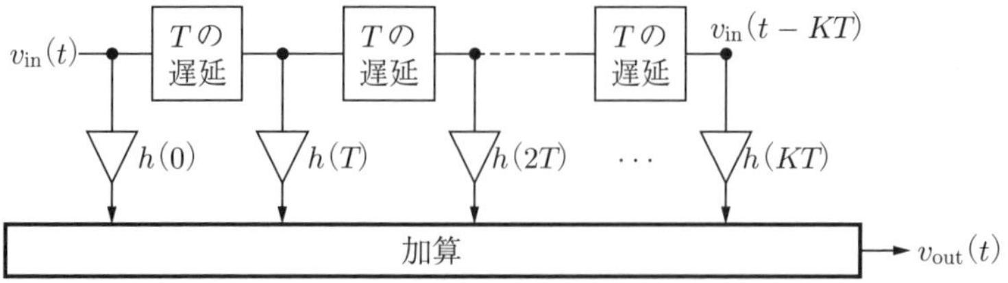

図 6.34　$v_{\rm out}(t)$ を近似的に求める方法．入力信号 $v_{\rm in}(t)$ の 1 タイムスロット T ずつ遅れた信号系列に各々係数 $h(nT)$ の値を乗算し，それらを加算することで求める．これはディジタルフィルターの原理である．

た信号系列に各々係数 $h(nT)$ の値を乗算してから加算することで得られる．このような計算はディジタル演算で容易に行うことができる．そしてここで用いる係数列 $h(nT)$ についても容易にその値を変更することができる．つまり図 6.29 のような実際の回路に対応させる必要もない．望みの出力特性を得るように係数列 $h(nT)$ を決めてやればよいことになる．これが**ディジタルフィルター**の原理である．このようなディジタル信号処理の基礎に関しても，参考文献 [5] を参照のこと．

なおタイムサンプリングされた信号系列 $v_{\rm in}(nT)$ に関しても，ラプラス変換に対応する ***z* 変換**という手法がある．z 変換の定義は

$$X(z) = \sum_{n=0}^{\infty} x(nT) z^{-n} \tag{6.117}$$

であり，ラプラス変換の式

$$X(s) = \int_0^{\infty} x(t) e^{-st}\, dt$$

と見比べると

$$z = e^{sT}$$

の関係で結び付いていることが分かる．z 変換に関しても，ここで述べた畳み込み積分の公式 (6.113) が成り立つ．つまり $g(t) * f(t)$ の z 変換は $G(z) \cdot F(z)$，つまりそれぞれの関数を z 変換した結果の積に等しくなる．このように，連続時間関数のラプラス変換と同様に，離散時間のシステムに関しても，z 変換を施すことによってその解析が簡単に行えるようになる．これについても，興味ある読者は是非参考文献 [5] を参照して頂きたい．

第7章　コンピュータの仕組み

我々の生活の隅々にまで入り込んでいるコンピュータ．これはいったいどのような原理で働いているのか．その仕組みの概略を説明するのが本章の目的である．

コンピュータの性能は年々向上しているが，その進歩の速さは実に驚くべきものである．現在のPCは一昔前の超大型高性能コンピュータと比べても，その性能ははるかに勝っている．このような高性能化・低価格化は，半導体技術の進展によってもたらされた．つまり微細加工技術の進歩によって，トランジスタの寸法が微細化するとともにその動作速度が向上した結果である．微細化の指標としてMOSトランジスタのゲート長（図3.24(a)のゲート電極の長さ）をとると，マイクロプロセッサが初めて世に出た1970年代には10〜4 μm（$\mu\mathrm{m} = 10^{-6}\,\mathrm{m}$）だったものが，2020年の時点では10 nm〜5 nm（$\mathrm{nm} = 10^{-9}\,\mathrm{m}$）にまで小さくなっている．実に寸法で千分の一，面積で100万分の一の縮小である．これによってマイクロプロセッサは格段に高速化するとともに，集積度の飛躍的な向上による高機能化が図られたのである．

マイクロプロセッサは，1 cm角程度のシリコンチップ上に10億個ものトランジスタで作られたディジタル回路を詰め込んだ集積回路である．これは，**CPU**（central processing unit：中央演算装置）とも呼び，いわばコンピュータの頭脳の働きをしている．このCPUが様々な演算を行うことでコンピュータは動作している．本章では，CPUを用いて構成されるコンピュータがどのような原理で動作するのかについて概説する．

7.1　“0”と“1”で表す

7.1.1　CPUが理解する言葉

コンピュータを動作させるためには,「いま何をして，次に何をするか」といった手順を一つ一つ事細かに指示しなければならない．例えば

```
c = a + b
```
(7.1)

という計算をさせたいと思ったとき，この式を示してもCPUは理解しない．CPUを働かせるためには，**アセンブリ言語**というCPUが理解する言語で指示を与えないといけない．例えばMIPSというアセンブリ言語でこれを表すと

```
add $s3, $s1, $s2
```
(7.2)

という形になる．これはCPUに対する一つの指令であり，**命令**（instruction）と呼ぶ．ここで$s1, $s2, $s3はCPU上に設けられた**レジスタ**の名前である．レジスタとはそれぞれ一個ずつ数値データを保持できるメモリのことであり，$s1, $s2にはそれぞれaとbの値が入っているとする．上式は,「$s1と$s2に保持されているデータを加算して，その結果を$s3に書き込め」という命令である．この命令を実行すると$s3には加算結果のcが保存されることになる．

しかし式(7.2)の命令も，このままの形ではCPUに入力できない．なぜならCPUはディジタル回路で構成されており，扱うことができるのは“0”と“1”の信号だけだからである（“0”は0 V，“1”は電源電圧V_{DD}によって表現される．第1章を参照のこと）．

アセンブリ言語の命令には，各々対応するディジタルコードが決められており，例えば式(7.2)の命令には

$$\texttt{00000010001100101001100000100000} \qquad (7.3)$$

という32ビット（＝1**ワード**（word））のビットパターンが対応している．参考のため各ビットの表す意味を図7.1に示す．CPUはこの形で命令を提示されて初めて，指定の演算を実行できるようになる．この形式を**機械語**という．アセンブリ言語は，人間が見てもその意味が分かるように形式が整えられているので，アセンブリ言語を用いてプログラミングすることができる．プログラムをコンパクトに仕上げたいときはアセンブリ言語でプログラムを書く．こうしてできたプログラムを機械語に翻訳するプログラムを**アセンブラ**と呼ぶ．C言語のようなもっと高級な言語で書かれたプログラムを機械語に翻訳するシステムを**コンパイラ**と呼ぶ．

もう一つ例を示しておこう．

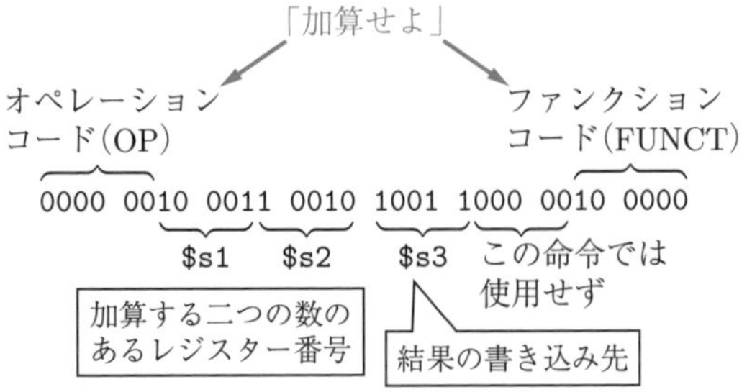

図7.1　アセンブリ言語MIPSの命令コード「add $s3, $s1, $s2」に対応する機械語の表現．

```
c = a - b
```
(7.4)

たぶん想像が付くと思うが，これに対応する MIPS の命令は，

```
sub $s3, $s1, $s2
```
(7.5)

となる．add が sub に代わっているだけで,「$s1 のデータから$s2 のデータを引き算した結果を$s3 に書き込め」という命令である．またその機械語での表現は

```
00000010001100101001100000100010
```
(7.6)

である．式 (7.3) と式 (7.6) を見比べると，右端から 2 番目のビットに 0 が立っているか 1 が立っているかだけが違っている．つまり CPU のハードウェアは，このビットが 0 であるか 1 であるかを見て，加算（add）するか減算（sub）するかを制御すればよいことになる．

以上，加算と減算という最も基本的な算術演算に対する MIPS の命令を紹介したが，その表現はハードウェアの構成をそのまま反映したものとなっている．つまり，式 (7.2) と式 (7.5) の命令を実行するためのハードウェアとして必要なものは，加算と減算のできる演算器と三つのレジスタである．これを概念的に図示したものが図 7.2 である．

MIPS のアセンブリ言語は全体で 100 個くらいの命令で構成されている．その組み合わせであらゆる処理を実現するのである．このような命令の体系は，コンピュー

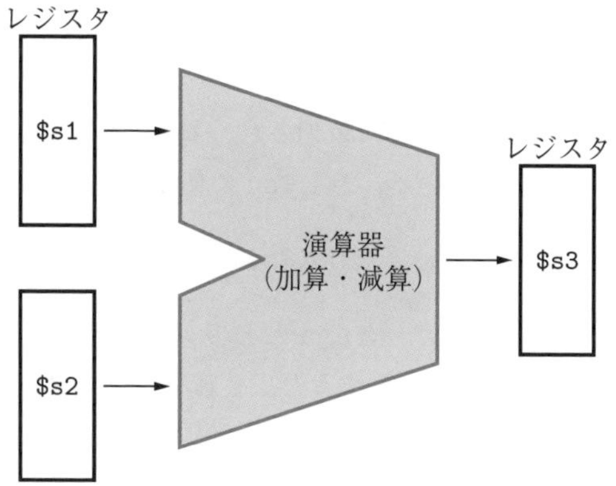

図 7.2 式 (7.2) と式 (7.5) の命令を実行するためのハードウェア．加算と減算のできる演算器と三つのレジスタが必要．

タのシステムとしての設計思想を表すものであり，**コンピュータのアーキテクチャ**と呼ばれる．CPU はこの命令体系を実行できるようにそのハードウェアの**構成**（organization）が設計される．CPU の設計者は，できるだけ少ない量のハードウェアで，高速に処理ができるようにハードウェアの構成に工夫を凝らして設計する．従って同じアーキテクチャであっても設計者によって，チップの構成は異なったものとなる．

以上の例ではレジスタを三つ用いたが，MIPS アーキテクチャではレジスタの数は全部で 32 個あり，それぞれ用途が決められている．一時的なデータ保持に使えるのは 18 個までで，幾つでも自由に使えるわけではない．大量のデータは CPU チップとは別チップの記憶装置（メインメモリ）の中に保持されているので，そこから必要なデータを CPU 内のレジスタに引っ張り出してきてから，`add` や `sub` 等の演算を行う必要がある．

例えば `a` のデータを引っ張り出すには，そのデータが格納されているメモリ内の番地を指定して，以下の命令を実行する．

`lw $s1,` （メモリ内の `a` のアドレス）　　(7.7)

これがその命令の形であり，その意味は,「指定した番地（アドレス）にあるデータをレジスタ`$s1` にコピーせよ」というものである．ここで `lw` は `load word` の略で，データの長さが 1 word（1 ワード = 32 ビット）なので `w` という文字が付いている．メモリ内のデータの番地は，起点となる番地（ベース）とそこから何番地先か後か（オフセット）という形で示される．つまり上の式 (7.7) は実際には

`lw $s1, 100($s4)`　　(7.8)

の形で表される．起点の番地は`$s4` に格納されており，そこから `100` 番地先に目的のデータがあることを意味している．もし`$s4` の値が `64` ならば，

（メモリ内の `a` のアドレス） `= 100($s4) = 64 + 100 = 164`

ということになり，`164` 番地のデータが `a` としてレジスタ`$s1` に格納される．もし `b` のデータがその一つ先の隣にあるとすると，それをレジスタ`$s2` に引っ張ってくる命令は，

`lw $s2, 104($s4)`　　(7.9)

となる．

〈質問？〉 b は a（164 番地）の一つとなりの番地にあるということはその番地は 165 であり，165 = 64 + 101 となることから，上の式は間違いで

```
lw $s2, 101($s4)
```
(7.10)

となるのではないか？

〈答〉 メモリ内の番地は，1 バイト（1 byte = 8 bit）毎に付けられている．データは 1 ワード（1 word = 32 bit）の長さがあるので，一つのデータは 4 つの番地を占有している．従って一つ先のデータの番地は，4 を足さねばならない．

例題 7.1

式 (7.2) の命令を実行するとレジスタ$s3 には，a と b の加算結果 c が格納される．この結果を，メモリの 124 番地に格納したい．メモリにデータを格納するには sw（store word）という命令を用いる．そのアセンブリコードを示せ．

【解答】 124 番地は，ベースが 64 なので 124 = 64 + 60 より，60($s4) となる．従って求めるコードは，

```
sw $s3, 60($s4)
```
(7.11)

となる． ■

以上の load, store 命令の実行を考慮すると，コンピュータを構成する要素とその相互の関係は，図 7.2 のものにメインメモリを加えて図 7.3 に示したようなものとなる．

次節から実際のコンピュータの動作を詳しく見ていくが，その前に，これらの機能を実現していく上で必要となるディジタル演算処理の基礎について本節で説明する．

7.1.2 2 進数で数を表す

コンピュータが扱えるのは 0 と 1 の二つの信号だけである．この 0 または 1 の信号を**ビット**と呼ぶ．コンピュータへの命令やデータはこのビットを一列に並べてそのパターンで表現する．前項で述べた MIPS の命令は，例えば式 (7.3) のような 32 ビットの配列パターンで表されている．これは加算を行う命令だった．

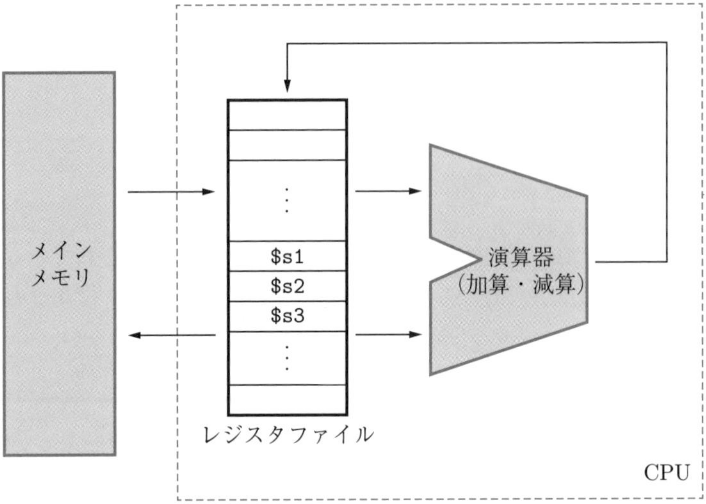

図 7.3　メインメモリと CPU．メインメモリ内のデータは CPU 内のレジスタに一旦収納してから演算処理され，その結果もレジスタに一旦収納したのちメモリに書き込まれる．

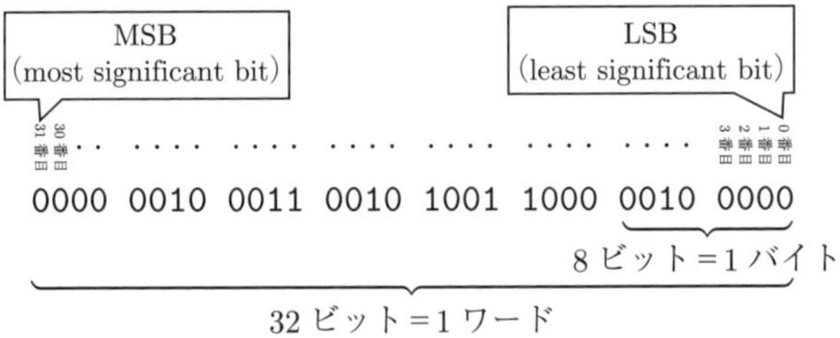

図 7.4　ビット配列と各ビットの呼び名．

ここでビット配列の呼び名を少し整理しておこう（図 7.4 参照）．ビット列の各ビットには，右端から順番に $0, 1, 2, \ldots$ と番号を付ける．こうすると一番左端は 31 番目のビットとなる．この左端のビットを **MSB**（most significant bit）と呼ぶ．最も重みの大きなビットという意味である．一番右端のビット（0 番目のビット）を **LSB**（least significant bit）と呼び，これは最も重みの小さなビットという意味である．ビットの総数を**ビット長**と呼び，8 ビット長を 1 **バイト**（byte），32 ビット長を 1 **ワード**（word）と呼ぶ．このようなビット列は，命令のコードを表すだけでなく，数値の表現にも用いられる．これが **2 進数**である．

次に数値のバイナリ表現である 2 進数について説明する．例えば 10 進数の 173 は，10101101 のように 8 ビットで表現される．その意味は，

$$\begin{aligned}10101101 &= (1 \times 2^7) + (0 \times 2^6) + (1 \times 2^5) + (0 \times 2^4) + (1 \times 2^3)\\ &\quad + (1 \times 2^2) + (0 \times 2^1) + (1 \times 2^0)\\ &= (1 \times 128) + (0 \times 64) + (1 \times 32) + (0 \times 16)\\ &\quad + (1 \times 8) + (1 \times 4) + (0 \times 2) + (1 \times 1)\\ &= 128 + 32 + 8 + 4 + 1 = 173\end{aligned}$$

このようにして，$10101101_2 = 173_{10}$ となることが分かる．ここで，数字の右下に小さな字で 2, 10 と示したのは，2 進数の表現か，10 進数の表現かを明示するためである．今後必要に応じてこのような表記を使う．

一般に数 X を

$$X = a_{n-1}r^{n-1} + a_{n-2}r^{n-2} + \cdots + a_1 r^1 + a_0 r^0 \qquad (7.12)$$

のように表したとき，r を**基数**と呼ぶ．そして係数の列 $a_{n-1}a_{n-2}\cdots a_1 a_0$ を ***r* 進法の表記**という．各係数 a_i には，r 個の数字が必要である．$r = 10$ のときが 10 進法であり，0～9 の 10 個の数字を用いている．また $r = 2$ のときが **2 進法**であり，0 と 1 の 2 個の数字を用いる．

10 進数	16 進数	2 進数
0	0	0000
1	1	0001
2	2	0010
3	3	0011
4	4	0100
5	5	0101
6	6	0110
7	7	0111
8	8	1000
9	9	1001
10	A	1010
11	B	1011
12	C	1100
13	D	1101
14	E	1110
15	F	1111

図 7.5　10 進数と 16 進数，2 進数の対応．

図 7.5 に 0～15 までの 10 進数と 4 ビットの 2 進数の対応を示す．

〈補足 7.1〉　人間はずっと 10 進法を用いてきたが，それは手の指が 10 本あって数えやすかったからだろう．一方，ディジタルシステムが 2 進法を用いるのは，ひとえにエラーをなくすために有利だったからである．もしコンピュータの中に第 4 章で述べたようなアナログアンプが入っていて，例えばその出力の電圧範囲によって命令を表現したとするとどうなるだろうか．例えば電源電圧を 5 V として，アンプの出力が 0～1 V の間では加算，1～2 V の間では減算，2～3.5 V では乗算，3.5～5 V では除算をするといった制御をしたとすると，ノイズによってアンプの出力が変動することで容易に間違いが生じ，複雑な演算プログラムを正確に実行するのは非常に難しくなる．おまけにアナログ回路は直流電流を流し

ながら動作させるものなので，電力消費も大きすぎて使えない．CMOSディジタル回路は，出力端子をスイッチでアースにつなぐか，電源電圧につなぐかによって，0または1を出力している（図1.14）．従ってノイズによるエラーを排除できるし，また基本的に直流電流が流れないので電力消費も非常に小さい．それでも，高速で大量の演算を実行する結果，電力消費が大きな問題となっている．これはコンデンサを充放電する際に，トランジスタで消費される電力であり，コンピュータのクロック周波数が高くなるのに比例して増大する．

式(7.12)のXの値からr進数の表現$a_{n-1}a_{n-2}\cdots a_1a_0$を求めるのは簡単である．先ず$X \div r$を計算すると，商が$a_{n-1}r^{n-2}+a_{n-2}r^{n-3}+\cdots+a_1$，余りが$a_0$となるので，余りとして$a_0$が求まる．順次この操作を繰り返して余りを求めていくことでr進法の表示が得られる．

例題 7.2

8ビットの2進数10110010_2を10進数で表せ．また10進数237_{10}を2進数に変換せよ．

【解答】　$10110010_2 = 2^7 + 2^5 + 2^4 + 2 = 178_{10}$

10進数237_{10}を2進数に変換するには，237を2で割りながらその余りを順次求めればよい．図7.6にその手順を示す．結果は，$237_{10} = 11101101_2$となる．■

2)	237	
2)	118	⋯ 1
2)	59	⋯ 0
2)	29	⋯ 1
2)	14	⋯ 1
2)	7	⋯ 0
2)	3	⋯ 1
2)	1	⋯ 1
	0	⋯ 1

図7.6　10進数を2進数に変換する．237を2で割りながら順次その余りを求める．

例題 7.3

nビットの2進数で表される最大数はいくつか．

【解答】　nビットの2進数の最大数は，$1111\cdots11$と1がn個並んだ2進数である．これに1を加えると$1111\cdots11+1 = 10000\cdots00$と先頭の1の後に0が$n$個並んだ2進数となり，これは$2^n$に等しい．従って，$n$ビットの2進数で表される最大数は，$2^n-1$である．■

例題 7.4

nビットの2進数で表される異なるビットパターンは何種類存在するか．

【解答】　各ビットが0または1の2通りの状態を採れるので，全部で2^n個のパターンが存在する．これを2進数とみて大きさの順番に並べると，一番小さいのは0だから最大値は2^n-1となる．例題7.3の答えはこのようにしても求められる．■

式 (7.12) で $r = 16$，つまり基数を 16 としたときの表現を **16 進数** (hexadecimal) と呼ぶ．このとき各桁の数字は 16 個必要となるので，0〜9 に A, B, C, D, E, F を加えた 16 個を使う．10 進数，2 進数との対応は図 7.5 に示した．

例題 7.5

10 進数 687_{10} を 16 進数で表せ．

【解答】

$$687 \div 16 = 42 \quad \cdots 15\ (=\mathrm{F})$$
$$42 \div 16 = 2 \quad \cdots 10\ (=\mathrm{A})$$
$$2 \div 16 = 0 \quad \cdots 2$$

従って，$687_{10} = 2\mathrm{AF}_{16}$ となる． ■

例題 7.6

10 進数 687_{10} を 2 進数に変換し，得られた 2 進数の表現を LSB 側から 4 ビットずつ区切った形で示せ．その各 4 ビットに対して図 7.5 の 16 進数の記号を当てはめるとどうなるか．

【解答】 687_{10} を 2 で順次割り算をしてその余りを求めると $687_{10} = 0010\ 1010\ 1111_2$ が得られる．区切られた 4 ビットのパターンに，図 7.5 に示した 16 進数の記号を当てはめると，

$$0010 = 2,\ 1010 = \mathrm{A},\ 1111 = \mathrm{F}$$

なので

$$0010\ 1010\ 1111_2 = 2\mathrm{AF}_{16}$$

となって，例題 7.5 の結果と同じになる． ■

例題 7.6 は当然の結果を示しただけである．しかし，4 ビットをまとめて，16 進数の記号で表すことは，長いビットパターンをコンパクトに表現する方法として便利なのでよく用いられる．ビット長はバイト，ワードといったように 4 の倍数となっていることが多いのでこの表記は便利である．ただしビットパターンは上位ビットが 0 のときは省略して書くことが多いので，4 ビットに区切るときは必ず LSB から上方に区切っていくようにすること．

7.1.3 負の数の表現

負の数をどう表現すればよいだろうか．+5 に対して −5 があるように，± の符号をつけるのが簡単である．ビット列の先頭に 0 を付けると +，1 を付けると − と決める．そうすると，32 ビット長の数の表現では 31 ビットで絶対値を表すことになり，表せる数の総数は 32 ビット全部使った場合の半分になる．ここで説明を簡単にするため，数の表現が 4 ビットであったとして，その表現を図 7.7 に示した．

正の数		負の数	
+0	0000	−0	1000
+1	0001	−1	1001
+2	0010	−2	1010
+3	0011	−3	1011
+4	0100	−4	1100
+5	0101	−5	1101
+6	0110	−6	1110
+7	0111	−7	1111

図 7.7　MSB を符号ビットとした負数の表現．

この表現で例えば (+2) + (−5) を計算しようとすると，コンピュータは先ず二つの数の符号が異なることを見出して，大きい方の絶対値から小さい方の絶対値を引き算する．そしてその差に絶対値の大きな方の符号を付けるという操作をしなければならない．つまり中学校で習ったプラス・マイナスと同じ計算をする．これでは CPU に何ステップもの操作を要求することになり，演算時間が増大する．もっと簡単にできないか？

そこで考え出されたのが **2 の補数**と呼ぶ負の数の表現法である．これを使えば，二つのビット列を普通に加算するだけで，符号も含めて全部自動的に結果が得られるので大変便利である．この 2 の補数の考え方を次に説明するが，これも説明を簡単にするため数を表すビット長は 4 ビットに限られているとする．

ひとことで言ってしまえば，例えば 10 進数の 4 に対する負数 −4 のことを，0 − 4 であると考えるのである．「これって当たり前のことを言っているだけではないか !?」といわれそうだが，この 0 − 4 を 2 進数で表してみると

$$0_{10} - 4_{10} = 0000_2 - 0100_2 \tag{7.13}$$

となる．これでもまだ納得いかないだろう．なぜなら $0000_2 < 0100_2$ であり「引き算なんかできない！」からである．そこでいま，ビット長が 4 ビットに限られていることを思い出してほしい．このことは数値を保持するレジスタは 4 ビット分しかハードウェアが用意されていないことを意味する（図 7.8(a)）．従ってこのレジスタに 5 ビットのデータを保持しようとすると，一番上のビットはオーバーフローして無視されてしまうのである．そこで，「どうせ無視されるのであるからここに 1 が入っている」と考えるのである（図 7.8(b)）．そうすると，$0_{10} - 4_{10}$ は同図 (c) のように簡単に計算ができて，結果は 1100_2 となる．これが −4 を **2 の補数**で表現し

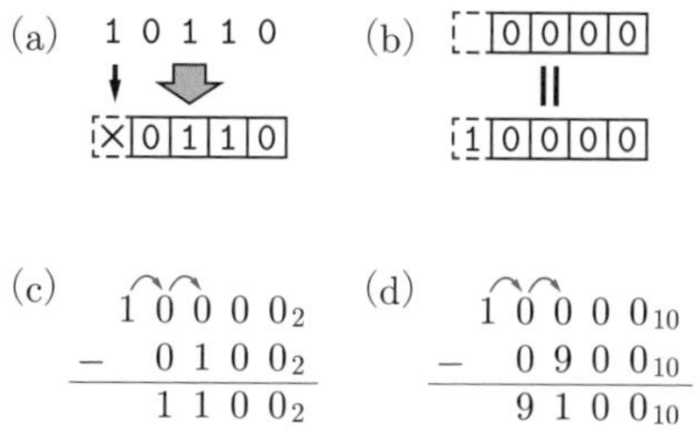

図 7.8　(a) 4 ビットのレジスタに 5 ビットの 10110_2 を格納すると，MSB の “1” はオーバーフローして無視される．(b) $0 - 4 = -4$ を計算する際の 0 は 10000_2 の MSB である “1” がオーバーフローして無視され，0000_2 になったものと解釈する．(c) こうして $0 - 4 = 10000_2 - 0100_2 = 1100_2$ の引き算をすると，結果の 1100_2 が -4 の 2 の補数表現となる．(d) 10 進法での上位の桁から借りてくる計算．

たものとなる．

同図 (c) の引き算では，下から 3 桁目の 1 を引くときオーバーフロービットの 1 を上位の桁から借りてきて引き算を実行した．この上位の桁から借りてくる操作は 10 進数での引き算と全く同じである．そのことを示すため同図 (d) には，$10000_{10} - 900_{10} = 9100_{10}$ の計算を例として示した．2 進数でも 10 進数でも計算のやり方は全く同じであることがよく分かるだろう．

4 ビットの 2 の補数で表現できる正負の数の一覧表を図 7.9 に示す．この表を見て興味深いのは，正の数は MSB $= 0$，負の数は MSB $= 1$ となっていて，図 7.7 と同様 MSB が符号ビットの役割をしていることである．また図 7.7 と比べて 0 が一つだけになっており，新たに -8 が加わっている．ただし対応する正数 $+8$ は無い．

正の数		負の数	
+0	0000	**	****
+1	0001	−1	1111
+2	0010	−2	1110
+3	0011	−3	1101
+4	0100	−4	1100
+5	0101	−5	1011
+6	0110	−6	1010
+7	0111	−7	1001
**	****	−8	1000

図 7.9　4 ビットの 2 の補数で表現した正負の数の一覧表．

例題 7.7

$7_{10} - 3_{10}$ を 2 の補数を用いて計算し，結果が 4_{10} となることを確かめよ．

【解答】　$7_{10} - 3_{10} = 0111_2 + 1101_2 = 10100_2$ となるが，一番上位のビット 1 はオーバーフロービットとして無視されるので，答えは $0100_2 = 4_{10}$ となる．■

例題 7.8

$2_{10} - 7_{10} = -5_{10}$ となることを確かめよ.

【解答】 $2_{10} - 7_{10} = 0010_2 + 1001_2 = 1011_2 = -5_{10}$ ■

例題 7.9

$-2_{10} - 4_{10} = -6_{10}$ となることを確かめよ.

【解答】 $-2_{10} - 4_{10} = 1110_2 + 1100_2 = 11010_2 = 1010_2 = -6_{10}$

ここでも加算後の一番上位のビットはオーバーフロービットとして無視した. ■

以上の例題から明らかなように, 正負の混じった加算が加算演算だけで行えることが分かった. これは計算を行うハードウェアを設計する上で大変にありがたいことである. なぜなら二つの 2 進数を足し算する加算器だけを用意しておけば, 減算も正負の数の加算も全て結果の符号まで含めて計算できるからである.

例題 7.10

MIPS のデータ長は, 1 word（32 ビット）である. $+86_{10}$ と -86_{10} を表す 32 ビットの 2 の補数による表現を求めよ.

【解答】 $+86_{10} = 01010110_2$ である. ここで先頭の 0 は + の符号ビットである. これを 32 ビットのレジスタに格納するには上位ビットに全て 0 を付け加えればよい. 従ってその答えは

$$+86_{10} = 0000\ 0000\ 0000\ 0000\ 0000\ 0000\ 0101\ 0110_2$$

となる. −86 に対する 2 の補数表現は

$$\begin{aligned} &1\ 0000\ 0000\ 0000\ 0000\ 0000\ 0000\ 0000\ 0000_2 \\ &-0000\ 0000\ 0000\ 0000\ 0000\ 0000\ 0101\ 0110_2 \\ &= 1111\ 1111\ 1111\ 1111\ 1111\ 1111\ 1011\ 1010_2 \end{aligned}$$

として得られる. これは 8 ビットの表現 $-86_{10} = 10111010_2$ に対し, 上位ビット全てに 1 を付け加えて 32 ビットにした形である. ■

以上の例題から分かるように, 短いビット長のデータを所定のビット長に変換するには, + の数の場合は 0 を, − の数の場合は 1 を所定のビット長になるまで付け加えればよい. つまり符号ビットを拡張していけばよいわけで, この操作を**符号拡張**（sign extension）と呼ぶ.

ここで導入した2の補数表現とは，n ビットの2進数に X に対して，$-X$ を $2^n - X$ として表すものである．ここで 2^n はオーバーフロービットとして $2^n = 0$ とみなすということを前提としている．そして X の最上位ビット（MSB：$n-1$ 次のビット）が 0 ならば正の数を表し，1 ならば負の数を表すとして扱う．

さて，図 7.9 の対応表をよく見てみると，2 の補数による負の 2 進数は，正の 2 進数から簡単に求められることが分かる．例えば，$+3_{10} = 0011_2$ であるが，そのビットパターンを全て反転させると 1100 となり，この LSB に 1 を加えると 1101 となって -3 を表す 2 の補数が得られる．これは大変便利な発見である．なぜならハードウェアで 2 の補数を求める際，簡単に行えるからである．このやり方が正しいことは，次のように簡単に証明できる．

2 進数 X（n ビット）のビットパターンをそっくり反転したものを $\overline{X}$ と表す．そうすると，$X + \overline{X} = 111 \cdots 11$ となる．これに 1 を加えると，

$$111 \cdots 111\ (n\ \text{ビット}) + 1 = 10000 \cdots 000\ (n+1\ \text{ビット}) = 2^n$$

となるので，

$$X + \overline{X} + 1 = 2^n = 0$$

従って，

$$-X = \overline{X} + 1 \tag{7.14}$$

となる．

〈補足 7.2〉 これまで述べた 2 進数は整数の表現で，**固定小数点**と呼ばれる．もっと広い範囲の数を表すためには**浮動小数点**表示が用いられる．これは数 X を，$X = R \times 2^n$（R：仮数，n：指数）の形で表すもので，仮数と指数合わせて単精度では 32 ビット，倍精度では 64 ビットで表現される．浮動小数点の加算，減算では指数部を合わせてから計算するため，仮数部の数字に大きな差の出ることがある．そしてその演算結果が仮数部の桁数内に収まらないときは，10 進数での四捨五入のようなまるめ処理を行うわけであるが，その扱い方で結果が異なってくるという結構面倒な問題がある．このことを指摘しておく．

数字以外に文字や記号を表す必要があるときは，**ASCII コード**（American standard code for information interchange）と呼ぶ 7 ビットの表現が用いられる．0000000_2（$= 0_{10}$）〜 1111111_2（$= 127_{10}$）の 128 個のビットパターンに大文字，小文字のアルファベットや数字，その他キーボードのいろいろな記号が対応付けられている．

7.1.4 2進数の加減乗除

◆足し算と引き算 2進数の足し算・引き算のやり方は前節の説明の中で述べたが，要するに10進数の筆算と全く同じ要領でやれる．10進数と違って数字が0と1しかないので，むしろ計算はずっと楽である．

> **例題 7.11**
>
> 二つの2進数，01110110と10100101の和を2進数で求めよ．そして10進数で計算した結果と一致することを確かめよ．

【解答】 図7.10に筆算の結果を示したが，両者の和は10001011となり，$10001011_2 = 283_{10}$である．一方

$$
\begin{array}{ccccccccc}
 & 1 & 1 & & & 1 & & & \\
 & 0 & 1 & 1 & 1 & 0 & 1 & 1 & 0 \\
+ & 1 & 0 & 1 & 0 & 0 & 1 & 0 & 1 \\
\hline
1 & 0 & 0 & 0 & 1 & 1 & 0 & 1 & 1
\end{array}
$$

図7.10 二つの2進数の加算を筆算で行う．

$$01110110_2 = 118_{10},$$
$$10100101_2 = 165_{10}$$

であるから，$118 + 165 = 283$で一致する． ■

> **例題 7.12**
>
> 2進数11101011から2進数10110110を引き算した結果を求めよ．同じ計算を10進数で行い結果を確認せよ．

【解答】 図7.11に筆算を示したように，引き算の結果は110101となり，$110101_2 = 53_{10}$である．一方

$$
\begin{array}{ccccccccc}
 & & 1 & 1 & & 1 & & & \\
 & 1 & 1 & 1 & 0 & 1 & 0 & 1 & 1 \\
- & 1 & 0 & 1 & 1 & 0 & 1 & 1 & 0 \\
\hline
 & 0 & 0 & 1 & 1 & 0 & 1 & 0 & 1
\end{array}
$$

図7.11 2進数の減算を筆算で行う．

$$11101011_2 = 235_{10},$$
$$10110110_2 = 182_{10}$$

であるから，$235 - 182 = 53$となって一致する． ■

ここでは，加算・減算の両方について説明したが，ハードウェアで計算する場合には，加算ができる回路だけを用意すればよい．なぜなら減算を行う場合は，先ず引く数を2の補数に変換して，それから加算すればよいからである．このように考えると，図7.3の演算器の機能としては，加算演算に加えて2の補数を求める演算（負数への変換）の両方のできることが要求される．しかしこの「負数への変換は」

簡単である．式 (7.14) で示したように，ビットパターンを反転して 1 を足せばよいだけだからである．ビットパターンの反転は，各ビットをインバータに通せば得られ（図 7.47(b) を参照），LSB に 1 を足す操作は加算器がもともと持っている加算機能を使えばよい．どのようにこれらの機能を実現するかについては，7.3 節で説明する．

♦ 掛け算と割り算　これについても基本は 10 進数と同じである．そして数字が 0 と 1 しかないので 10 進数よりも簡単に行える．これも例題で示そう．

例題 7.13

$A = 101101_2 = 45_{10}$, $B = 100101_2 = 37_{10}$ の掛け算を 2 進数の筆算で行え．そして結果が 10 進数の掛け算の結果と一致することを確かめよ．

【解答】　図 7.12 に筆算のやり方を示す．B の各ビットで 1 の立っているところだけに，A のビット列を LSB を揃えて書き，これを縦に加算すればよい．掛け算の九九は不要で，$1 \times 1 = 1$ だけを知っていればこと足りる．

$$
\begin{array}{ccccccccccc l}
 & & & & & 1 & 0 & 1 & 1 & 0 & 1 & (A = 45_{10}) \\
 & & & & \times & 1 & 0 & 0 & 1 & 0 & 1 & (B = 37_{10}) \\
\hline
 & & & & & 1 & 0 & 1 & 1 & 0 & 1 & \\
 & & & 1 & 0 & 1 & 1 & 0 & 1 & & & \\
1 & 0 & 1 & 1 & 0 & 1 & & & & & & \\
\hline
1 & 1 & 0 & 1 & 0 & 0 & 0 & 0 & 0 & 0 & 1 & (A \times B = 1665_{10})
\end{array}
$$

図 7.12　2 進数の乗算を筆算で行う．

■

この計算をハードウェアで実行することを考えると，A のビット列を左に必要な数だけシフトして順次加えていくことのできる回路が必要であることが分かる．つまり A のビット列 100101 と，これを左に 2 ビット分シフトした 10010100 を最初に加算する．そしてこの和に対し，A のビット列をさらに左に 3 ビット分シフトした 10010100000 を加算することで答えが得られる．加算器の機能は既にできているので，新たに必要なのはビット列を並行シフトする機能である．これは**シフトレジスタ**と呼ばれる回路で実現できる．シフトレジスタとは，7.1.1 項で述べたレジスタと同様にビット列を保持できるメモリであるが，その中でビット列を左右にシフトする機能を持っている．32 ビットのデータをフルに右から左に（あるいは左から右に）シフトできるよう，64 ビット長の容量を持つ．このとき “何ビット分シフトして加算するのか” は，B のビットパターンを LSB から順次見て行って 1 の立っているところまでシフトすればよい．シフトレジスタの回路は，7.4.2 項で述べる D フリップフロップを必要なビット数直列に接続することで実現できる．

次に，割り算についてもシフトレジスタの機能を用いて実現できることを示そう．

例題 7.14

2 進数 $A = 1000100_2$ を $B = 101_2$ で割り算し，その商と余りを求めよ．また，10 進数の計算結果と一致することを確かめよ．

【解答】 $A \div B$ の筆算の過程を図 7.13 に示す．これも 10 進法のやり方と何ら変わるところはない．先ず，A と B の MSB を揃えた場合には引き算ができないので，B は 1 ビット右にシフトしたところで最初の引き算をする．そして A の次の 1 ビットを下ろしてきてまた 101 の引き算をする．こんなふうに計算をして，商 1101，余り 11 を得る．この計算は 10 進法では，$68 \div 5 = 13$ 余り 3 なので結果は一致する．

```
              1 1 0 1  (商)
 1 0 1 ) 1 0 0 0 1 0 0
           1 0 1
         ---------
             1 1 1
             1 0 1
           ---------
               1 0 0 0
                 1 0 1
             ---------
                   1 1  (余り)
```

図 7.13　2 進数の除算を筆算で行う．■

この筆算を人間がするとき，最初すぐに $B = 101$ を 1 ビット右にずらしてから引き算をするが，回路はそんな器用なことはできない．従って，最初は A と B の MSB を揃えて引き算をする．そして結果が負となることを見届けて，このトライは間違いであったと判断してやり直す．こうした試行錯誤を繰り返して割り算を完了する．

この割り算も加算機能とシフト機能で実現できる．ただしこの場合，B のビットパターンはシフトレジスタの中で左から右にシフトされる．そして減算は言うまでもないが，2 の補数をとってマイナスに変換してから加算することで実行する．

以上のように，加減乗除の演算は，演算器としては加算機能とビット反転機能を有すること，そして左右にビットパターンをシフトできるシフトレジスタ，これ等があれば全て実行できるようになる．

7.2 計算する回路を作る

7.2.1 論 理 関 数

前節では2進数による加減乗除のやり方を説明したが，そこで最も重要な働きをするのが加算器である．これを図7.14のような記号で表す．nビットの二つの2進数A, Bを入力として受け取り，その加算結果をnビットの2進数Sとして出力する回路である．ここでSはsum，即ち和の意味である．

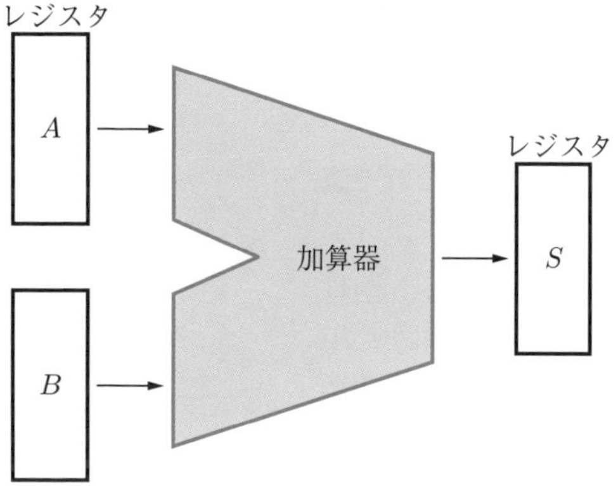

図7.14 nビットの二つの2進数A, Bを入力として受け取り，その加算結果をnビットの2進数Sとして出力する回路．

先ずこの演算をビット毎の演算に分けて考えてみよう．A, B, SのLSB（1番下位のビット）をそれぞれa_0, b_0, s_0と表し，その関係を図7.15(a)のような形で表すことにする．加算結果s_0は，0プラス0は0，0プラス1は1である．しかし1プラス1は0となって，一つ上の桁へ1が桁上げされる（ここでわざわざプラスと書いたのは，今後“+”の記号は論理和ORを表すのに用いるからである）．この**桁上げ信号**のことを**キャリー**（carry）と呼び，c_0と表す．この加算器のことを**半加算器**（half adder）と呼ぶ．

入力a_0, b_0の組み合わせと演算結果s_0, c_0の関係を表にして図7.15(b)に示す．ここでs_0, c_0はともに変数a_0, b_0の関数であり，$s_0 = s_0(a_0, b_0), c_0 = c_0(a_0, b_0)$と表すことができる．普通の関数と違って，変数値，関数値ともに0か1の二値しかとらない．このような関数を**論理関数**，a_0, b_0を**論理変数**と呼ぶ．あるいは，それぞれ**ブール関数**，**ブール変数**とも呼ぶ．図7.15(b)は変数の全ての組み合わせに対

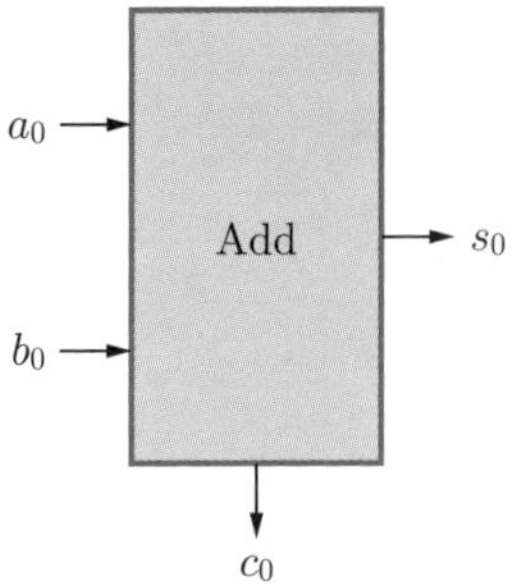

(a)

a_0	b_0	s_0	c_0
0	0	0	0
0	1	1	0
1	0	1	0
1	1	0	1

(b)

図 7.15　半加算器 (a) とその真理値表 (b).

してその出力の値を定めており，これらの関数を定義するものである．これを**真理値表**と呼ぶ．

LSB より上位の i 次のビット（$i \geqq 1$）の演算に関しては，その加算器は図 7.16 のような形で表される．LSB の加算器（$i = 0$）と異なっているのは，一つ下の桁（$i - 1$ 次のビット）からの桁上げ信号 c_{i-1} が入力されていることである．この加算器を**全加算器**（full adder）と呼ぶ．

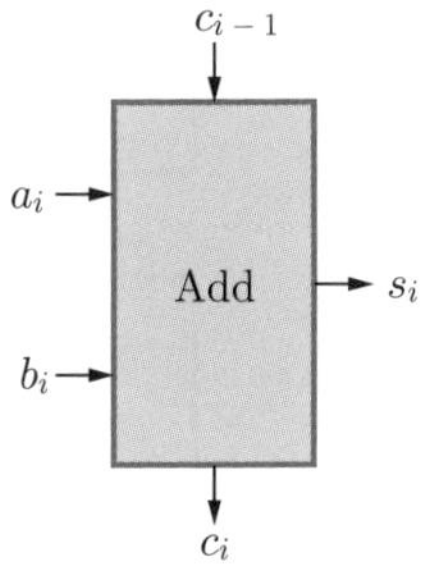

図 7.16　全加算器．c_{i-1} は一つ下の桁（$i - 1$ 次のビット）からの桁上げ信号．

例題 7.15

図 7.16 に示す全加算器の出力である $s_i(a_i, b_i, c_{i-1})$, $c_i(a_i, b_i, c_{i-1})$ の真理値表を求めよ．

【解答】　これは 3 変数のブール関数であるから，a_i, b_i, c_{i-1} の全ての組み合わせに対して s_i, c_i の値を示せばよい．その結果は図 7.17 のようになる．

a_i	b_i	c_{i-1}	s_i	c_i
0	0	0	0	0
0	0	1	1	0
0	1	0	1	0
0	1	1	0	1
1	0	0	1	0
1	0	1	0	1
1	1	0	0	1
1	1	1	1	1

図 7.17　全加算器の出力，$s_i(a_i, b_i, c_{i-1})$ と $c_i(a_i, b_i, c_{i-1})$ の真理値表．■

例題 7.16

$f(x, y)$ を 2 変数 x, y のブール関数であるとする．f として何種類の関数が存在するか．その総数を求めよ．

【解答】　ブール関数は真理値表によって定義される．従って変数 x, y の 4 つの組み合わせに対して異なる出力パターンを対応させれば，その一つ一つが異なった関数となる．従ってその総数は $2^4 = 16$（個）である．■

図 7.18 は，上の例題で求めた 16 個の関数の全てを，$f_0 \sim f_{15}$ として示したものである．f_0 と f_{15} は出力が常に 0 か 1 というもので意味がないが，その他の関数で有用なものには特別な名前が付けられている．それも同図に示した．

x	y	f_0	f_1	f_2	f_3	f_4	f_5	f_6	f_7	f_8	f_9	f_{10}	f_{11}	f_{12}	f_{13}	f_{14}	f_{15}
0	0	0	0	0	0	0	0	0	0	1	1	1	1	1	1	1	1
0	1	0	0	0	0	1	1	1	1	0	0	0	0	1	1	1	1
1	0	0	0	1	1	0	0	1	1	0	0	1	1	0	0	1	1
1	1	0	1	0	1	0	1	0	1	0	1	0	1	0	1	0	1

f_1 : AND（論理積）;　f_7 : OR（論理和）;
f_8 : NOR（論理和の否定）$= \overline{\text{OR}}$;　f_{14} : NAND（論理積の否定）$= \overline{\text{AND}}$

図 7.18　2 変数 x, y に対する全てのブール関数．よく使うものには特別な呼び名が付けられている．

以上は 2 変数の論理関数であるが，1 変数の論理関数も存在する．それは $f(x) = \overline{x}$ である．ここで変数の上に付けたバーは，もう何回か出てきたが x の 0 と 1 を反転させることを意味している．これを **NOT 関数**と呼ぶ．実はこの**反転**という操作は，論理演算にとって非常に重要な意味を持っていることをここで強調しておきたい．この意味はやがて明らかになると思うが論理演算の本質にかかわっている（補足 7.4 を見よ）．

ここで特別な名前を付けた 5 つの関数は，今後論理回路を構築していく際にその基本となるもので，特別な記号が用意されている．図 7.19 にこれら 5 つの関数の記号と真理値表をまとめて示しておく．これらを**論理ゲート**と呼び，これらを組み合わせることであらゆる論理回路を構成することができる．ここで NOT を表すゲートは三角形の記号の頂点に小さな○印が付いているが，これは否定（反転）の意味を表す．つまり論理式での上に付けるバーと同じである．従って，NAND, NOR のゲートは，AND, OR の先端部にこの○が付いている．これは便利な表記であり，否定を表す際 NOT の記号を省略してこの○印だけで済ませることがある．これによって表示が簡単になる．

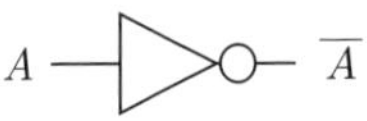

A	$\overline{A}$
0	1
1	0

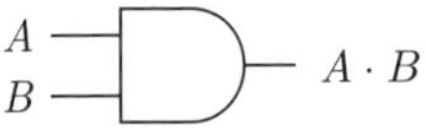

A	B	$A \cdot B$
0	0	0
0	1	0
1	0	0
1	1	1

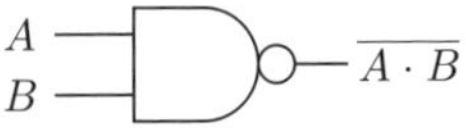

A	B	$\overline{A \cdot B}$
0	0	1
0	1	1
1	0	1
1	1	0

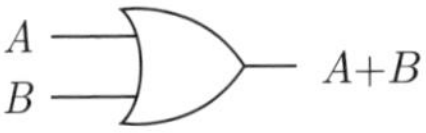

A	B	$A+B$
0	0	0
0	1	1
1	0	1
1	1	1

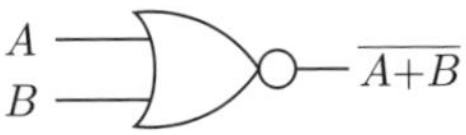

A	B	$\overline{A+B}$
0	0	1
0	1	0
1	0	0
1	1	0

図 7.19　5つの基本論理ゲートとその真理値表.

また第1章1.5節で説明したが，これらの論理ゲートはMOSトランジスタを用いて簡単に実際の回路として構成することができる．これに関しては，1.5節の該当箇所を参照して頂きたい．

7.2.2 ブール代数

1と0の二つの数字だけを扱う代数として用いられるのが**ブール代数**（Boolean algebra）である．これはもっと一般的な論理演算を扱う代数として19世紀に考案されたものであるが，現在ではもっぱらディジタル演算の記述として広く用いられている．

二つのディジタル変数 A, B に対して論理積 $A \cdot B$，論理和 $A+B$，そして反転 $\overline{A}$ の三つの操作を定義すると，ブール代数の演算は図7.20に示したような性質を持つ．これらが成り立つことは，実際に1と0を入れてみればすぐに確かめられる．分配則⑥は普通の代数には無いもので，ブール代数特有のものである．ここに示した①～⑩の性質は実はブール代数の公理であり，このような性質を持つことを仮定して組立てられたのが**ブール代数**なのである．ディジタル演算は正しくこの公理に適合している．

集合の演算もブール代数で記述できる．そこで先ず，ブール代数の演算を集合論理のグラフィカルな表示と対応させるところから始めよう．この方がいろいろな関係式を直観的に理解することができて便利である．図7.21(a)に示したように全体集合を矩形で表し，円の内部を集合 A とする．このとき円 A の外部を $\overline{A}$ と表す．そうすると円の内部では A（という命題）は真であり，円の外部では偽ということになる．集合 B についても同様である．この真と偽をそれぞれ1と0で表すと，集合論理の演算とディジタルの演算が一対一に対応する．

■ **交換則**　① $A \cdot B = B \cdot A$

② $A + B = B + A$

■ **結合則**　③ $A \cdot (B \cdot C) = (A \cdot B) \cdot C$

④ $A + (B + C) = (A + B) + C$

■ **分配則**　⑤ $A \cdot (B + C) = A \cdot B + A \cdot C$

⑥ $A + (B \cdot C) = (A + B) \cdot (A + C)$

■ **単位元の存在**　⑦ $A \cdot 1 = A$

■ **零元の存在**　⑧ $A + 0 = A$

■ **補元の存在**　⑨ $A \cdot \overline{A} = 0$

⑩ $A + \overline{A} = 1$

図 7.20　ブール代数の演算の性質．これはブール代数の公理である．

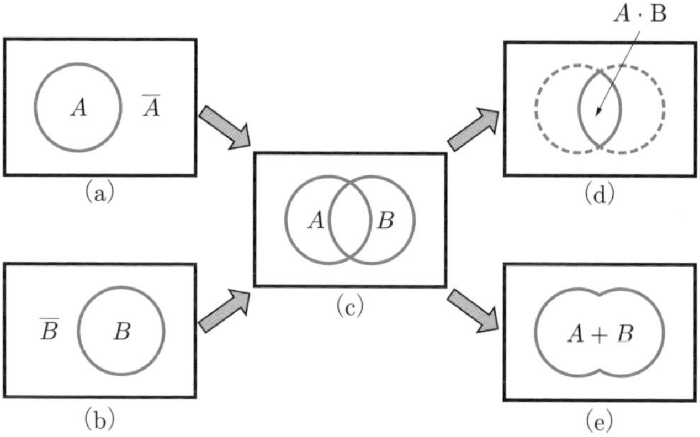

図 7.21　ベン図（Venn diagram）．ブール代数の演算を集合論理のグラフで表す．

全体集合の中に A と B を同時に示したのが同図 (c) である．全体が境界線で 4 つの領域に区切られている．この中で A と B の両方に属している領域を A と B の**積集合**と呼び $A \cdot B$ で表す（同図 (d)）．また A または B のどちらかに属している領域を A と B の**和集合**と呼び $A + B$ で表す（同図 (e)）．それぞれ，ブール代数の AND と OR である．このような図を**ベン図**（Venn diagram）と呼ぶ．

領域 A と $\overline{A}$ を円で分けるのではなく，直線で等分するように描いたのが図 7.22 の**ベイチ図**（Veitch diagram）である．A と B 両方を描いた同図 (c) では 4 つの領域が明瞭に区分されており，分かりやすい．従って論理回路の設計にはこの表現が使いやすい．同図 (d), (e) において，斜線を付けたところが，それぞれ $A \cdot B$ 及び $A + B$ に対応する．

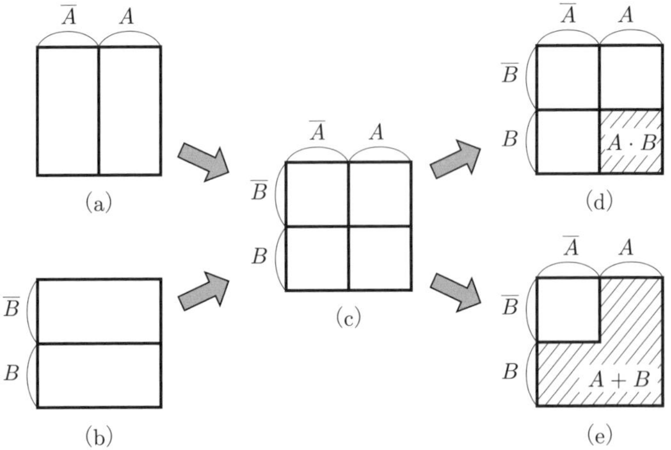

図 7.22 ベイチ図 (Veitch diagram). ベン図を直線で等分するように描いた.

例題 7.17

図 7.22(c) のベイチ図の 4 つの各領域を A と B の論理式で表せ.

【解答】 各領域における $A, \overline{A}$, 及び $B, \overline{B}$ の重なり具合を調べ, それを論理積 (AND) で表せばよい. 結果を図 7.23(a) に示す.

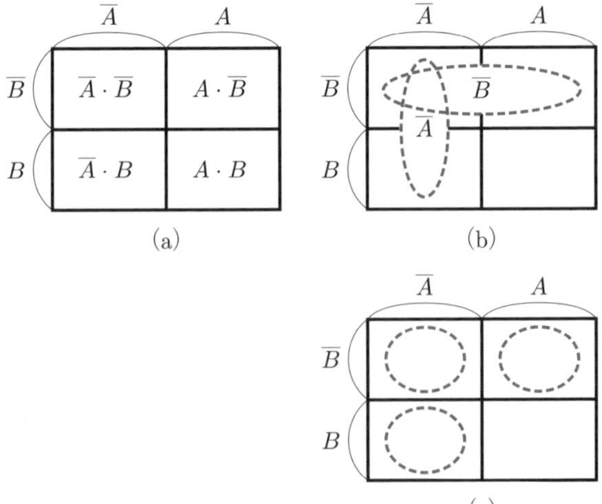

図 7.23 (a) ベイチ図 (図 7.22(c)) の 4 つの各領域を A と B の論理式で表す.
(b), (c) はド・モルガンの定理を説明する図. ■

図 7.22(e) において $A+B$ 以外の白いところが $A+B$ の反転，つまり $\overline{A+B}$ であるが，この領域は $\overline{A}\cdot\overline{B}$ である．従って

$$\overline{A+B} = \overline{A}\cdot\overline{B} \tag{7.15}$$

の関係が得られる．これは**ド・モルガンの定理**と呼ばれ，論理関数の否定に関して重要な定理である．

例題 7.18

図 7.22(d) を参照しながら，もう一つのド・モルガンの定理

$$\overline{A\cdot B} = \overline{A}+\overline{B} \tag{7.16}$$

を導け．

【解答】　図 7.22(d) をみると，斜線を施してない領域は図 7.23(b) のように $\overline{A}$ と $\overline{B}$ の和集合で表せる．従って $\overline{A\cdot B} = \overline{A}+\overline{B}$ が導かれる．■

上の例題は，次のようにしても答えが得られる．つまり，斜線を施してない領域 $\overline{A\cdot B}$ は図 7.23(c) のように，三つの領域の和集合としても表せる．即ち，

$$\begin{aligned}\overline{A\cdot B} &= \overline{A}\cdot B + \overline{A}\cdot\overline{B} + A\cdot\overline{B} = \overline{A}\cdot B + \overline{A}\cdot\overline{B} + \overline{A}\cdot\overline{B} + A\cdot\overline{B}\\ &= \overline{A}\cdot\left(B+\overline{B}\right) + \left(A+\overline{A}\right)\overline{B} = \overline{A}+\overline{B}\end{aligned} \tag{7.17}$$

この変形では，$X+X=X$, $X+\overline{X}=1$ というブール代数の基本的な性質を用いた．このように式を変形しても最終的な答えが得られるが，上の例題 7.18 で示したやり方の方が簡単である．つまり，ベイチ図上で隣り合うできるだけ大きな領域を選んでブール変数で表すのが簡単な表現を見つけるコツであることが分かる．この原理は，今後**論理回路の簡単化**に用いるので覚えておいて欲しい．

ここでド・モルガンの定理を，図 7.19 の基本ゲート，NOR と NAND の記号を用いて表現するとどうなるかを図 7.24 に示す.「先端部の○印（否定を表す）を入力側に移すとき，OR と AND の表示が入れ替わる」ことを覚えておくと便利である．

次にもう一つの表現方法として，**カルノー図**（Karnaugh map）というものを図 7.25 に紹介しておく．これはベイチ図で $\overline{A}$, A と示したところを，それぞれの論理値，0 と 1 で表したものである．そしてそれぞれの論理変数 0, 1 の組み合わせに対して，関数の出力値を直接 0 または 1 として各領域に書き込んだ図である．同図 (d), (e) を見れば，これは真理値表をそのまま平面図で表したものであることが分か

る．これらベイチ図やカルノー図は，今後論理関数の形を簡単化する際に，大変便利に用いることができる．

3 変数 A, B, C に対するベイチ図の一例を図 7.26(a) に示す．ここで注意すべきことは，$\overline{B}$ の領域が左右二つに分かれていることである．これは円筒状につながって連続的になっていると解釈する．図 7.26(b) は，4 変数 A, B, C, D に対するベイチ図の例であるが，これも $\overline{D}$ の領域は上下で連続していると解釈する．また 3 変

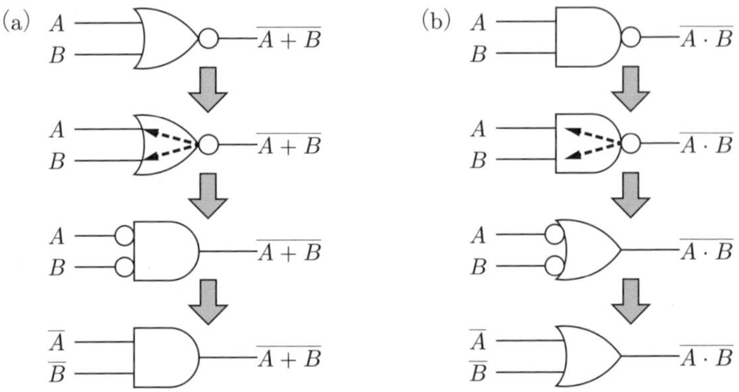

図 7.24　論理ゲートでド・モルガンの定理を表現する．先端部の○印を入力側に移すとき，OR と AND の表示が入れ替わる：(a) NOR ゲートの変形．(b) NAND ゲートの変形．

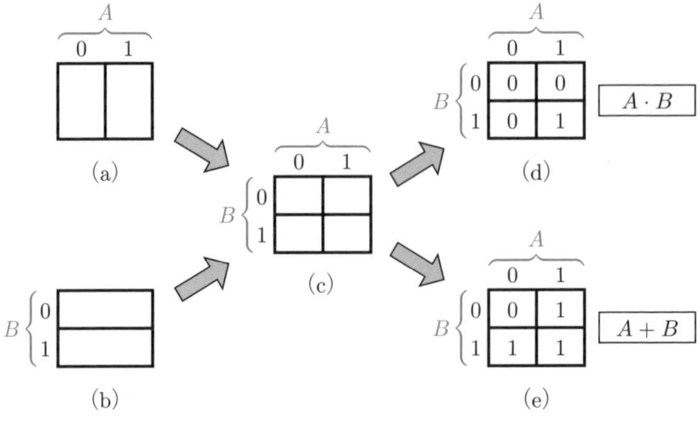

図 7.25　カルノー図（Karnaugh map）．ベイチ図の $\overline{A}$, A をそれぞれ 0 と 1 で表し，各領域の関数の出力値を直接書き込んだものである．

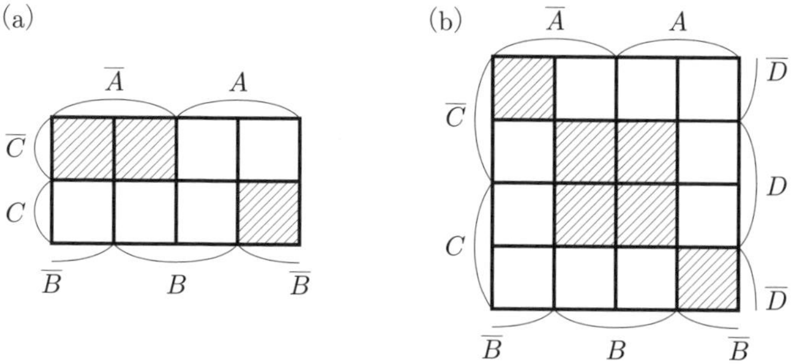

図 7.26　(a) 3 変数 A, B, C に対するベイチ図の例．$\overline{B}$ の領域は左右でつながって円筒状になっていると解釈する．(b) 4 変数 A, B, C, D に対するベイチ図の例．$\overline{D}$ の領域は上下でつながっていると解釈．

(a)

C \ AB	00	01	11	10
0	1	1	0	0
1	0	0	0	1

(b)

CD \ AB	00	01	11	10
00	1	0	0	0
01	0	1	1	0
11	0	1	1	0
10	0	0	0	1

図 7.27　(a) 3 変数 A, B, C のカルノー図．(b) 4 変数 A, B, C, D のカルノー図．

数，4 変数のカルノー図の表現を図 7.27 に示す．変数の組み合わせを集合で表現するか，0 と 1 の組み合わせで表現するかが，ベイチ図とカルノー図の異なるところで，基本的に同じものである．使いやすい方を使えばよい．本書ではベイチ図を描くとき，$\overline{A}, \overline{B}, \overline{C}, \ldots$ 等の補集合の領域が左上で揃うように描いたので，ベイチ図とカルノー図は全く同じ表現となっている．

例題 7.19

図 7.26，図 7.27 はそれぞれ，同じ関数を表すベイチ図とカルノー図であるが，その関数形を求めよ．

【解答】　図 7.26(a) の斜線部の領域（図 7.27(a) の 1 のところ）を論理変数で表すと

$$\overline{A}\cdot\overline{C}+A\cdot\overline{B}\cdot C$$

であり，これが求めるブール関数の形である．

また図 7.26(b) の斜線部の領域（図 7.27(b) の 1 のところ）を論理変数で表すと

$$\overline{A} \cdot \overline{B} \cdot \overline{C} \cdot \overline{D} + B \cdot D + A \cdot \overline{B} \cdot C \cdot \overline{D}$$

となる．■

例題 7.20

3 変数 A, B, C のベイチ図を描き，$A \cdot B \cdot C$ の領域を斜線で示せ．また，$A \cdot \overline{B} + \overline{B} \cdot C$ の領域も示せ．

【解答】 図 7.28 を見よ．

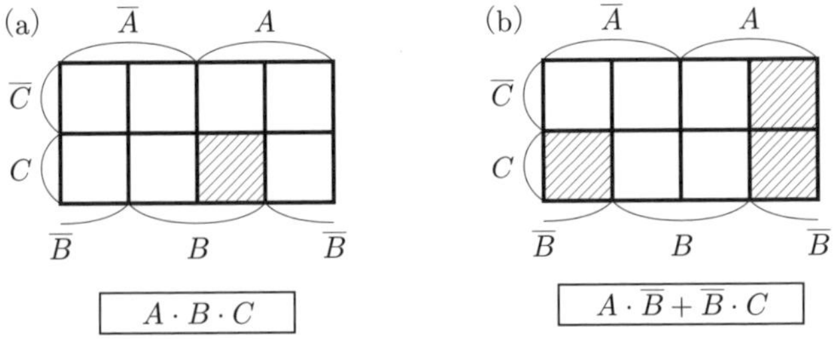

図 7.28　例題 7.20 の解答．■

例題 7.21

4 変数 A, B, C, D のベイチ図を描き，$A + B + \overline{D}$ の領域を斜線で示せ．また，$AB\overline{D} + \overline{B} \cdot C + \overline{C} \cdot D$ の領域も示せ．

【解答】 図 7.29 を見よ．

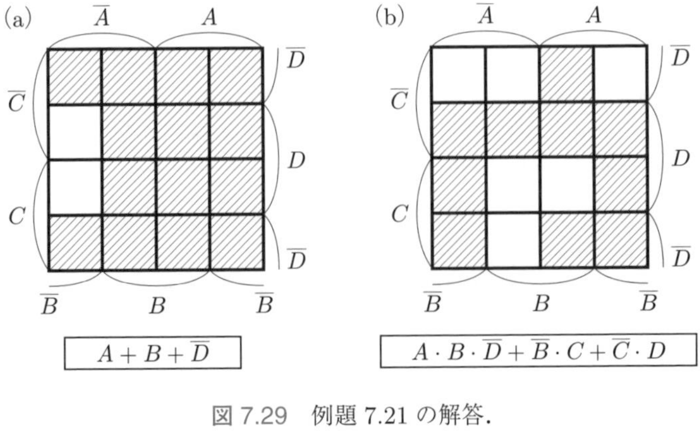

図 7.29　例題 7.21 の解答．■

5 変数 A, B, C, D, E のベイチ図は，図 7.30 のように 4 変数 A, B, C, D のベイチ図を，$\overline{E}$ のものと E のものを二つ並べて描けばよい．6 変数 A, B, C, D, E, F ではこの二枚のセットを上下に二つ並べて上のものを $\overline{F}$，下のものを F として表せばよいが，5 変数以上では直観的に理解するのが次第に困難となってきてあまり実用的ではない．

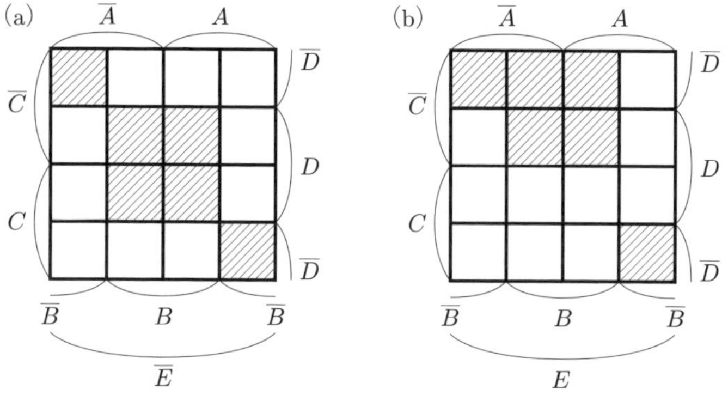

図 7.30　5 変数 A, B, C, D, E のベイチ図の例．A, B, C, D のベイチ図を $\overline{E}$ のものと E のものを二つ並べて描く．

7.2.3　論理回路をデザインする

♦ **半加算器**　さて以上の準備が終わったところで，論理回路設計の話に移ろう．先ず手始めに図 7.15 に示した**半加算器**（half adder）を作ってみる．桁上げ信号 c_0 の真理値表を見ると，これは図 7.18 の関数 f_1，つまり AND である．従って

$$c_0 = a_0 \cdot b_0$$

一方 SUM 信号 s_0 は，(a_0, b_0) が $(0, 1)$，あるいは $(1, 0)$ の組み合わせのときに s_0=1 となる．これをブール関数で表すと

$$s_0 = \overline{a_0} \cdot b_0 + a_0 \cdot \overline{b_0} \tag{7.18}$$

となる．この式は真理値表から機械的に導き出すことができる．先ず真理値表の $s_0 = 1$ のところを探す．そしてそこの a_0 と b_0 の値が 1 か 0 かを調べる．1 のときはその変数をそのまま，0 のときはその変数を反転して（バーを付けて）から AND をとって積項を作る．そして $s_0 = 1$ のところの積項を全部 OR で和をとってやれば，求める論理式が得られる．こうして得られる式 (7.18) の形の論理式を，**積和標準形**と呼

ぶ．今後真理値表から論理関数を合成するときは，いつもこのやり方に従って行う．また s_0 のカルノー図やベイチ図を描いても，式 (7.18) は簡単に求められる．

ここで s_0 は図 7.18 の関数 f_6 であり，**EOR**（exclusive OR：**排他的論理和**）と呼ぶ．またその否定である $f_9 = \overline{f_6}$ は，**ENOR**（exclusive NOR）と呼ぶ．これらは重要な関数であり，図 7.31 に示した記号で表す．

(a)

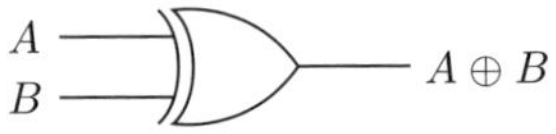

A	B	$A \oplus B$
0	0	0
0	1	1
1	0	1
1	1	0

(b)

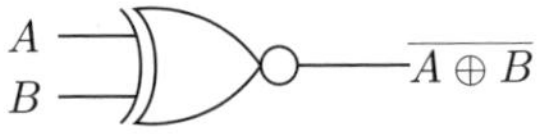

A	B	$\overline{A \oplus B}$
0	0	1
0	1	0
1	0	0
1	1	1

図 7.31　EOR ゲート (a) と ENOR ゲート (b) の記号と真理値表．

例題 7.22

図 7.31 の EOR, ENOR ゲートの回路を，図 7.19 の基本ゲートを用いて構成せよ．

【解答】　EOR（関数 f_6）の真理値表より，$A \oplus B = \overline{A} \cdot B + A \cdot \overline{B}$ なので，これをそのまま回路で表すと，図 7.32(a) ようになる．ここでは，NOT 素子（インバータ）を小さな○印で表す表示を採用した．この方が図面がすっきりして見やすい．

ENOR（関数 f_9）の真理値表より $\overline{A \oplus B} = \overline{A} \cdot \overline{B} + A \cdot B$ なので，これをそのまま回路で表せばよい．これを示すと，図 7.32(b) のようになる．■

〈**補足 7.3**〉　XOR の論理回路の実現は図 7.32(a) のものに限られるわけではない．別の表現もある．真理値表から論理回路を作る方法として，上では関数値が 1 となるところを取り上げて論理変数の積を作り，その和で表すことを説明した．このやり方と双対の関係にあるやり方がある．双対とは，1 と 0，反転をとるかとらないか，積をとるか和をとるか，これら全部をひっくり返したやり方である（双対《そうつい》については 5.5.3 項を参照のこと）．つまりこうなる．「先ず真理値表の $s_0 = 0$ のところを探す．そして a_0 と b_0 がそれぞれ 0 か 1 かを調べる．0 のときはその変数をそのまま，1 のときはその変数を反転して（バーを付けて）から OR をとって和項を作る．そして $s_0 = 0$ のところの和項を全部 AND で結び付けて，積をとってやればよいのである．そうすると EOR は，

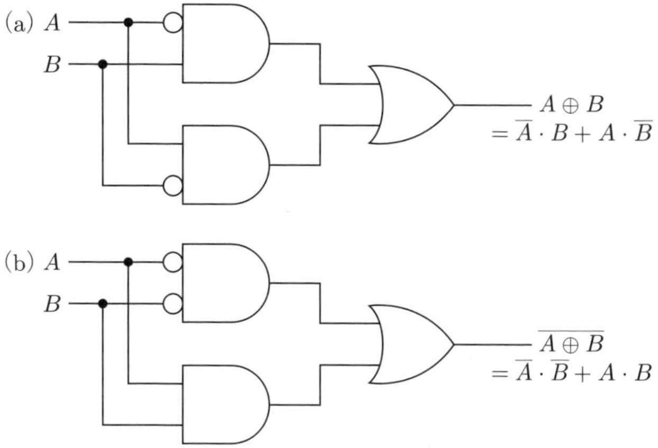

図 7.32　(a) $A \oplus B = \overline{A} \cdot B + A \cdot \overline{B}$ をそのまま回路で表現．(b) $\overline{A \oplus B} = \overline{A} \cdot \overline{B} + A \cdot B$ をそのまま回路で表現．

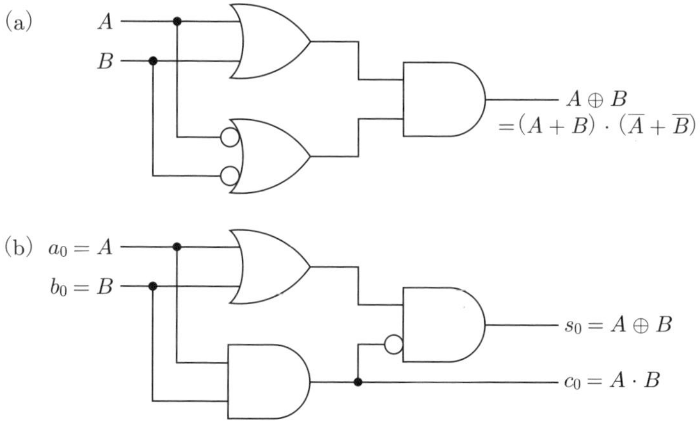

図 7.33　(a) $A \oplus B = (A + B) \cdot (\overline{A} + \overline{B})$ をそのまま回路で表現．(b) 下の OR 入力部の NOT を OR の出力部に移動した回路．c_0 の出力も得られ，このままで半加算器となっている．

$$A \oplus B = (A + B) \cdot (\overline{A} + \overline{B}) \tag{7.19}$$

と表現される．そうすると EOR の回路は，図 7.33(a) のようになる．この図で下の OR 入力部の NOT を OR の出力部に移動してやると OR が AND に変って，同図 (b) の形になる．こうすれば c_0 の値も得られ，このままで半加算器となっている．

例題 7.23

式 (7.19) の右辺を変形して，$(A+B)\cdot(\overline{A}+\overline{B}) = \overline{A}\cdot B + A\cdot\overline{B}$ となることを示せ.

【解答】

$$(A+B)\cdot(\overline{A}+\overline{B}) = A\cdot\overline{A} + A\cdot\overline{B} + \overline{A}\cdot B + B\cdot\overline{B} = A\cdot\overline{B} + \overline{A}\cdot B$$

である．ここで $A\cdot\overline{A}=0$, $B\cdot\overline{B}=0$ というブール代数の性質を用いた． ■

さてこれらの論理関数を MOS トランジスタを用いて実現することを考えると，第 1 章 1.5 節で述べたように，NOR や NAND ゲートを用いて実現するのが自然である．なぜなら，MOS 論理回路は，トランジスタがオンして電流が流れると出力が 0 に落ちるように構成されるからである．例えば，図 7.33(a) の論理回路を，MOS 回路の**否定論理**に適合するように書き換えてみよう．これには，図 7.24 に示したド・モルガンの定理の図面での変換を利用する．そのやり方を図 7.34 に示す．

先ず出力の AND の先端に否定の○を二つ付ける．二重否定だからこれで論理は変わらない．次に○を一つだけ AND の入力側に移すと AND は OR に変り，出力ゲートは NOR になる．後ろに持って行った○を更に入力段の OR の後方に移すことで終了である．これを NMOS と負荷抵抗 R で実現すると，図 7.35(a) のようになる．これを CMOS で実現すると図 7.35(b) のようになる（なお，図 7.32(a), (b), 図 7.33(b) の論理回路についても，いずれも同様に MOS 回路で実現できる）．この

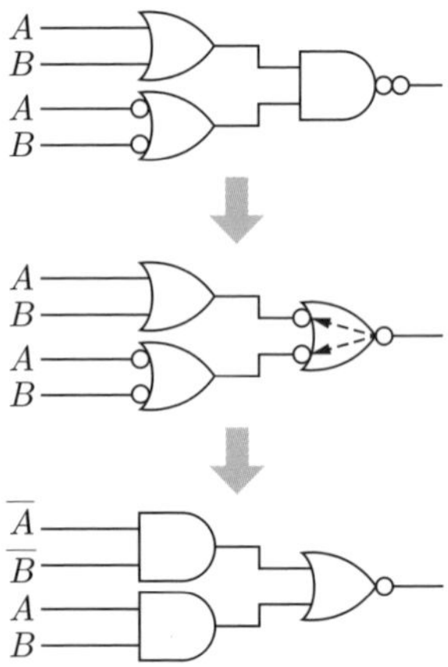

図 7.34　図 7.33(a) の論理回路をド・モルガンの定理の図面での変換を利用して MOS の否定論理の回路に書き換える．

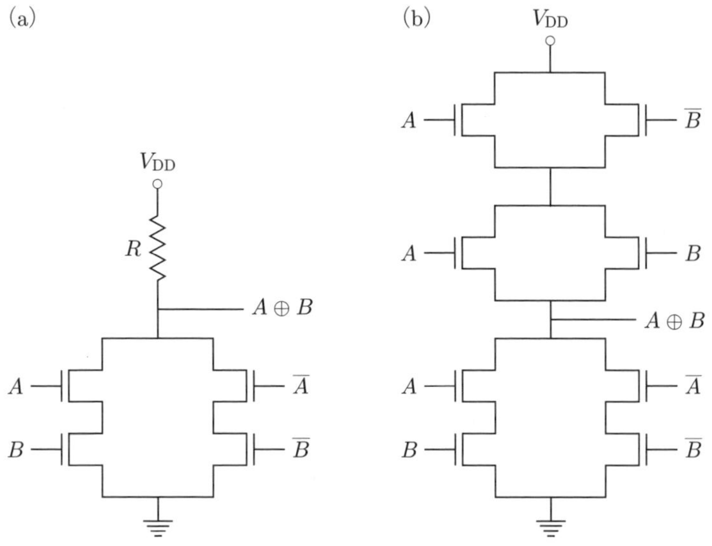

図 7.35　(a) 否定論理に変換した回路（図 7.34）を NMOS と負荷抵抗 R で実現.
(b) CMOS で実現.

ように，論理回路が AND, OR, NOT で表されていると，いつでも MOS 回路に変換できる．MOS 回路の実現に関しては，本書ではこれ以上詳しく述べない．もっと詳しく勉強したい読者は，ディジタル回路の教科書（例えば参考文献 [1]）を参照されたい.

〈補足 7.4〉　あらゆるブール関数は，AND, OR, NOT の三つの基本ゲートの組み合わせで実現できることが分かったと思う．このことは，AND と NOT，あるいは OR と NOT の組み合わせだけで全て表現できることを意味する．なぜならド・モルガンの定理によって，AND と OR は否定を使えば入れ替え可能だからである．さらに言えば，NAND または NOR のゲートだけでも実現可能である．なぜなら，2 入力 NAND の 1 入力を 1 としたものは NOT 回路になるし，2 入力 NOR の 1 入力を 0 としたものは NOT 回路となるからである．このことから，NOT という 1 と 0 を入れ替える機能は，論理演算を実現する上で本質的に重要な働きをしていることが分かる.

◆ **全加算器**　図 7.17 に示した全加算器の真理値表を用いて，加算値 s_i と次段へのキャリー c_i を計算する回路を図 7.19 の基本ゲートを用いて構成しよう.

先ず c_i から求める．$c_i = 1$ となっている行を選び出して変数の組み合わせの AND をとり，それを OR でつなぐことにより以下の表式を得る.

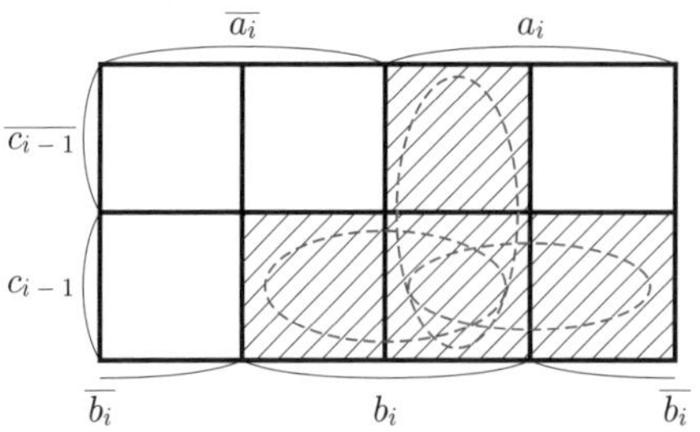

図 7.36　全加算器の c_i を表すベイチ図.

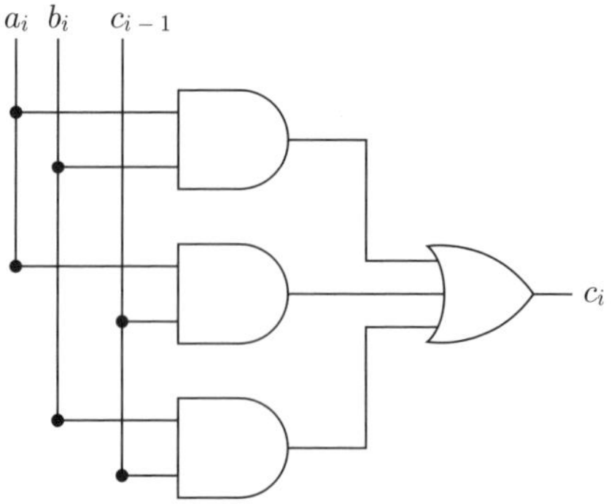

図 7.37　全加算器の c_i を計算する回路.

$$
\begin{aligned}
c_i &= \overline{a_i} \cdot b_i \cdot c_{i-1} + a_i \cdot \overline{b_i} \cdot c_{i-1} + a_i \cdot b_i \cdot \overline{c_{i-1}} + a_i \cdot b_i \cdot c_{i-1} \\
&= (\overline{a_i} + a_i) \cdot b_i \cdot c_{i-1} + a_i \cdot \left(\overline{b_i} + b_i\right) \cdot c_{i-1} + a_i \cdot b_i \cdot (\overline{c_{i-1}} + c_{i-1}) \\
&= b_i \cdot c_{i-1} + a_i \cdot c_{i-1} + a_i \cdot b_i \qquad (7.20)
\end{aligned}
$$

ここで第一行目の最後の項の $a_i \cdot b_i \cdot c_{i-1}$ は 2 回余分に加算して前二つの項と組み合わせた．式の変形に際しては，$X + X = X$, $X + \overline{X} = 1$ 等のブール代数の基本的な性質を用いた．図 7.36 は c_i を表すベイチ図であるが，これを見ると上式の変形はもっと直観的に理解できる．つまり最後の項は，隣と一緒にしてより大きな領域を一つにまとめたのである．その方が変数の数が減って式が簡単になる．これが回路を簡単化するときのやり方である．対応する回路図を図 7.37 に示す．

次に s_i の表現を求めると

$$
s_i = \overline{a_i} \cdot \overline{b_i} \cdot c_{i-1} + \overline{a_i} \cdot b_i \cdot \overline{c_{i-1}} + a_i \cdot \overline{b_i} \cdot \overline{c_{i-1}} + a_i \cdot b_i \cdot c_{i-1} \qquad (7.21)
$$

となる．同じくベイチ図を描くと図 7.38 となる．各領域はどれも隣接していないためこれ以上簡単化できない．回路図を図 7.39(a) に示す．この s_i の演算は 3 入力の**排他的論理和**（EOR）と呼ばれ，同図 (b) の記号で表す．三つの入力中，1 の数が奇数のときに出力が 1 となる論理関数である．

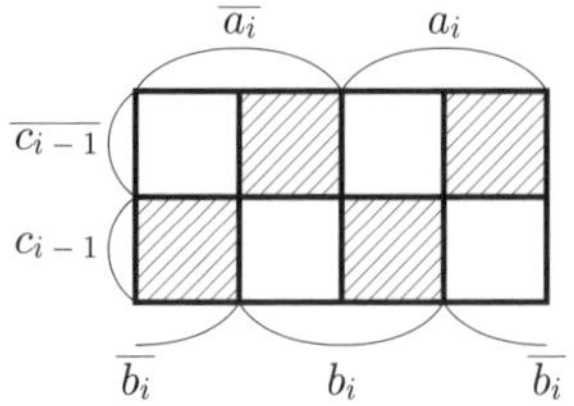

図 7.38　全加算器の s_i を表すベイチ図.

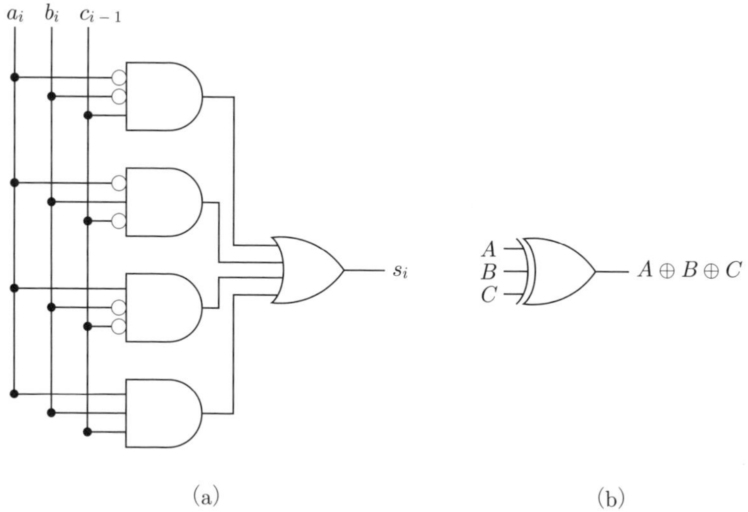

図 7.39 (a) 全加算器の s_i を計算する回路．(b) 3 入力 A, B, C の排他的論理和（exclusive OR）の記号．三つの入力中 1 の数が奇数のときに出力が 1 となる．

例題 7.24

図 7.40 に 4 変数 A, B, C, D のベイチ図を示す．この図の表す論理関数の回路図を描け．できるだけ簡単な構成とすること．

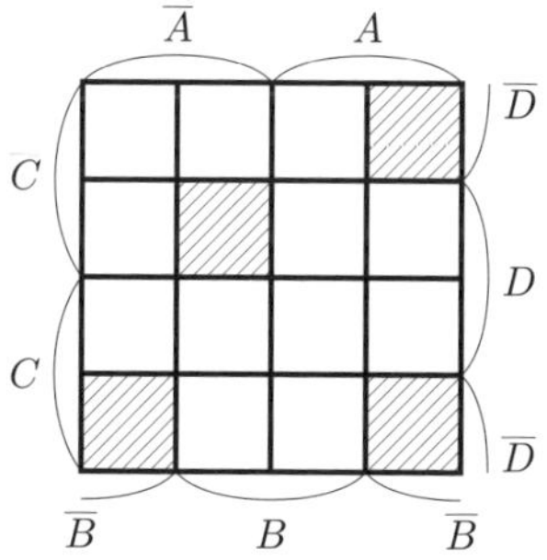

図 7.40 4 変数 A, B, C, D のベイチ図．

【解答】 図から分かるように，右側の上下のコーナーは折り返してつながっている．また下側の左右のコーナーも折り返してつながっていることに注意．これらをそれぞれ一つの領域としてまとめると，求める論理関数は次のようになる．

$$\overline{A} \cdot B \cdot \overline{C} \cdot D + A \cdot \overline{B} \cdot \overline{D} + \overline{B} \cdot C \cdot \overline{D}$$

■

♦ **セレクタ** コンピュータの演算機能を実現する上で重要な働きをするものに**セレクタ回路**がある．図7.41に n-to-1 セレクタの記号とその機能を示す．その機能とは，y_0〜y_{n-1} の n 個の入力信号に対して，セレクト信号 x で指定した番号の信号だけを選んで出力する回路である．つまり $x = i$ とすると i 番目の入力が出力端子に出てくる．どのようにしてこの機能を実現するのか，先ず最も簡単な 2-to-1 セレクタの構成から見てみよう．

基本は AND ゲートである．図7.42のように2入力の AND，$z = x \cdot y$ は，$x = 1$ とすると $z = y$ となって，入力 y がそのまま z に出てくる．$x = 0$ とすると $z = 0$ となって入力 y はブロックされる．このことに着目すれば，2-to-1 セレクタは図7.43のようにして構成できる．

4-to-1 セレクタは，2-to-1 セレクタを2段使うことで構成できる．これを図7.44に示す．あるいは，図7.45のように3入力の AND ゲートを用いても構成できる．これらのやり方はいずれも，容易に n-to-1 セレクタ実現に拡張できる．

セレクタは**マルチプレクサ**（multiplexor）とも呼ばれ，次節で述べる ALU の機能を切り替える際に用いられる．また，メモリから番地を指定してそのデータを読み出すときにも用いられる（図1.12を参照）．

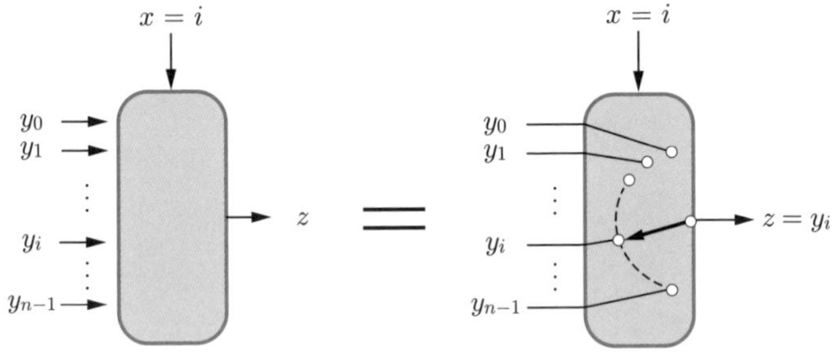

図7.41 n-to-1 セレクタ．$x = i$ とすると i 番目の入力 y_i が出力端子に出てくる．

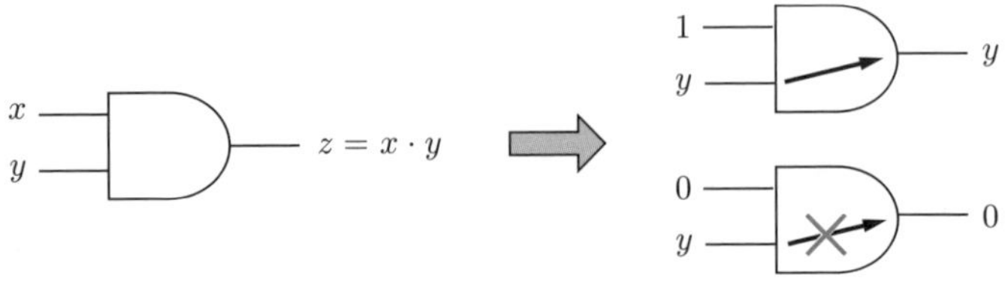

図7.42 2入力の AND ゲートを用いてセレクタを構築する．$x = 1$ のとき入力がそのまま出力に現れるが，$x = 0$ とすると 出力 $= 0$ となって，入力がブロックされる．

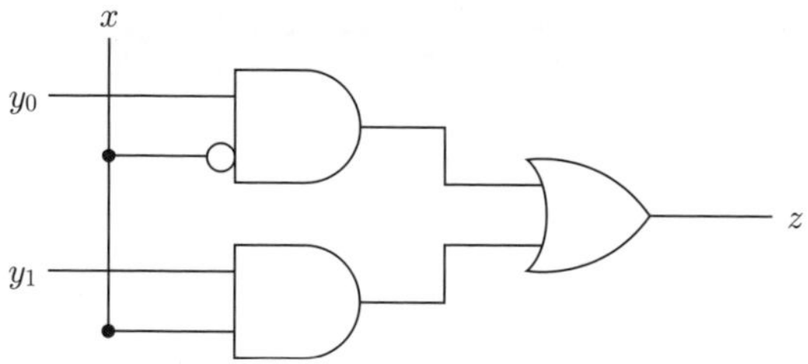

図 7.43 2-to-1 セレクタの構成.

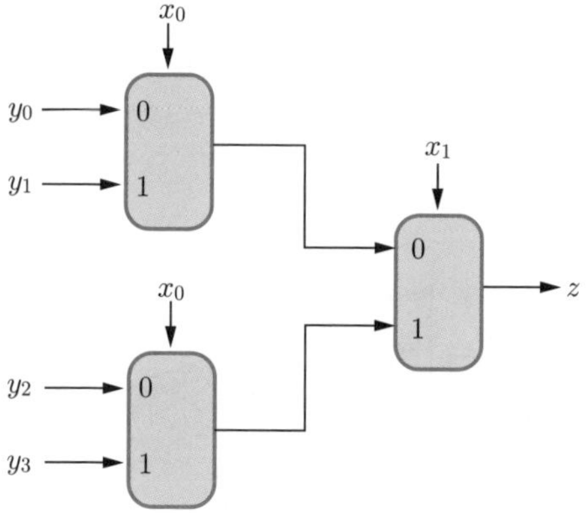

図 7.44 2-to-1 セレクタを 2 段使って構成した 4-to-1 セレクタ.

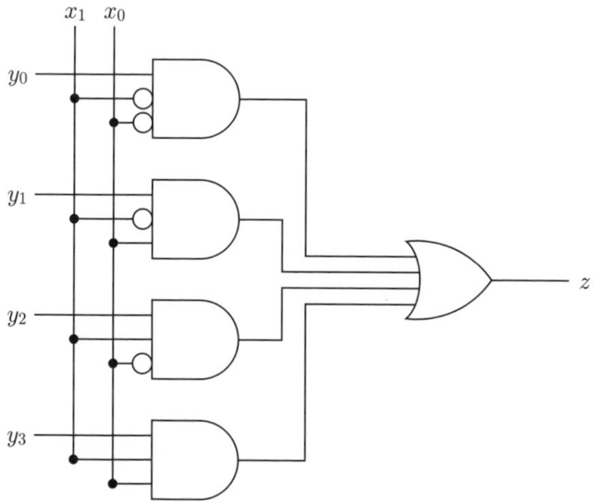

図 7.45 3 入力の AND ゲートを用いて構成した 4-to-1 セレクタ.

7.3 ALUを構成する

それではALUをどのように構成するかについて述べよう．ALUはarithmetic logic unitの略で，これは**算術演算**（arithmetic operation）や**論理演算**（logic operation）を行う演算回路のことである．これらの演算を組み合わせることによって，コンピュータに要求されるあらゆる機能を作り出す大変重要なユニットである．

図7.2の抽象化した図で演算器と書いたものがALUに相当する．つまり図7.46に示したように，二つの32ビットの2進数に対して演算を行い，その結果を出力する回路である．ここでは説明を簡単にするためALUの機能としては，算術演算では加算と減算，論理演算ではANDとORの4つだけを考えよう．AND, ORとは，それぞれビット毎に論理積，論理和をとる操作である．どの機能を実行するかの選択は制御信号によって行われる．

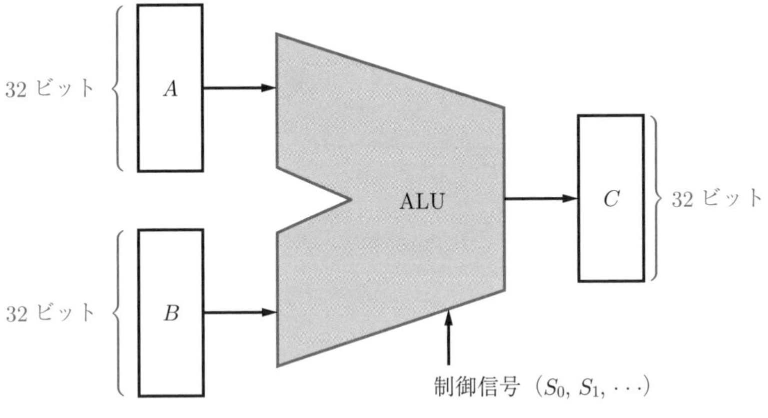

図7.46 ALUの機能：二つの32ビットの2進数 A, B に対して演算を行いその結果 C を出力する．$S_0, S_1, \ldots$ はALUの機能を決めるための信号である．

7.3.1 ALUの機能を指定する

図7.47(a), (b)に，それぞれALUの1ビット分の回路の記号とその構成を示す．AND，ORと全加算器（図7.16）を縦に並べ，その出力を制御信号①で選ぶようになっている．入力は a_i, b_i, c_{i-1} の三つであるが，b_i については b_i の否定が選べるようになっている．これは2の補数を作って減算を実行するときに使う（これに関しては後でもう一度触れる）．制御信号①, ②とセレクタ出力の関係は図7.47(c)に示す．

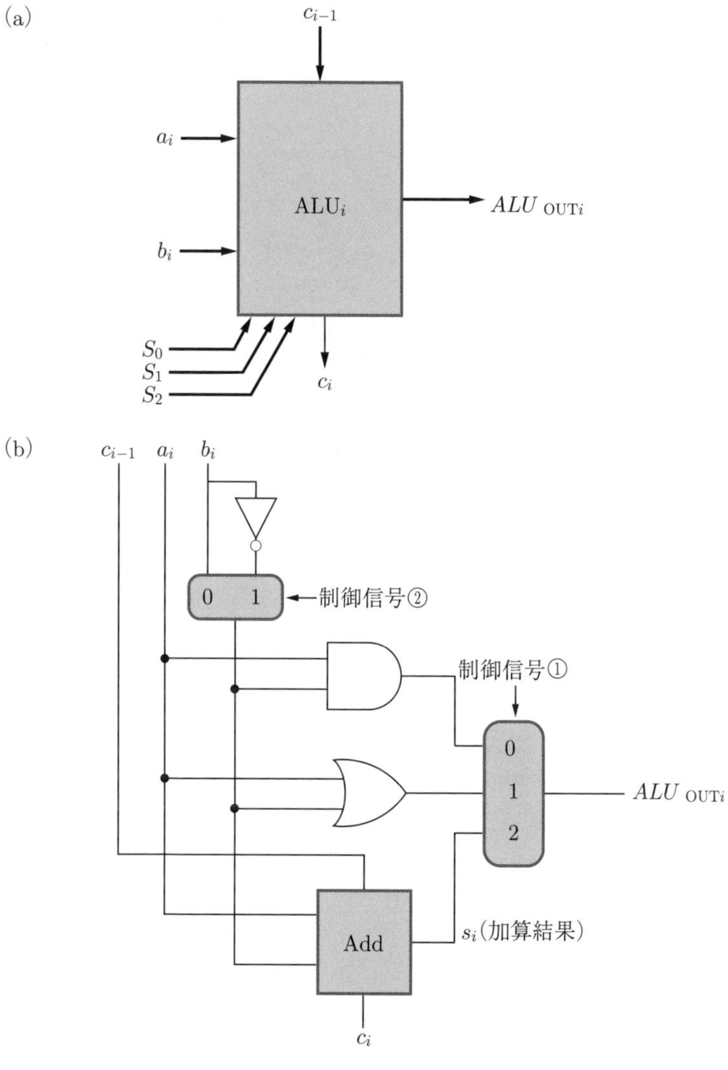

(c)

制御信号①		セレクタ出力
S_1	S_0	
0	0	0
0	1	1
1	0	2

制御信号②	信号出力
S_2	
0	b_i
1	$\overline{b_i}$

図 7.47　ALU 1 ビット分の回路の記号 (a) とその構成 (b),
及び制御信号①, ②とセレクタ出力の関係 (c).

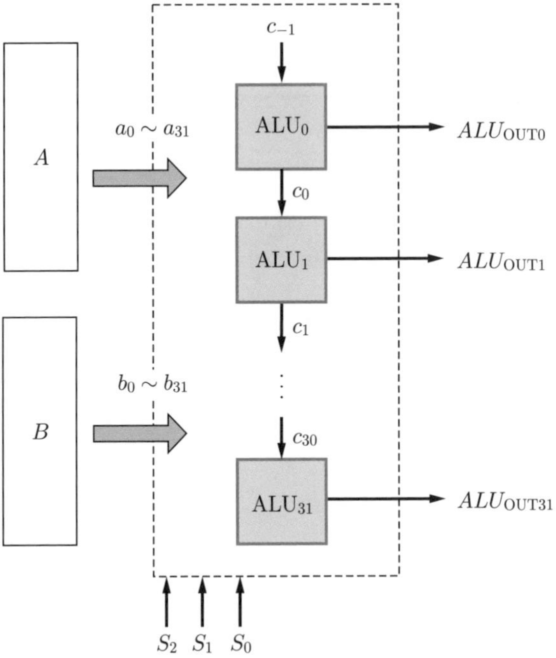

図 7.48　32 ビット ALU の構成.

この 1 ビットの ALU を 32 個つなぐことによって 32 ビットの ALU が実現できる. これを図 7.48 に示すが, LSB の ALU$_0$ に桁上げ信号 c_{-1} の入っているのが納得できないだろう. 実はこれは 2 の補数を作るためである. 2 の補数の作り方は, ビットパターンを反転してその LSB に 1 を加算することであった. つまり B のビットパターンを反転して, この c_{-1} に 1 を入力して加算を実行すれば, $A-B$ の演算が実行できるのである. つまりこの ALU で $A-B$ の減算を実行するには, $S_2=1$（B を反転）$c_{-1}=1, (S_1, S_0)=(1,0)$（加算結果を選ぶ）とセットしてやればよいのである. また $A+B$ の加算実行には, $S_2=0$（B を反転せず）, $c_{-1}=0, (S_1, S_0)=(1,0)$（加算結果を選ぶ）とすればよい. そして, 加算か減算かを決めるのは, 図 7.4 に示した命令の下から 3 番目のビットを見て, 0 ならば加算, 1 ならば減算を選ぶのである. つまりインストラクションのこのビットに 1 が立っているかどうかで必要な信号を生成すればよい. これが命令をハードウェアが実行するということである.

7.3.2 キャリールックアヘッド回路

（先を急ぐ読者はこの項を飛ばして, 次の 7.3.3 項に進んでもよい.）

加算を実行する際, 図 7.48 の 32 ビット ALU には, 大きな問題がある. i ビット

目の ALU_i（図 7.47(a)）が加算結果 s_i を求めるためには，一つ下の桁からの**桁上げ信号**（carry）c_{i-1} の値が必要である．この桁上げ信号は，一番下位のビットから計算が始まってその結果が一つ上の桁に伝えられ，これが順次上位の桁に伝搬することによって計算が進行する．丁度静かな湖面に投げ込んだ石ころを中心に，さざ波（ripple）がゆっくりと広がっていくように伝わるので**リップルキャリー**（ripple carry）と呼ばれる．つまり最終桁の ALU_{31} での演算結果が確定するまでにとても長い時間がかかるのである．これでは高速な演算を実現できない．そこで考え出されたのが**キャリールックアヘッド**（carry look-ahead：桁上げ先見）回路である．キャリーが下から伝搬するのを待つのではなく，予め先行して計算する回路である．

もっとも加算を始める時点において A, B の信号は全て決まっているのだから，前節で述べたように真理値表を書いて，それから AND と OR で直接実現することも理屈の上では可能である．しかし A と B で合計 64 ビットの変数の真理値表が何行になるかを一寸考えれば，全く非現実的であることが直ぐに分かる．ということで，うまい知恵を出す必要がある．

そこで図 7.16 の全加算器の演算をもう一度眺めてみる．いま求めたいのは桁上げ信号 c_i なので，これを表す式 (7.20) を次のように変形してみる．

$$\begin{aligned} c_i &= b_i \cdot c_{i-1} + a_i \cdot c_{i-1} + a_i \cdot b_i \\ &= a_i \cdot b_i + (a_i + b_i) \cdot c_{i-1} \end{aligned} \tag{7.22}$$

ここで次の二つの変数を導入する．

$$g_i \equiv a_i \cdot b_i \quad \text{（生成：generate）} \tag{7.23}$$

$$p_i \equiv a_i + b_i \quad \text{（伝搬：propagate）} \tag{7.24}$$

こうすると

$$c_i = g_i + p_i \cdot c_{i-1} \tag{7.25}$$

と表される．ここで $g_i = 1$ は，このビット加算でキャリーが生じたことを示す．一つ下からの桁上げ c_{i-1} の有無にかかわらず $c_i = 1$ となる．一方 $p_i = 1$ は，一つ下のキャリー c_{i-1} がそのまま伝搬してきたことを示す．従って下からのキャリーが無ければこの項は 0，あればキャリー c_i を生成する．ただし $p_i = 0$ ならこの項の寄与は無い（実際ここで述べていることは，2 進数の加算を筆算で実行しているときにいつも我々が体験していることである）．

それでは式 (7.25) を用いて，図 7.49(a) に示す回路で 4 ビット（$i=0\sim3$）の加算を行ったときに出てくるキャリー c_3 の表式を求めてみよう．

$$c_0 = g_0 + p_0 \cdot c_{-1} \tag{7.26}$$

これを順次上位ビットの式に入れていく．

$$\begin{aligned}
c_1 &= g_1 + p_1 \cdot c_0 = g_1 + p_1 \cdot (g_0 + p_0 \cdot c_{-1}) = g_1 + p_1 \cdot g_0 + p_1 \cdot p_0 \cdot c_{-1} \\
c_2 &= g_2 + p_2 \cdot c_1 = g_2 + p_2 \cdot (g_1 + p_1 \cdot g_0 + p_1 \cdot p_0 \cdot c_{-1}) \\
&= g_2 + p_2 \cdot g_1 + p_2 \cdot p_1 \cdot g_0 + p_2 \cdot p_1 \cdot p_0 \cdot c_{-1} \\
c_3 &= g_3 + p_3 \cdot c_2 = g_3 + p_3 \cdot (g_2 + p_2 \cdot g_1 + p_2 \cdot p_1 \cdot g_0 + p_2 \cdot p_1 \cdot p_0 \cdot c_{-1}) \\
&= g_3 + p_3 \cdot g_2 + p_3 \cdot p_2 \cdot g_1 + p_3 \cdot p_2 \cdot p_1 \cdot g_0 + p_3 \cdot p_2 \cdot p_1 \cdot p_0 \cdot c_{-1}
\end{aligned} \tag{7.27}$$

このようにして 4 段目のキャリー出力 c_3 が得られる．図 7.50 に c_3 を得るための論理回路図を示す．式 (7.27) の c_3 に現れる各項の意味は明らかである．第 1 項（g_3）は 4 段目で生じたキャリー，第 2 項はその前の段の g_2 が伝搬してきたもの等々と見ることができる．そして最後の項は，c_{-1} が全段伝搬してきたものを意味する．大事

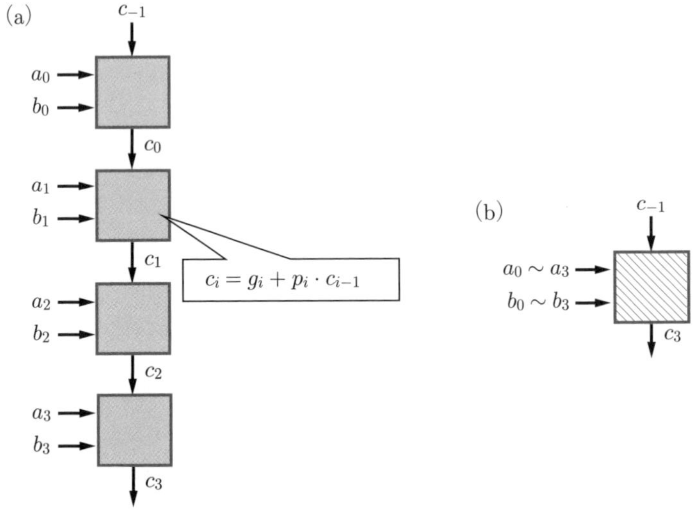

図 7.49 (a) 4 ビットの加算器．(b) キャリールックアヘッド回路を取り付けた 4 ビットの加算器を表す記号．

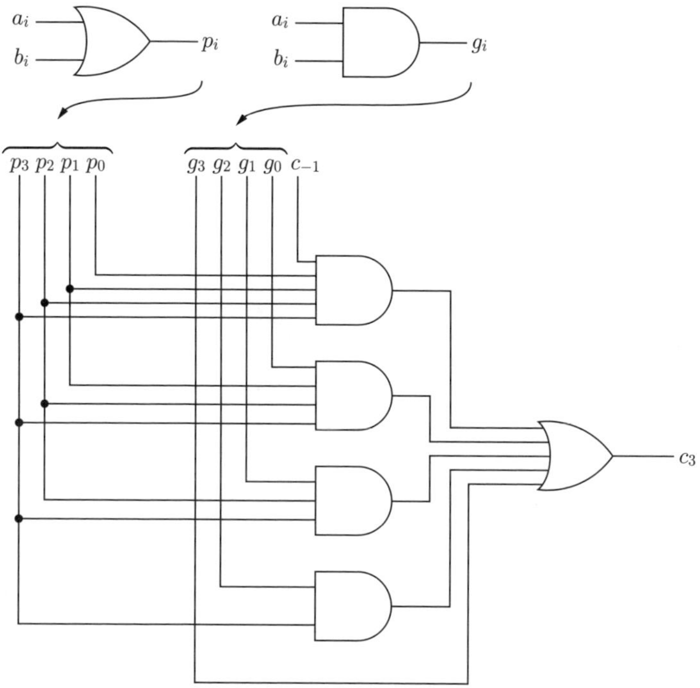

図 7.50　キャリールックアヘッド回路．a_i, b_i, c_{-1} から 4 段目のキャリー出力 c_3 を求める回路である．あらかじめ g_i と p_i を求めておくことで演算遅延時間が短縮できる．

なことは，何段伝搬した結果であっても，g_i と p_i 及び c_{-1} の論理積の和で表されていることである．また g_i と p_i はそれぞれ a_i と b_i の論理積及び論理和であるから，合計 3 段の論理演算で c_3 が求まることを意味している．つまり c_3 の結果が出るまでに，論理ゲート 3 段分の遅れが生じるということになる．

例題 7.25

リップルキャリーで c_3 を求めた場合の遅れは論理ゲート何段分に相当するか．

【解答】　一段の全加算器でのキャリー生成は積和演算の 2 段である．これが 4 段つながるから c_3 を求めるには合計 8 段分の遅れが出ることになる．■

次に 16 ビットの加算器のキャリールックアヘッド回路を構成してみよう．やり方としては，先ず式 (7.27) と同じ計算を上位の桁まで続けていくことが考えられるが，これでは回路の規模が大きくなりすぎる．1 番簡単なのは，図 7.50 のキャリールッ

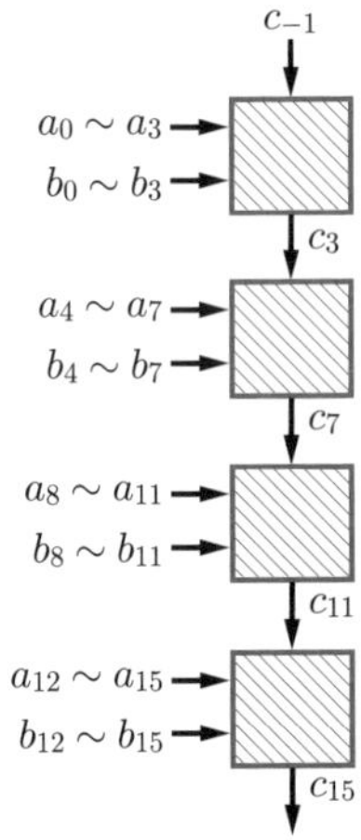

図 7.51　キャリールックアヘッド付き 4 ビット加算器（図 7.49(b)）を 4 段接続した 16 ビット加算器.

クアヘッド回路付き 4 ビット加算器を 4 段接続することである．そこで図 7.49(a) の 4 ビット加算器にキャリールックアヘッド回路を取り付けたものをひとまとめにして，図 7.49(b) の記号で表すことにする．そしてこれを 4 段重ねた 16 ビットの加算器を図 7.51 に示す.

例題 7.26

図 7.51 の回路で c_{15} を得るためには，論理ゲート何段分の遅延が生じるかを求めよ．またこれを 16 ビットのリップルキャリーの場合の結果と比較して見よ.

【解答】　1 段のキャリールックアヘッド回路でキャリー信号を得るための遅延は論理ゲート 3 段分なので，4 段接続すると $3 \times 4 = 12$ で論理ゲート 12 段分の遅れとなる．一方リップルキャリーでは，$2 \times 16 = 32$ で 32 段分となる.　■

図 7.51 の縦続接続でも全段リップルキャリーよりは良い結果が得られるが，もっと速くできないだろうか？　そこで図 7.51 の構成を良く見ると，これは全加算器を 4 段縦続接続した図 7.49(a) の構成と大変よく似ている．つまり，最終結果の c_{15} を得るには，c_{-1} が c_3, c_7, c_{11} と上から順番に伝搬してくるのを待たねばならない構造になっている．そこで c_3 の式 (7.27) を次のようにもう一度見直してみる.

$$
\begin{aligned}
c_3 &= g_3 + p_3 \cdot c_2 \\
&= (g_3 + p_3 \cdot g_2 + p_3 \cdot p_2 \cdot g_1 + p_3 \cdot p_2 \cdot p_1 \cdot g_0) \\
&\quad + (p_3 \cdot p_2 \cdot p_1 \cdot p_0) \cdot c_{-1} \\
&= G_0 + P_0 \cdot c_{-1} \qquad (7.28)
\end{aligned}
$$

ここで

$$G_0 = g_3 + p_3 \cdot g_2 + p_3 \cdot p_2 \cdot g_1 + p_3 \cdot p_2 \cdot p_1 \cdot g_0 \qquad (7.29)$$

$$P_0 = p_3 \cdot p_2 \cdot p_1 \cdot p_0 \qquad (7.30)$$

の二つの変数を導入した．ここで図 7.51 の 1 番上の c_3 を出力する 4 ビット分のキャリールックアヘッド回路の入力・出力をそれぞれ $c_{-1} = C_{-1}$, $c_3 = C_0$ と表すことにすると，上の式 (7.28) は,

$$C_0 = G_0 + P_0 \cdot C_{-1} \qquad (7.31)$$

となって，形式的には式 (7.26) と全く一致する．ここで G_0, P_0 はそれぞれ式 (7.29), (7.30) で与えられ，$a_0 \sim a_3$, $b_0 \sim b_3$ の AND と OR の関数として求められる．

また $c_7 = C_1$, $c_{11} = C_2$, $c_{15} = C_3$ と表すと

$$C_i = G_i + P_i \cdot C_{i-1} \qquad (7.32)$$

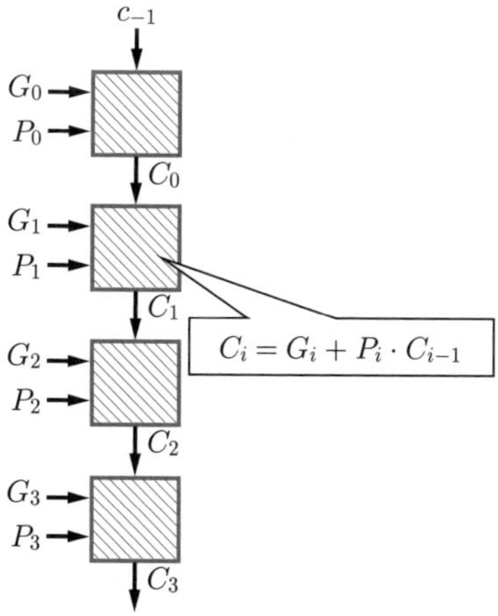

図 7.52　G_i, P_i を別途求めてキャリー計算での遅延を減少させた 16 ビット加算器.

となり，式 (7.25) と全く同じ形の式となる．このことを図 7.52 に示すが，図 7.49(a) と同じ構造をしていることが分かる．このように同じ考え方を，一段階層を上げて適用することにより，キャリーの計算で生じる遅延を減少させることができる．

例題 7.27
C_3（$= c_{15}$）を求める式を示せ．

【解答】　式 (7.26)〜式 (7.27) と同じ変形をすればよい．つまり小文字のシンボルを大文字に変換するだけである．

$$\begin{aligned} C_3 &= G_3 + P_3 \cdot C_2 \\ &= (G_3 + P_3 \cdot G_2 + P_3 \cdot P_2 \cdot G_1 + P_3 \cdot P_2 \cdot P_1 \cdot G_0) \\ &\quad + (P_3 \cdot P_2 \cdot P_1 \cdot P_0) \cdot C_{-1} \end{aligned} \tag{7.33}$$ ■

式 (7.33) は小文字が大文字に置き換っているだけで，式 (7.27) の c_3 と全く同じである．従って図 7.50 と同じ回路をキャリールックアヘッドに用いることができる．ただし a_i, b_i から G_i, P_i を生成する回路だけが異なる．

例題 7.28
上記の階層的なやり方で 16 ビットの加算器を構成した場合，c_{15}（$= C_3$）の出力を得るのに要する遅延は何ゲート分になるか．

【解答】　g_i, p_i を a_i, b_i から得るのがゲート 1 段．これらの積和（AND と OR）で G_i, P_i を生成するのが 2 段．そして G_i と P_i の積和でキャリーを得るのに更に 2 段．従ってキャリー c_{15}（$= C_3$）を得るのには，$1+2+2=5$ で合計ゲート 5 段分の遅延が出ることになる．縦続接続の 12 段分，リップルキャリーの 32 段分に比べ，相当な高速化の実現できることが分かる． ■

7.3.3 ゼロ検出

ここで ALU に簡単な回路を追加することで便利な機能が実現できることを一つ示そう．それは二つの整数，N と I が等しくなったことを検出する機能である．これには N と I の引き算を行って $N - I = 0$ となったことを検出すればよい．この検出には，図 7.48 の $\mathrm{ALU_{OUT}}$ の出力 32 個全部を一つの NOR 回路で受ければよい．引き算の結果が 0 ということは，全てのビットで $ALU_{\mathrm{OUT}} = 0$ となっており，NOR は全入力が 0 のときだけ出力が 1 となるからである．この NOR の出力に 1

が立つことで，二つの整数 N と I が等しくなったことが検知できる．例えばループを N 回繰り返すプログラムを実行したいときは，I を毎回 1 ずつ増やして $N-I$ を ALU で計算し，ゼロ検出器の出力が 1 となった時に止めればよい．このようにしてループ文のプログラムが制御できる．

7.4 演算のタイミング制御

7.4.1 クロックによる制御

7.2 節と 7.3 節では，ブール関数で表現された機能をどのようにして回路として実現するかについて説明した．こうして得られた演算回路は，**組み合わせ論理回路**と呼ばれる．なぜなら，図 7.19 や図 7.31 に示す基本ゲートを組み合わせて構成されるからである．組み合わせ論理回路は，入力を決めると出力が決まる．この関係を図 7.53(a) に示す．n ビットの入力データ $x_0, x_1, \ldots, x_{n-1}$ をここではひとまとめにして X と表すことにしよう．各ビットの信号は論理ゲートの中をドミノ倒しのように次々と伝搬しながら演算が行われ，結果が出力端子に出てくる．演算進行中，各出力端子は 1, 0 の変化を繰り返すが，時間が経過するとその値が定まる．出力データは m ビットであるとしてこれを X' と表そう．X を入力してから X' の値が定まるまでの時間をこの回路の**演算遅延時間**と呼び，τ で表す．τ の値は大体のところ，一番信号伝搬の長いパスに含まれるゲートの段数で決まると考えてよい．

組み合わせ論理回路は通常図 7.53(b) に示したように，前後を二つのレジスタで挟んだ形で用いる．レジスタとはデータを一時的に保持するメモリのことである．ここでは，これらを**入力データレジスタ**（$\mathrm{REG_{IN}}$）及び**出力データレジスタ**（$\mathrm{REG_{OUT}}$）と呼ぶことにする．レジスタは transparent（透明）であると言われる．その意味は，そこに記憶されているデータは常に外部に丸見えになっているという意味である．つまり $\mathrm{REG_{IN}}$ に記憶保持されているデータ X は，レジスタに取り込まれた瞬間からその値が出力に現れる．つまり，そのまま論理回路に入力されるのである．回路へデータ X を入力した瞬間から時間 τ が経過すると，回路での演算が終了してその演算結果 X' が出力端子に現れるが，X' は $\mathrm{REG_{OUT}}$ の手前で待機しているだけで未だレジスタには取り込まれていない．データ書き込みの指令が来て初めて，この X' は $\mathrm{REG_{OUT}}$ の内容として取り込まれる．そして取り込まれるや否や，レジスタが transparent であることから X' は次段の回路に入力される．

さて論理回路での演算が進行中に，もし入力データ X に何らかの変化が生じたとすると，それは出力データ X' を変化させてエラーとなる．つまり，回路における演

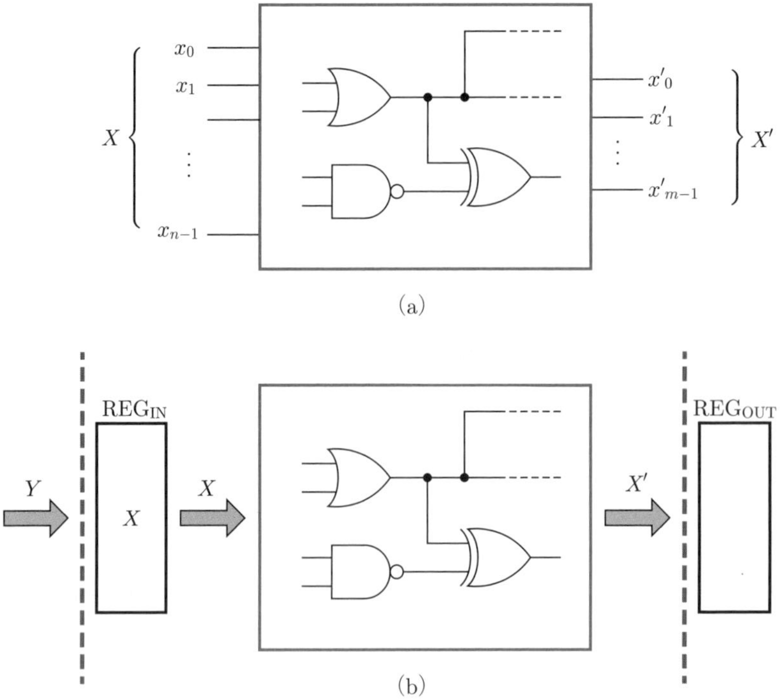

図 7.53　(a) 組み合わせ論理回路．(b) 二つのレジスタに挟まれた組み合わせ論理回路．

算が終了してその結果 X' が無事 $\mathrm{REG_{OUT}}$ に格納されるまで，$\mathrm{REG_{IN}}$ は入力データ X をしっかりと保持しておかねばならない．そして X に対する演算が終了すると，回路は続いて入力値を Y に変えて次の演算を行うことになるが，そのためには $\mathrm{REG_{IN}}$ に格納されているデータ X を Y に置き換えねばならない．ここでそのデータ置き換えのタイミングが大変重要となる．

CPU では演算を次々と継続して行っていくために，データ取り込みのタイミングを正確に制御する目的で**クロック信号**を用いる．クロック信号とは図 7.54 のようなパルス信号の列であり，その周期を T で表す．1 サイクル T の間で演算が完了するためには，$T > \tau$ でなければならない．従って，複数の論理回路を図 7.53(b) の形で次々と接続して演算を行う場合には，$T > \tau_{\mathrm{max}}$，つまり最も遅延の大きな回路の τ に合わせて周期 T を決める必要がある．ということは，各回路ブロックでの遅延時間が大体等しくなるように，回路の規模や構成を決めることが重要となる．

それでは図 7.53(b) のような状況において，どのタイミングでデータを更新するかを考えてみよう．図の状況は，$\mathrm{REG_{IN}}$ の中にはデータ X が保持され同時に回路に

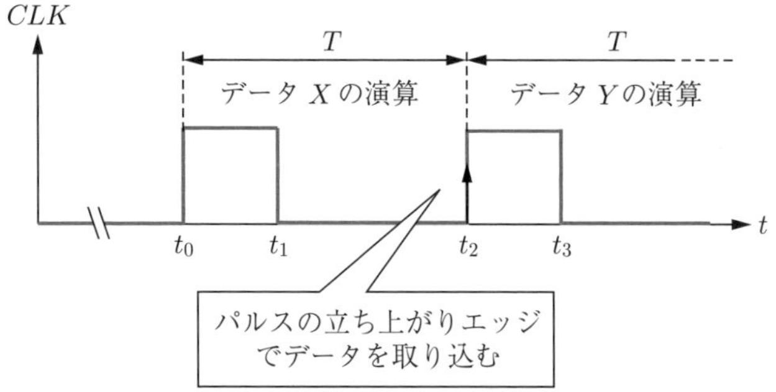

図 7.54　CPU の動作を制御するクロック信号.

入力されている．回路は既に演算を終えてその結果 X' は，$\mathrm{REG_{OUT}}$ の入り口の前で取り込まれるのを待っている．また次のデータ Y も $\mathrm{REG_{IN}}$ の入り口の前で，次の演算のために取り込まれるのを待っている．こういう状況である．

先ず $\mathrm{REG_{IN}}$ へのデータ Y の取り込みを，パルスが “high” となっている t_2 と t_3 の間に行う方式を考える．つまり CLK（クロック信号）=1 である t_2 と t_3 の間だけ，メモリ素子のゲートを開けてデータを取り込むのである．メモリ素子は transparent であるから，データを取り込むや否や回路への入力データは X から Y に変化する．そうすると回路の出力も変化を始める．さあここで，$\mathrm{REG_{OUT}}$ が演算結果のデータ X' を取り込む過程を見てみよう．これも同じクロックで制御されているのだから，回路の出力 X' に何らかの変化が生じる前に $\mathrm{REG_{OUT}}$ に取り込んでしまわないといけない．もしもどれかのビットに変化が生じた場合にはエラーが発生する．

メモリ素子の書き換えは高速に行えるので，$t_3 - t_2 \ll \tau$ としてやれば問題ないと考えるかもしれないが，これを期待するのは少々楽観的に過ぎる．τ はあくまでも最長の信号伝搬経路の遅延時間であり，もっと短い経路のパスが存在すればその出力信号は十分に変化し得る．つまり $CLK = 1$ である t_2 と t_3 の間だけメモリ素子のゲートを開けてデータを取り込む方式を採用するのであれば，$t_3 - t_2 \to 0$，つまり無限に小さなパルス幅で取り込むようにしなければならない．しかし通常メモリはデータを取り込むのに必ず有限の時間を必要とするので，これは無理な相談である．

そこで考え出されたのが，$t = t_2$ のパルスが立ち上がる瞬間にデータを取り込んでしまう**エッジトリガー方式**である．これは CLK パルスが立ち上がる t_2 のエッジのタイミングで，レジスタへのデータ取り込みを完了させる方式である．つまり上で述べた $t_3 - t_2 \to 0$ と実効的に同じことを実現した方式である．これに対応できるメモリ素子をどのように構成するかは次項で述べる．

もしこのような書き換えが実現できたとすると，例えば図 7.55 のような**データパス**（data path：演算構造）が作れる．これは，$A = A + B$ を実行するデータパスである．つまり A レジスタと B レジスタの内容を加算してその結果を A レジスタに書き込むという演算である．B に次々と新たなデータを入れてこのサイクルを繰り返すと，A にその積算値が保存される．

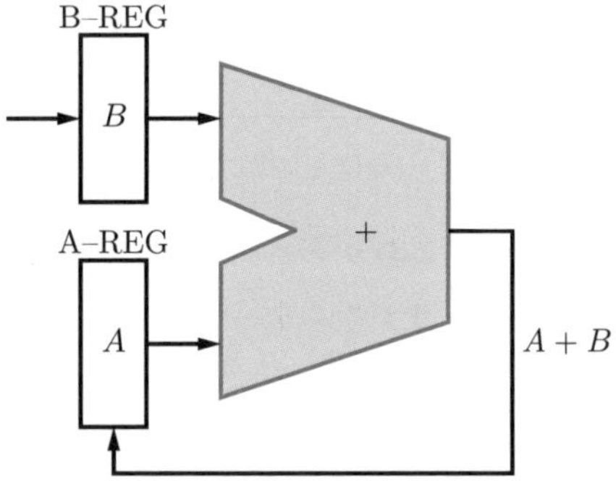

図 7.55 $A = A + B$ を実行するデータパス．エッジトリガー方式のクロック制御で実現できる．

7.4.2 データを保持・記憶する回路

図 7.56(a) は二つの NOR 回路の入力と出力をクロスカップルさせた回路であり，**S–R ラッチ**と呼ぶ．ここで Q はこの回路が記憶しているデータを表す．2 入力の NOR 回路の一方の入力を 0 とすると，$\overline{0 + x} = \overline{x}$ よりインバータ（NOT 回路）と同じである．従って $S = R = 0$ とすると，この回路は同図 (b) のように二つのインバータを直列に接続してその出力を入力に戻した回路となる．これは第 1 章の図 1.10 でも述べたように，1 または 0 を記憶するメモリ素子であり，実際 SRAM（static RAM）のメモリセルとして用いられている．S–R ラッチで $S = 1$, $R = 0$，並びに $S = 0$, $R = 1$ としたときの回路の状態を図 7.57 に示すが，Q の値に着目するとそれぞれ 1 ビットのデータ 1 または 0 を出力している．ここで $R = S = 0$ とすると NOR はインバータとなり，その状態がそのまま保持される．つまりそれぞれ，$Q = 1$ あるいは $Q = 0$ を記憶した状態となるのである．ここで S, R は，それぞれ set, reset を意味する．つまり $(S, R) = (1, 0)$ で $Q = 1$ がセットされ，$(S, R) = (0, 1)$ では $Q = 0$ にリセットされるからである．$(S, R) = (1, 1)$ では $Q = \overline{Q} = 0$ となってデータの意味がなくなるので，この組み合わせは使ってはならない．これを**組み合わせ禁止**と呼ぶ．

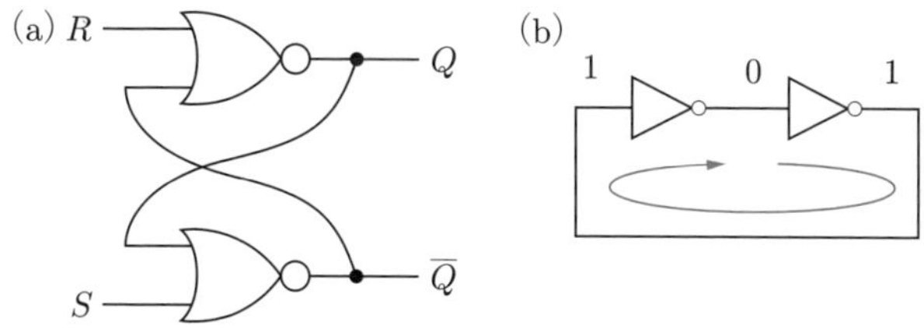

図 7.56　(a) S–R ラッチ．(b) $S=R=0$ とすると，二つのインバータを直列に接続してその出力を入力に戻した回路になる．

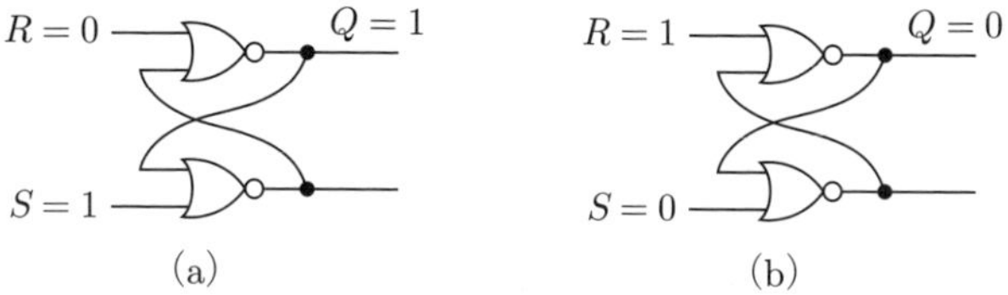

図 7.57　S–R ラッチで $S=1, R=0$，並びに $S=0, R=1$ としたときの回路の状態．

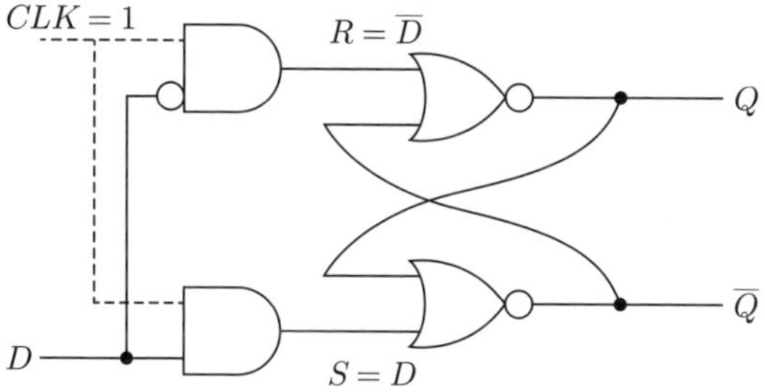

図 7.58　D ラッチ．$CLK=1$ でデータを取り込み，$CLK=0$ でデータを記憶保持する．

図 7.58 は S–R ラッチを用いてデータ D を記憶する回路を構成したものである．S, R 端子へそれぞれ $S=D$, $R=\overline{D}$ を入力すればよいわけだが，それぞれクロック信号 CLK との AND をとってから入力されている．この結果，$CLK=1$ となっている間にデータが取り込まれることになる．$CLK=0$ とすれば取り込んだデータが記憶保持される．この回路を **D ラッチ**と呼ぶ．これは図 7.53 で最初に検討した $\mathrm{REG_{OUT}}$ へのデータ取り込み方式に対応した記憶素子である．つまりデータを取り込むのには，t_2 から t_3 の間はずっと $CLK=1$ としてゲートを開けたままにしておかねばならない方式である．それでは，CLK の立ち上りエッジである t_2 でデータ取り込みを完了するにはどうすればよいのか．これを次に述べる．

CLK のエッジでデータを取り込む回路を図 7.59 に示す．これは D ラッチを 2 段接続したもので，1段目（Dラッチ1）には CLK をいれ，2段目（Dラッチ2）にはその反転信号 $\overline{CLK}$ を入れる．つまり $CLK_1 = CLK$, $CLK_2 = \overline{CLK}$ とする．これでうまく行く．この回路のことを**Dフリップフロップ**と呼ぶ．いま $CLK = 1$ であるとすると，Dラッチ1は，データ D_n をすでに取り込んだ状態であるが，そのデータ取込み用のゲートはまだ開いたままである．一方Dラッチ2へのCLK信号端子へは反転した0が入っているため，データ取り込み用のゲートは閉じており，1ステップ前のデータ D_{n-1} を保持した状態である．そしてこのデータはそのままtransparentで外部に見えており，後段の回路の入力データとなっている．

さてここでこのDフリップフロップへの CLK 入力信号を，1から0に切り替えたとするとどうなるか．$CLK_1 = 0$ となるので，Dラッチ1は既に取り込んでいるデータ D_n をそのまま記憶し，同時にデータ取り込み用のゲートを閉じる．つまりその後入力端子のデータが変化してもその影響を受けない状態となる．即ち新たなデータの侵入をシャットアウトした状態になる．一方Dラッチ2は $CLK_2 = 1$ となるため，入力取り込み用のゲートが開いてDラッチ1のデータ D_n がそのまま流れ込んでくる．そして，それがtransparentにそのまま外部に出力される．つまり D_n に基づく演算が後段の回路で始まるのである．このようにしてDフリップフロップでは，CLKエッジでのデータ取り込みと同時に次段への出力が実行される（もう少し正確に述べると，これはクロックの立ち下がりエッジでのデータ取り込みとなる．これに対して図7.54で述べたのはクロックの立ち上がりエッジでのデータ取り込みであるが，どちらでも同じことである．違いは CLK 信号を用いるか $\overline{CLK}$ 信号を用いるかだけである）．

データ取り込みのため CLK を $1 \to 0$ と変化させたが，これを元に戻さねばならない．そのタイミングは余り重要ではない．D_n がDラッチ2に移ればいつでもよい．適当なタイミングで CLK を0から1に戻すとどうなるか．先ずDラッチ2は CLK_2

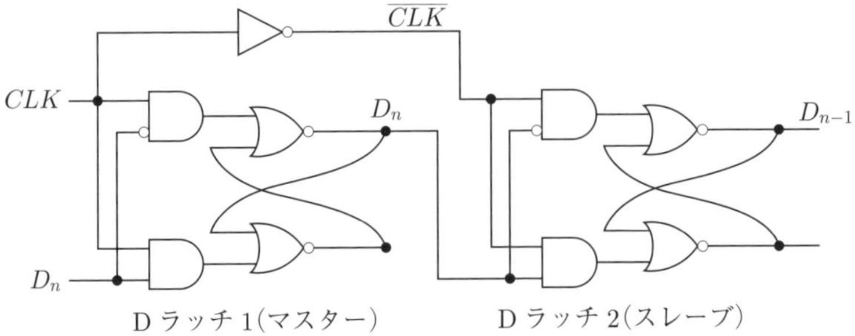

図7.59　Dフリップフロップ．CLKのエッジでデータを取り込む．

が 1 から 0 に変化するため，いま取り込んでいるデータ D_n をそのまま記憶すると同時に D ラッチ 1 からの入力を遮断する．つまり D ラッチ 1 の出力に変化があっても，D ラッチ 2 はいま記憶しているデータ D_n をそのまま次段の回路に供給し続ける．一方 D ラッチ 1 は，データ取り込みのゲートを開き，前段の回路の演算結果を受け入れる．つまり次にラッチするデータの取り込み準備態勢に入るわけである．そうして十分時間が経過して CLK を $0 \rightarrow 1$ と変化すると，そのクロックエッジのタイミングで新しいデータ D_{n+1} が記憶され，それと同時にそのデータは，データラッチ 2 に入ってそのまま次段の回路の入力となる．以下同じ動作が繰り返されるのである．

このＤフリップフロップを構成する二つの D ラッチは，D ラッチ 1 を**マスター** (master)，D ラッチ 2 を**スレーブ** (slave) と呼び，**マスター・スレーブ型**のフリップフロップと呼ぶ．データの取り込み，保持と外部への出力という役割分担をうまく言い表した呼称である．この機能が CPU が次々と命令を実行していく上で大変重要な働きをするので，やや詳しく説明した．レジスタはこの D フリップフロップを必要なビット数並べて構成される．ここで大事なことをもう一度まとめておくが，次のようになる．レジスタは，クロックエッジ（立ち上がり，立ち下りのどちらでもよい．そのシステムで定義されたものに従う）がくるまでは，いま保持しているデータを常に出力として外部回路に提供し続けている．そしてクロックエッジが来たタイミングで，入り口で待機していた次のデータを瞬時に取り込むと同時に入り口をシャットダウンし，いま取り込んだばかりのデータを外部回路に提供する．そしてそれが次の回路への入力となる．このタイミングをよく理解することが重要である．

例題 7.29

図 7.59 の D フリップフロップを，データ入力端子 D，データ出力端子 Q，クロック入力端子 CLK の 3 端子を持つ機能エレメントとして図 7.60 のように表したとする．このデータ入力端子 D にデータ X が待機しているが，このデータを次のクロックエッジで取り込むのではなく，別の信号 Y が 1 となっている場合にのみ，クロックエッジで取り込むようにするにはどうすればよいか．

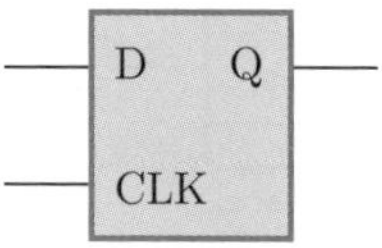

図 7.60　D フリップフロップを 3 端子の機能エレメントとして表す．

【解答】　CLK 入力端子に，CLK と Y の AND をとったものを入力すればよい．こうすれば，$Y = 0$ のときにはデータは取り込まれない．$Y = 1$ の場合にのみ，CLK エッジでデータが取り込まれる．なおこのような制御は，次節で述べる CPU の動作の制御においてよく用いられる．■

7.5　CPU の動作

7.5.1　命令を実行する

それでは CPU の動作について簡単に説明しよう．図 7.61 はそのために用意した概念図である．これは図 7.3 よりも，もう少し具体的になっている．先ず ALU はその前後をレジスタで挟まれた格好になっている．丁度図 7.53(b) で述べた構造である．入力側のレジスタは A レジスタと B レジスタの二つがあり，出力側には ALU の演算結果を保持する $\mathrm{ALU_{OUT}}$ レジスタがある．ALU の前段にはレジスタファイルがあり，その入力側には**インストラクションレジスタ**（IR）と**メモリデータレジスタ**（MDR），出力側には A レジスタと B レジスタが配置されている．IR は CPU が実行する命令をメインメモリから読みだしてきて一時的に保存するレジスタであり，その命令のメインメモリ中でのアドレスは**プログラムカウンタ**（PC）に保持されている．MDR はメモリから読みだしたデータや，これからメモリに書き込もうとするデータを一時的に保存するレジスタである．この図にはデータの流れが矢印で

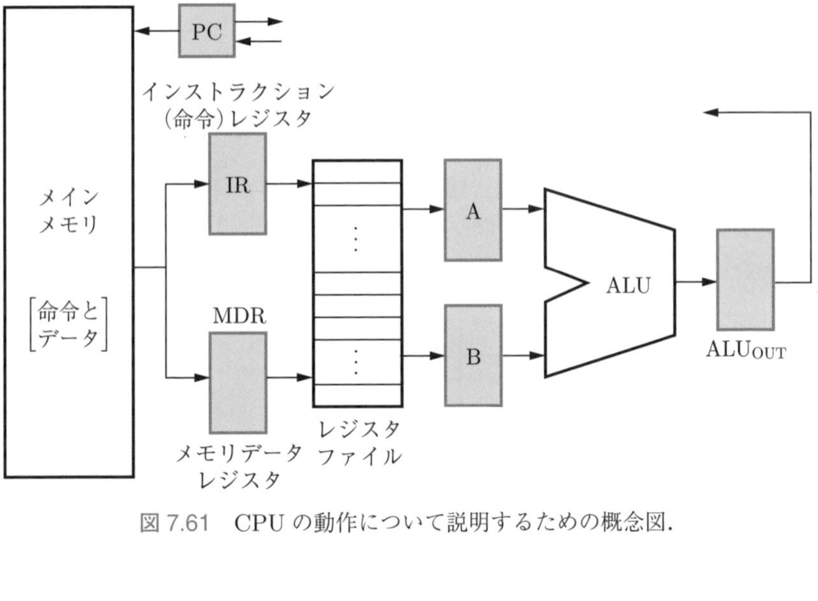

図 7.61　CPU の動作について説明するための概念図．

示してあるが，これは代表的なものだけである．これ以外にも，必要に応じて様々な経路があることを注意しておく．

さあ，それではこの構成でどのようにして演算が実行されるのか，それを見ていこう．先ず演算の例として，式 (7.2) の加算の実行を見ていく．つまり

```
add $s3, $s1, $s2                                         (7.2)
```

という命令の実行である．この命令は,「`$s1` と`$s2` に保持されているデータを加算しその結果を`$s3` に書き込め」という命令である．この命令の実行は次の 4 つのステップに分けて行われる．

ステップ 1：命令のフェッチと PC のカウントアップ

PC に保存されているアドレスをメモリに送ってそこにある命令を読み出し，これを IR に取り込む（もう少し正確に言うと，メモリから読み出した命令は IR の入り口のところで待機させられた状態になり，ステップ 1 の最後に来るクロックエッジで IR に取り込まれる．そして取り込まれると同時に次段の処理に transparent となる）．またステップ 1 では，同時に次の操作も行う．PC の内容を ALU の上側に直接入力するとともに，整数 4 を ALU の下側に直接入れ，ALU の機能を使って加算する（このとき A レジスタと B レジスタはスキップして使わない）．そうして得られた PC+4 の値をそのまま PC の手前に持ってきて待機させ，次のクロックエッジのタイミングで PC に書き込む．この結果は同時に ALU_{OUT} にも取り込まれるが，これは別に問題無いので無視してよい．こうしてステップ 1 の演算が完了する．完了の意味は,「IR にこれから実行するインストラクションがフェッチされ，その内容が次段の処理に transparent になっている．PC カウンターの内容が次に実行する命令のアドレス PC + 4 にカウントアップされている.」ということである．PC + 4 の意味は，式 (7.9) の説明を参考のこと．

ステップ 2：命令の解読

このステップでは，IR の内容が出力として直接読み出せる状態となっている．この命令の場合は，それは式 (7.3)（図 7.1）のような 32 ビットの信号である．これらの信号の中からレジスタ`$s1` と`$s2` を示すコードをレジスタファイルに送ってその内容を読みだし，それぞれのデータを A レジスタ及び B レジスタの入り口まで引っ張り出してきて待機させる．そして，このステップの終わりにくるクロックエッジで A レジスタ，B レジスタにデータが書き込まれる．

ステップ3：演算実行

ここでCPUは実行すべき演算が何であるかを調べる．例えば，operationを示すMSB側の6ビットが000000であり，functionを示すLSB側の6ビットが100000であることから加算であることを知る．これはこのままコントロール信号となってセレクタを適切に選びALUの機能を加算に設定する．そして加算結果をステップ最後のクロックエッジで$\mathrm{ALU_{OUT}}$に取り込む．

ステップ4：結果の格納

このステップでは，加算結果である$\mathrm{ALU_{OUT}}$の内容を，命令で指定された`$s3`に格納して終わりになる．命令コードの中からの`$s3`のコードをレジスタファイルに送り，クロックエッジでデータの移送を完了させればよい．

以上が，加算命令（add）の実行手順である．

例題 7.30

減算：

```
sub $s3, $s1, $s2
```
(7.5)

の実行手順を，上記のステップ1からステップ4に分けて示せ．

【解答】　異なるのはステップ3の演算実行だけである．CPUは実行すべき演算が何であるかを調べる．operationを示すMSB側の6ビットが000000は同じであり，functionを示すLSB側の6ビットが100010であることから，「下から2番目のビットが0から1に変っている」のを見て，これは減算であることを認識する．これをコントロール信号として，Bレジスタのデータをビット反転してALUへ入力するとともに，LSBの全加算器の桁上げ入力信号c_{-1}を1にセットする．こうしてALUで加算を実行すれば2の補数を用いた減算となる．■

例題 7.31

「整数MとNを比較してこれらが等しい場合には，X番地に飛べ」といったブランチ命令を実行するにはどのようにすればよいか．概略を説明せよ．

【解答】　ステップ3で，$M-N$の減算を実行してその結果が0となるのを検出する．ゼロの検出には7.3.3項で述べたゼロ検出回路を使う．そしてゼロが検出されたらPCの値をそのX番地に書きかえればよい．■

例題 7.32

```
lw $s1, 100($s4)
```
(7.8)

の命令の実行はどのようにすればよいのか，その概要を説明せよ．

【解答】 ステップ 3 の加算でメモリ内のデータの番地を計算する．ここで起点の番地は`$s4` に格納されており，そこから 100 番地先に目的のデータがあるのだから`$s4` の値に 100 を加算してその結果を $\mathrm{ALU_{OUT}}$ に入れる．ステップ 4 で $\mathrm{ALU_{OUT}}$ の内容をアドレスとしてメモリに直接送って，そこにあるデータを MDR に引っ張ってくる．この場合はもう 1 ステップ必要で，ステップ 5 で MDR のデータをレジスタファイルの`$s1` に格納する．これで終わる． ■

7.5.2 命令シーケンスの制御

以上代表的な命令実行のシーケンスについて説明したが，これはいったいどのようにして制御するのだろうか．図 7.61 の概念図では詳細を示さなかったが，各ユニット間にはデータ受け渡しのために様々な配線が設けられている．そこには図 7.41 で述べたセレクタが要所々々に配置されていて，データの交通整理をしている．これによって各ステップでのデータの流れ道を決めるのである．また ALU の機能も必要に応じて切り替える．こうして順次命令を実行していくようになっている．そのためには，セレクタを切り替えたり ALU の機能を指定したりするために，様々な制御信号が必要になる．これらの信号を $Ctrl_0 \sim Ctrl_{r-1}$ と表し，これを生成・出力する回路について考えてみる（図 7.62）．この回路には入力としていったい何を入れればよいのか．またこの回路はどのように構築するのか．以下詳細な説明は煩雑となるため省略し，ここでは概略の考え方だけを述べることにする．

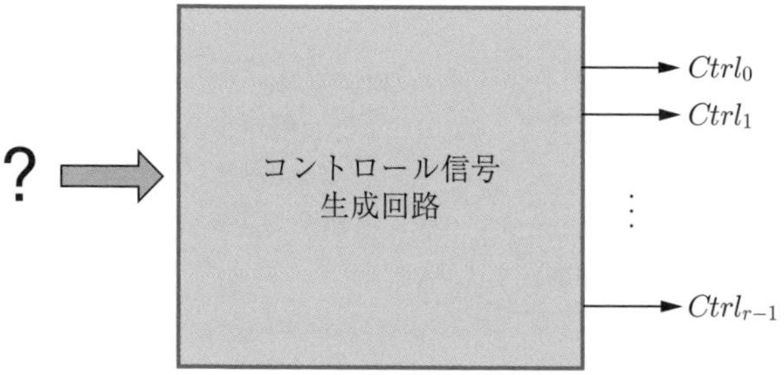

図 7.62 コントロール信号 $Ctrl_0 \sim Ctrl_{r-1}$ を生成する．

上では，加算，減算，条件分岐，メモリへのデータ書き込み等を例として示したが，どの命令を実行するのかは，命令の中のオペレーションコードとファンクションコードを見れば分かる（図 7.1 参照）．従って，命令レジスタ（IR）の出力の中から必要な信号を図 7.62 の入力とする．しかしこれだけでは不十分である．なぜなら一つの命令を実行するのに 4〜5 個の複数のステップがあり，各ステップによってその制御信号は異なるからである．また同じステップ 3 であっても，どの命令を実行しているかによってその制御信号は異なる．つまり図 7.62 のコントロール信号生成回路は，「CPU はいまどのような状態にあるか」を知らねばならない．そこで CPU が取り得る異なる状態を全てリストアップして，それぞれに番号を付ける．ここでいう一つの状態とは，例えば「加算命令実行において，ALU での加算を行うサイクル」とか,「ブランチ命令で $\mathrm{ALU_{OUT}}$ の値をメモリに送るサイクル」といったものである．こういった独立な状態が，例えば 10 個あったとすると，それぞれに 0 番から 9 番の番号を付け，これを 4 ビットの信号，S_3, S_2, S_1, S_0 で表す．つまり，$(S_3, S_2, S_1, S_0) = 0000$ は状態 0 番，$(S_3, S_2, S_1, S_0) = 0001$ は状態 1 番といった具合である．こうすると図 7.62 の回路の入出力関係は図 7.63 のような形に書ける．つまり命令レジスタ（IR）からの必要なコードの入力と同時に，状態レジスタに保持されている現在の状態を表す信号も入力される．そしてこれらの入力信号から，必要なコントロール信号が生成される．また同時に，次の状態を示すコード，S'_3, S'_2, S'_1, S'_0 も出力され，このサイクル最後のクロックエッジで取り込まれて状態が更新される．このようにみると，各ステップでの入力-出力の関係は一対一に決まっており，それを真理値表に表現して組み合わせ論理回路で実現することができる．このように次々と状態を変えながら出力を変化させていく回路のことを**有限状態機械**（finite state machine），あるいは**有限オートマトン**（finite automaton）と呼ぶ．また**組み合わせ回路**（combinational circuit）に対して**順序回路**（sequential circuit）とも呼ぶ．詳細に興味ある読者は，参考文献 [1] を参照して頂きたい．

〈補足 7.5〉　有限状態機械で制御信号を生成する以外の方法として，マイクロプログラム方式と呼ぶやり方もある．これは命令の各ステップの動作をマイクロコードと呼ぶ命令で表し，これを順次実行していく方式である．各コードは制御信号のセットに対応している．このコードを ROM（read only memory）等に格納して順番に実行していくことで，必要な制御信号を順次切り替えていく方式である．

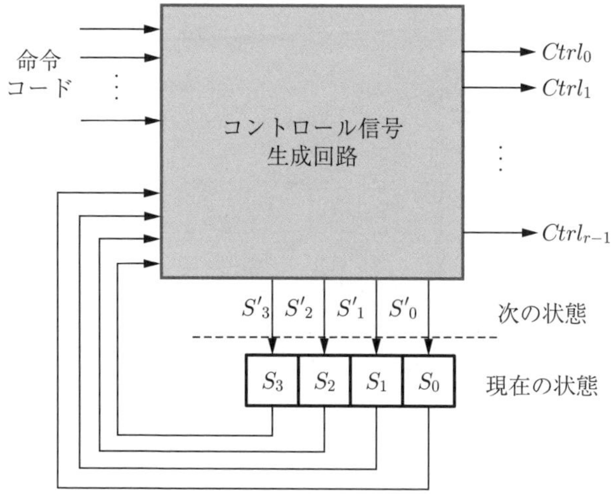

図 7.63　コントロール信号生成回路の入出力.

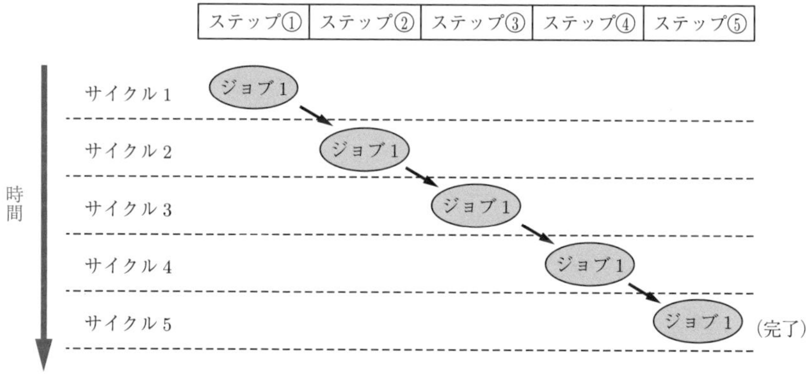

図 7.64　1 クロックサイクルに 1 ステップずつ順番に実行する.

7.5.3 パイプライン

式 (7.8) の命令の実行には 5 つのステップを要した．そのステップとは，①命令のフェッチ；②命令の解読；③メモリアドレスの計算；④メモリ内のデータを MDR に格納；⑤MDR のデータのレジスタファイルへの転送の 5 つである．これら各ステップは，図 7.64 に示したように 1 クロックサイクルに，1 ステップずつ順番に実行される．ということは，CPU が所定のステップを実行している間，他のステップ実行に必要なハードウェアは何もしないで遊んでいることになる．これはもったい

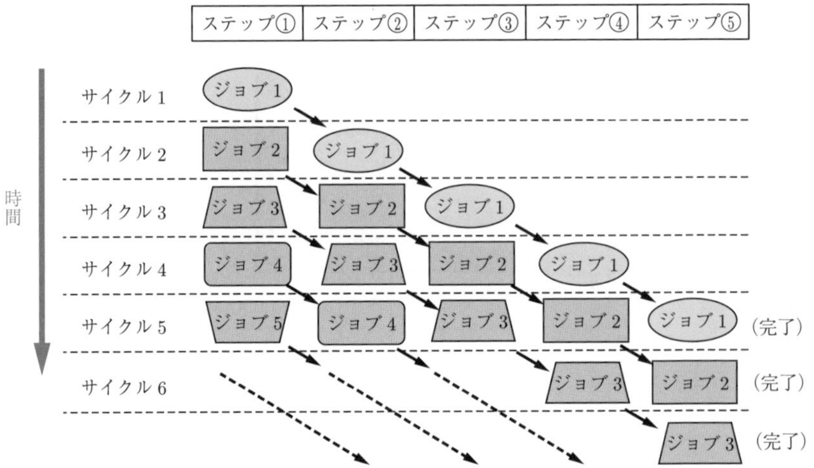

図 7.65　パイプライン処理.

ないということで，ハードウェアを休みなく働かせてフルに使おうというのが**パイプライン**の考え方である.

その処理の流れを図 7.65 に示す．いま簡単のために同じ命令を次から次へと実行することを考える．そしてそれぞれの命令実行をジョブ 1，ジョブ 2 と番号を付けて表す．するとジョブ 1 がステップ②に進んだとき，CPU は次の命令を読み込むことができる．つまりジョブ 2 のステップ①を開始できる．そしてジョブ 1 がステップ③に移ったら，ジョブ 2 をステップ②へ進めることができる．このようにすると，流れ作業による並列処理で効率よく命令が実行できることは明らかである．これがパイプラインである.

これまでのやり方では，一つのジョブが完了するのに 5 クロックサイクルを必要とした．従って 1000 個の命令を処理するには 5000 サイクルが必要だった．しかしパイプライン方式を採用すると，1 クロック毎に一つの処理が完了するので，1000 クロック待てば全部の処理が完了する．このように一定時間に処理できるデータ数がパイプラインの段数（ここでは 5）倍される．このことをデータ処理の**スループット**が 5 倍になったという．データ処理速度の観点では 5 倍に増えたことになる.

無論最初にデータを入れてからその結果が出てくるまでの時間は 5 クロックサイクルで変わらない．これは本質的な遅れであり，この遅れのことを latency と呼ぶ．どうしてもこの latency を無くし，1 クロックサイクルで演算結果を必要とする場合には，その処理に特化した専用のハードウェア（回路）を用意しなければならない.

パイプライン処理を実行するには，当然のことながらハードウェアもそれに合わせて設計しなければならない．つまり図 7.61 に示したもののままでは対応できない．分かりやすい例としてクロックサイクルの 3 を見てみよう．ジョブ 1 はステップ③で ALU を用いてメモリのアドレスを計算している．一方ジョブ 3 はステップ①で命令フェッチとともに，プログラムカウンターの値を次の命令のアドレス PC+4 に変更しなければならない．これには ALU を用いて加算する必要があり，ジョブ 1 とバッティングする．つまり，図 7.61 の CPU をパイプライン用とするには，PC+4 を計算する専用の ALU がもう一つ必要となる．これ以外にも，各パイプラインステージの境界部には余分のレジスタを設けなければならない．そして，これらを用いて各ジョブの命令コード等，命令実行に必要な情報をデータとともに受け渡ししていかねばならない．

以上は，ジョブは皆同じとして説明したが，実際は様々なジョブがパイプラインに流れることになる．例えばその中に条件分岐命令が入っていた場合，その条件が満たされてジャンプが実行されると，次々と順番に実行してきた結果が無駄になる．こういう現象を**ハザード**と呼ぶ．これによって生じる無駄を最小とするため，条件分岐命令がある場合には，その結果を予め想定して次の命令を選択する等の処理がなされている．

データのスループットはパイプラインの段数倍になって増えるので，パイプラインの各ステージの処理をもっと短くして処理段数を増やすと，さらにスループットを増やすことができる．これを**スーパーパイプライン**と呼ぶ．また各ステージにおける処理用のハードウェアを複数用意して，複数の命令を並列に実行するとさらにスループットを高められる．これを**スーパースカラー**と呼ぶ．いずれにせよ，これらの方式では大変高度で複雑な制御が必要となる．

7.5.4 キャッシュメモリ

CPU の演算処理速度がどんどん速くなったとしても，メモリ内の情報にアクセスする時間が短くならない限り，コンピュータシステムの高速化は望めない．なぜなら，CPU はメモリからインストラクションを読みだしてきてはそれを実行し，得られた結果をメモリに書き込むからである．つまり，インストラクションのフェッチやデータの読み出し書き込みに要する時間，これらをいかに短くするかが大変重要になる．

インストラクションやデータが蓄えられているメモリは**メインメモリ**と呼び，DRAM (dynamic random access memory) で構成されている．DRAM は大容量のメモリであるが，その動作は遅い．つまりその中の情報にアクセスするには時間がかかる．そこで DRAM より容量は小さいが高速で動作する **SRAM**（static random access memory）を利用して，高速化を図るのである．どうするかというと，メインメモリの中でよく使うインストラクションやデータを予め SRAM に保存しておいて，CPU から要請があると直ぐに SRAM から供給するのである．しかし，どのインストラクションやデータがよく使うものであるのか，これを一体どのようにして知るのか．

それは,「一度使ったインストラクションやデータは，近いうちにまた使う可能性が高い」こと．また,「アクセスしたインストラクションやデータの近くにあるもの（アドレスの近いもの）は，近いうちに再び使う可能性が高い」こと．この二つの事実を利用するのである．このことは，例えばループ処理のような演算を考えてみるとよく分かる．またインストラクションは基本的に順番に並んでいるし，配列の計算で処理するデータも順番に並んでいる．このことを時間的・空間的な近接性と呼び，これを利用するのである．

そこで図 7.66 に示したように DRAM のメインメモリと CPU の間に SRAM を置き，メインメモリにアクセスして引っ張り出してきたデータやインストラクションをこの SRAM に一時保管しておくのである．そして次に同じ番地のデータやインストラクションが CPU から要求されたときには，ここに保管してあるものを渡す．いちいちメインメモリまでとりに行かなくてよいので，高速な対応ができる．この SRAM を**キャッシュメモリ**（cache memory）と呼ぶ．

要求されたインストラクションやデータがキャッシュ内に見つかることを**ヒット**

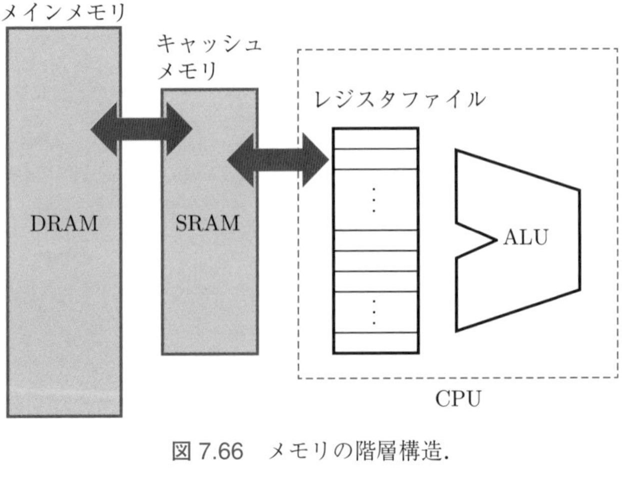

図 7.66　メモリの階層構造．

(hit) したといい，無かったときは**ミス** (miss) したという．**キャッシュミス**が起こると，メインメモリまで情報をとりに行かねばならないので，それだけ時間を損することになる．そしてミスが生じてメモリからとってきた情報は，CPU に渡すとともにキャッシュ内に保存しておき，次に備える．

キャッシュ内で情報は，一体どのように保存・管理されているのだろうか．これにはひと工夫必要である．何でもかんでもそのまま置いておくだけでは，キャッシュメモリの中から必要なものを探し出すのに時間がかかる．あるいは必要な情報があるのか無いのかを知るのにも時間がかかってしまう．これでは本末転倒である．

いま簡単のため，例えばメインメモリ内のアドレスが 5 ビットで表されていたとしよう．キャッシュの容量がメインの例えば $\frac{1}{4}$ になっていたとすると，キャッシュ内ではアドレスは 3 ビットで表せることになる．そこでメイン内のアドレス 5 ビットのうち，下 3 ビット (LSB 側の 3 ビット) をキャッシュ内のアドレスとして使う．

例えばメイン内のアドレス 10110 にアクセスしたときは，そのデータはキャッシュ内のアドレス 110 番地に格納される．頭の 2 ビットデータは無視するのである．こうすれば，メインメモリ内で近隣にあるデータにアクセスすると，それらは皆キャッシュ内に格納できる．つまり空間的な近接性の原則に合致している．この 3 ビットのアドレスのことを，キャッシュでは**インデックス** (index) と呼ぶ．このとき頭の 2 ビット 10 は**タグ** (tag) と呼ばれ，データと一緒に保存される．

次に CPU からメインメモリ内のアドレス 10110 のデータにアクセスがあったとき，キャッシュは LSB 側 3 ビットの 110 だけを見て，そのインデックスの位置にアクセスし，そこにデータがあるのを発見する (これには，その番地にデータがあることを示すフラッグビット (V：valid と呼ぶ) が 1 になっていることで確認する)．そしてそのデータのタグが 10 で要求と一致することを確認して，そのデータを CPU に渡す．これが**キャッシュヒット**である．もし CPU から要求されたアドレスが，00110 だった場合には，その頭の 2 ビットが 00 でありタグが一致しないので，これは**キャッシュミス**となる．このときはメインメモリにアクセスして，アドレス 00110 のデータを引き出してきてこれを CPU に渡す．それと同時に，キャッシュメモリのインデックス 110 にそのデータを書き込むとともに，そのタグを 00 に変更する．

このようなやり方を**直接マッピング** (direct mapping) と呼ぶ．これ以外にもいろいろな方式が開発されている．例えばメインメモリ内の一つのアドレスへのアクセスに対して，4 つの続いたアドレスのデータ (あるいはインストラクション) を 1 ブロックとしてまとめて，同時にキャッシュメモリに書き込むやり方もある．これは空間的な近接性を考慮した方式であり，これによりヒット率を上げることができる．

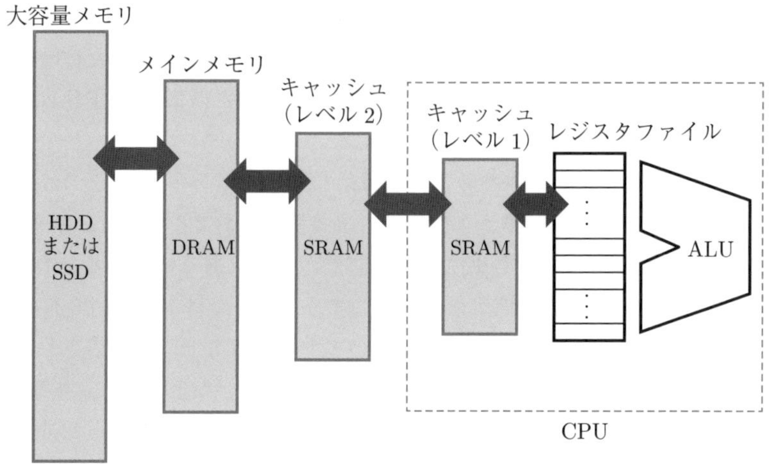

図 7.67　メモリの階層構造．

このように様々な工夫を凝らしてキャッシュミスを減らし，メモリアクセスの効率を上げることが，コンピュータの高性能化にとってとても重要である．

さらに CPU が高速化すると外付けの SRAM でもアクセスに時間がかかるので，CPU のチップ内に高速のキャッシュメモリを置いている（図 7.67）．これを **1 次キャッシュ**と呼ぶ．当然ここに保管するデータの数は **2 次キャッシュ**の SRAM より少ない．1 次キャッシュと 2 次キャッシュの関係は，上で述べた SRAM と DRAM の関係と同様である．さらに DRAM の後ろには，ハードディスクや SSD が置かれている．これらはずっと大容量であるが，アクセス時間は非常に長い．これらと一段前の DRAM との関係も，上で述べた SRAM と DRAM の関係と同様である．このようにメモリの階層構造を構成することによって，メモリへのアクセス時間を短縮し，CPU から見て，あたかも非常に大容量で高速アクセス可能なメモリがすぐ側に存在しているかのような状況を作り出すことが，コンピュータの高速化にとって重要である．

〈補足 7.6〉　SRAM と DRAM

SRAM のメモリセルは図 1.11(b) に示したもので，二つのインバータをつないだものである．これは，図 7.56 の S-R ラッチの本体と同じである．ただし読み出し・書き込みは二つのスイッチトランジスタを介してつながった D, $\overline{D}$ のデータ線を介して行われ，センスアンプという増幅器を用いて行われる．図 7.68(a) は CMOS で構成した SRAM のセルで，1 ビットの情報を保持するのに 6 個のトランジスタが必要となる．一方 DRAM のメモリセルは 1 個のコンデンサと 1 個のトランジスタで構成されており（同図 (b)），コンデンサが充電されて電荷のたまった状態を “1”，放電されて電荷の無い状態を “0” とする．SRAM のセルと比べると素子数が 2 個と少ないため，高密度なメモリが実現できる．ただしデータ “1” を保持した状態は熱平衡状態ではないため，時間の経過とともに電荷が失われ，そのままではデータは “0” になってしまう．従って，数 10 msec に一回は読み出し動作を行って，いまおぼえているデータをもう一度書き込む動作をしている．これを**リフレッシュ**という．

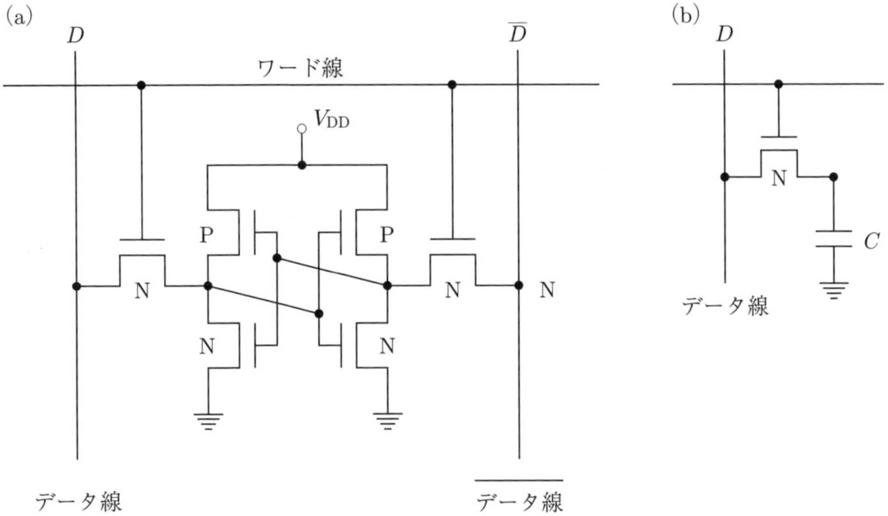

図 7.68 (a) CMOS の SRAM セル．(b) DRAM のメモリセル．

参考文献

［1］　五島正裕 著「ディジタル回路」（数理工学社，2007）．

［2］　杉山正和，山下真司 著「エレクトロニクスの基礎物理—量子力学・統計力学入門」（数理工学社，2020）．

量子力学の本格的な勉強には，L. I. Schiff 著 “Quantum Mechanics”（McGraw-Hill), 1968，がお勧め．初心者にもよくわかるように，細かなところまで丁寧に確りと書かれている．理論体系を厳密に組み立てるとともに，いろいろな応用が詳しく述べられている教科書としては，エリ・ランダウ，イェ・リフシッツ 著，佐々木健，好村滋洋 訳「量子力学（非相対論的理論）」（東京図書，1967）が名著である．

［3］　柴田　直 著「半導体デバイス入門—その原理と動作のしくみ」（数理工学社，2014）．

［4］　例えば Charles Kittel 著 “Introduction to Solid State Physics, 8th Edition”（WILEY, 2004）が標準的な教科書．

［5］　原島　博，堀　洋一 著「工学基礎 ラプラス変換と z 変換」（数理工学社，2004）．

本書の第 5 章，第 6 章の内容は，M. E. Van Valkenburg 著 “Network Analysis, 2nd Edition”（PRENTICE-HALL, 1964）を参考にして起草した．学生時代に勉強した本であるが大変な名著であり，強く印象に残っている．現在 3rd Edition が出ているので，興味ある読者は是非一読することを勧めたい．また第 7 章の執筆は，David A. Patterson, John L. Hennessy 著 “Computer Organization and Design: The Hardware/Software Interface, 2nd Edition”（Morgan Kaufmann, 1998）を参考にした．興味ある読者は，これも最新の改訂版が出ているので是非原著を勉強することを勧めたい．

あとがき
—エレクトロニクスの将来展望—

電子の物理から出発して半導体材料の性質（第2章），それを利用したトランジスタ機能の創出（第3章），トランジスタを用いた電子回路（第4章），回路の一般的な解析方法（第5章，第6章），そしてディジタル回路を用いたコンピュータの仕組み（第7章）まで，駆け足でエレクトロニクスの概要を述べた．エレクトロニクスにはこれ以外にも，まだまだ重要な分野がある．例えば光エレクトロニクス分野である．光通信や発光デバイスがこれに関連する．また太陽電池や大電力を扱うパワーデバイスについても本書では触れていない．その理由は，物理の原理を用いたデバイスとそのシステムへの展開の流れをはっきりと理解してもらうとともに，基礎知識の構築に重点を置いたからである．本書で述べなかった分野に関しては，本書で得た知識をベースとしてそれらの専門書に向かえば，容易に知識を広げることができるだろう．

本書の執筆を終えた時点では，AI（人工知能）と量子コンピューティングが世の中の大きな関心事となっている．あとがきとして，本書での学習内容とこれら新たな発展との関連を，以下で簡単に触れておきたいと思う．

AIはニューラルコンピューティングとして，これまで何回もブームとなったものである．脳の情報処理をまねた計算方法であるが，コンピュータの計算能力が格段に向上したため，実際に実用的なスピードで学習の計算ができるようになった．その結果応用が広がっている．「こんな場合にはこんな答えが正解である」という大量のデータセットを提示するだけで，システムが自動的に学習して，同様の問題に対し正しい答えを出してくれる．

コンピュータの構成素子は第3章で述べたトランジスタであるが，これを複数個用いて論理ゲート（例えば図7.35）を構築し，これを多数組み合わせることによってコンピュータが作り上げられた．論理ゲートは，基本的に多入力一出力の演算回路であり，その入力と出力の関係は真理値表で規定されている．つまり一度構築すると，入力と出力の関係は固定されたものとなる．これに対し人間の脳の基本要素はニューロンと呼ばれるもので，これも多入力一出力の演算回路として記述できる．ディジタルの論理ゲートと異なるのは，その入出力関係が学習によって変化することである．これが学習機能を作り出している．もう少し詳しく説明すると，人間の知能を司っているのは大脳新皮質にある約 100 億個のニューロンである．大脳新皮質とは，大脳表面のしわしわになっている表皮の部分のことで，厚さ 2 mm くらいの表皮層にニューロンが密集して存在している．残りの大脳の体積全体は，これらのニューロン同士を結び付ける膨大な量の配線で，ここにはニューロンは存在しない．一つのニューロンを演算素子としてみると，約 9000 個の入力があり出力は一つである．このニューロンの活動は発火するかしないかの二状態をとり，その出力は発火すると “1”，発火しないと “0” である（ここでは簡単のためにそう表現しておく）．それでは，一体どのようにして学習がなされるのだろうか．実は各入力信号がニューロンにインプットされるとき，シナプスと呼ぶ結合を介して行われる．そしてこのシナプスが学習のもととなっているのである．シナプスは入力信号をニューロンに伝える際に，その信号の重要度を示す「重み」を掛け算してからニューロンに入力する．ニューロンは，シナプスを介して入ってきた信号を全部足し合わせて，その合計値がある閾値を超えると発火して “1” を出力する．閾値に到達しないと発火しないで，出力は 0 となる．そしてその出力が他の複数のニューロンに伝わり，またシナプスの重みを掛け算して接続先のニューロンに入力される．簡単に言ってしまえばこんな形で計算するのである．ではどのように学習が進むのか？　実は，入力に掛け算するシナプスの重みを毎回少しずつ変更するのである．つまり出力が正解になるように少しずつ修正するわけである．簡単のために一つだけのニューロンで話をすると，例えば画像情報を入力して,「これは猫か？　あるいは犬か？」を区別する学習をするとする．このような場合，大量の猫と犬の画像データを用意して学習が行われる．猫の絵を入力したとき，ニューロンが発火して「猫だ」と判断したとする．これは正解なので，出力を 1 とするのに寄与した入力のシナプスの重みを増強する．一方，入力は猫なのに発火しないで猫ではない，つまり犬だと判断した場合には，この間違いに寄与した入力の重みは減じる．こういった操作を繰り返して，だんだんと正解率が上がるようにするのが機械学習の手法なのである．実際は一つのニューロンではなく，何層かのニューラルネットワークで実行して，数多くのサンプル（この場合は，犬と猫の大量の画像）を見せながらシナプスの重みの調整を続けていけば学習が進み，今まで見せたことのない，猫や犬の画像を見せても正解を出すようになる．これがニューラルネットワークの学習である．ここでは極めて単純化して説明したが，実際やるのはこのようなことである．こうすれば，大量のサンプルさえあれば，自動的に学習が行えるわけである．

コンピュータ上で計算するのは大量の掛け算と足し算なので，計算機のパワーさえあればいくらでも学習できる．これが機械学習の原理である．計算量は非常に大きいが，コンピュータの性能向上でこれが可能になったのである．しかし，この方法はいずれ計算機の電力消費がリミットになる．現在は専用のデータパスを持ったプロセッサも開発されている．しかしいずれ限界がくる．身近でもっと低消費電力で学習するシステムを実現するには，もう一度デバイスの物理に立ち戻って，もっと簡単にこの演算を実行できる専用デバイス・システムの開発が重要になるだろう．すでにそのようなアプローチが様々になされている．

もう一つの話題である量子コンピューティングは，電子の持つ特異な量子力学的性質をそのまま演算に用いる，これまでになかった全く新しいアプローチである．本書で説明したように，現在のエレクトロニクスも電子の量子力学的な性質を用いて構築されている．つまり第2章，第3章で述べたように，電子の波動的な性質が半導体結晶中にバンドギャップを作り，これを利用して電子の流れをせき止め，これによって電流のスイッチング機能を作りだした．これに対し量子コンピューティングは，電子が本来持っている特異な量子力学的性質そのものを，演算に直接用いようというもので，これまでとは全く考え方の異なったものである．

一電子のシュレディンガーの波動方程式を解くと，いろいろな電子の状態が固有関数として求められるが，電子はそのどの固有状態でも取り得る状態にあり，どれか一つに決まっているわけではない．そして我々がその電子の状態を観察にかけるまでは，一体どの状態にあるかは誰も知り得ないのである．観察して初めて，電子は実際どれかの状態に落ち着くのである．アインシュタインやシュレディンガーは，そうではないと主張した．彼らは,「電子はすでにある状態にあるのだが，決して我々がそれを知り得ないだけである．そして観察して初めて，“どの状態にあったのか”を知るようになるのだ.」と強く主張した．しかし実際はそうではない．観察するまでは，電子自身がどの状態にあるのかは全く決まっていない．様々な状態の重ね合わせというきわめて不可思議な状態にあるのである．このような状態を“量子もつれ(エンタングルメント)”の状態と呼ぶ．

これが自然本来の姿であるが，この不思議な性質そのものを直接ディジタル演算に利用しようというのが量子コンピューティングである．電子のスピンの状態を例にとって，このことを説明してみよう．一つの電子にはスピンアップとスピンダウンの二つの状態があるが，例えばそれぞれをディジタル変数の1と0に対応させたとする．そうするとその電子は 1 でもあり 0 でもあるという，両方の状態を混ぜ合わせた何とも不思議な状態をとる．これが“量子もつれ”と呼ぶ状態である．

さてこんな電子が 3 個存在したとしよう．各電子の状態を A, B, C で表すとすると，この 3 個の電子は 3 ビットの二進数を表すが，その値は，000, 001, 010, 011, 100, 101, 110, 111 の 8 個の状態を同時に表していることになる．これを 3 Q ビットと呼ぶが，これは，例えば図 7.17 の真理値表の全部の行を同時に表していることになる．この 3 Q ビットに対して何らかの量子操作を施し，例えばある最適の状態を求めるような演算を行ったとすると，上の 8 個の 3 ビットの二進数に対してその最適な組み合わせを自動的に見つける演算が行われ，我々は観測によってその結果を知ることができる．つまり組み合わせ爆発の起こる問題を一発で処理できるということになる．これはビット数が増えると，如何に強力な演算手法であるかが容易に分かるだろう．n ビットの組み合わせの数は 2^n 個であり，$n = 50$ とするとこれは約 1000 兆になる．こういった原理に基づく演算の結果が数々報告されており，Q ビットの数も増加しつつある．これは全く新たな原理の計算方法であり，今後の発展が大いに期待される．

量子コンピューティングは，正しく物理の原理を直接利用した演算手法であり，エレクトロニクスの根幹に基礎物理学が存在することを明瞭に示している．本書では，物理の原則からスタートしてコンピュータに至るまでを概説したが，物理の原理に立ち戻って新たなエレクトロニクスを展開していくことが，今後益々重要となることをここに改めて指摘しておきたい．

索　引

タ 行

ナ 行

ハ 行

マ 行

ヤ 行

ラ　行

ワ　行

数字・欧字

著者略歴

柴《しば》田《た》　直《ただし》

1971 年　大阪大学工学部電子工学科卒業
1974 年　大阪大学大学院・基礎工学研究科・物性学専攻修士課程修了，同博士課程を 1 年で中退，大学院では物性理論の研究を行う．
1974 年　東芝入社，総合研究所にて MOS 集積回路の研究開発に従事．
1978 年～1980 年　スタンフォード大学客員研究員としてレーザアニールの研究を行う．
1984 年　上記レーザアニールの研究により東京大学より工学博士の学位を授与される．
1986 年　東芝を退社，東北大学工学部電子工学科助教授に着任，低温半導体プロセスの研究から知能デバイスの研究を行う．
1997 年　東京大学大学院工学系研究科電気系工学専攻教授に着任，脳の高次の認知機能を独自の VLSI プロセッサアーキテクチャーで実現する「心理学的脳モデル VLSI システムの研究」を展開する．
2013 年～2019 年　応用物理学会・物理系学術誌刊行センター APEX/JJAP 専任編集長
現　在　東京大学名誉教授

主要著書

『半導体デバイス入門』（数理工学社，2014）

新・電子システム工学＝TKR-1
エレクトロニクス入門
―電子・原子の世界からコンピュータまで―

2021 年 7 月 10 日ⓒ　　初 版 発 行

著者　柴 田　直　　発行者　矢 沢 和 俊
　　　　　　　　　　印刷者　小宮山恒敏

【発行】　株式会社　数理工学社
〒151–0051　東京都渋谷区千駄ヶ谷 1 丁目 3 番 25 号
編 集 ☎（03）5474–8661（代）　サイエンスビル

【発売】　株式会社　サイエンス社
〒151–0051　東京都渋谷区千駄ヶ谷 1 丁目 3 番 25 号
営 業 ☎（03）5474–8500（代）　振替 00170–7–2387
FAX ☎（03）5474–8900

印刷・製本　小宮山印刷工業（株）

≪検印省略≫

ISBN978–4–86481–075–3

PRINTED IN JAPAN

サイエンス社・数理工学社の
ホームページのご案内
https://www.saiensu.co.jp
ご意見・ご要望は
suuri@saiensu.co.jp まで．